"十三五"高等职业教育计算机类专业规划教材

Linux 服务器架设与管理

王　文　陈荣征　主　编

阚晓初　陈　辉　周　苏　
吴林华　范荣真　参　编

中国铁道出版社有限公司

CHINA RAILWAY PUBLISHING HOUSE CO., LTD.

内 容 简 介

本书从企业局域网组建与管理岗位的工作角度介绍 Linux 操作系统，从一个企业的局域网组建与管理的需求出发，进行学习和操作的情境设计，依据任务实施所需的知识给出理论铺垫，随后给出项目实施的详细步骤和测试结果。在教材的组织编写中，遵循“设计导向”的现代职业教育指导思想，在每章的后面，还给出了阅读与思考及作业。

全书分为 14 章，以“企业局域网需求→Linux 用户管理基础→Linux 系统管理→Linux 网络架构与管理”为线索展开，涵盖了 Linux 操作系统应用与管理的各方面。对每个知识点的讲解，书中都配有大量的可实际操作的工作项目实例。

本书是 Linux 操作系统教材，针对的是高职高专读者，对读者在企业环境中应用 RedHat Enterprise Linux 7 有较强的指导意义。

图书在版编目（CIP）数据

Linux 服务器架设与管理 / 王文，陈荣征主编. --
北京 : 中国铁道出版社，2015.11（2020.1 重印）
“十三五”高等职业教育计算机类专业规划教材
ISBN 978-7-113-20956-8

Ⅰ. ①L… Ⅱ. ①王… ②陈… Ⅲ. ①Linux 操作系统
—高等职业教育—教材 Ⅳ. ①TP316.89

中国版本图书馆 CIP 数据核字(2015)第 209684 号

书　　名： Linux 服务器架设与管理
作　　者： 王　文　陈荣征　主编

策　　划： 王春霞　　　　**读者热线：**（010）63550836
责任编辑： 王春霞　徐盼欣
封面设计： 付　巍
封面制作： 白　雪
责任校对： 汤淑梅
责任印制： 郭向伟

出版发行： 中国铁道出版社有限公司（100054，北京市西城区右安门西街 8 号）
网　　址： http:// www.tdpress.com/51eds/
印　　刷： 北京虎彩文化传播有限公司
版　　次： 2015 年 11 月第 1 版　　2020 年 1 月第 2 次印刷
开　　本： 787mm×1092mm　1/16　**印张：** 18.5　**字数：** 438 千
书　　号： ISBN 978-7-113-20956-8
定　　价： 39.00 元

FOREWORD

前言

Linux是一套免费使用和自由传播的类UNIX操作系统，目前互联网上很多服务器采用的就是Linux操作系统。至今，Linux依然保持着惊人的发展速度，而且在嵌入式系统和企业高级应用等很多领域取得了成功。

Linux操作系统逐渐获得众多软件、硬件公司的支持，“Linux操作系统”类课程的开设近年来在高校得到迅速发展。如今，“Linux操作系统”已经成为一门重要的课程且有着广泛和重要的应用前景。社会与高职教育都对优秀的“Linux操作系统”类教材保持着旺盛的需求。

本书根据网络管理员的岗位职责来选取内容，同时听取了来自企业、行业的专家的意见。本书结合RedHat Enterprise Linux 7（RHEL7）操作系统进行实例教学，内容涵盖RHEL7中的服务器架设与管理知识，系统的使用与配置基于命令与配置文件，内容先进、实用、通用。教材编写团队由浙江商业职业技术学院、广东职业技术学院、浙江工商职业技术学院、浙江大学城市学院、中国民生银行杭州分行的老师和专家等共同组成。

本书通过以工作过程为导向的教学活动来培养学生的职业行动能力，在全书内容编写过程中，以课程任务为指导思想，围绕工作过程进行组织。教材引用了中小企业构建与管理Linux局域网这一真实工作情境，并给出了在此情境下的任务实施步骤。本书是Linux操作系统入门级教程，为让学生快速领悟Linux操作方式和系统的基本使用，我们把Linux服务器架设与管理工作任务分解为许多小的工作任务。在每一个小的工作任务中，遵循任务驱动、项目引导、理论够用的原则和方法组织教材内容。

全书分为14章，以“企业局域网需求→Linux用户管理基础→Linux系统管理→Linux网络架构与管理”为线索展开，涵盖了Linux操作系统应用与管理的各方面。对每个知识点的讲解，书中都配有大量的可实际操作的工作项目实例。

我们希望，在Linux服务器架设与管理教学过程中能够做到:

（1）通过基于Internet和Linux操作系统应用环境的实训活动，培养学生自主学习的能力和动手能力。

（2）通过广泛的专业文章和教材阅读，培养学生探究性学习、理性思考和创新思维的能力。

本书由王文、陈荣征任主编，阚晓初、陈辉、范荣真、吴林华、周苏等参加了本书的编写工作，本书的相关资料可以从中国铁道出版社的网站（http://www.51eds.com/）的下载区下载。

编　者

2015年8月

CONTENTS

目　录

第1章 Linux 的安装与配置

Linux 是一套免费使用和自由传播的类 UNIX 操作系统，目前互联网上很多服务器采用的就是 Linux 操作系统。至今，Linux 依然保持着惊人的发展速度，而且在嵌入式系统和企业高级应用等很多领域取得了成功。

1.1 企业需求

公司新买了两台服务器，计划安装 Linux 操作系统，用做网络服务器，以提供：

（1）DHCP 服务，使网络中的计算机可以自动获取 IP 地址和其他相关的网络参数。

（2）DNS 服务，完成内部主机及 Internet 域名的解析。

（3）Samba 服务，实现公司局域网内资源的共享。

（4）FTP 服务，使各部门和公司员工可以下载、上传文件，进行文档管理。

（5）Web 服务，部署并发布公司及各部门的 Web 系统。

（6）Mail 服务，构建企业邮箱，实现公司内部的邮件收发与管理。

（7）其他服务，业务系统运行服务、数据备份等。

1.2 任务分析

根据公司的业务特点与需求，通过调研、分析、研究，决定为新购的服务器安装 RedHat Enterprise Linux 7 操作系统，因此需完成如下任务：

（1）准备 RedHat Enterprise Linux 7 操作系统安装盘。

（2）规划硬盘分区。

（3）规划服务器所需服务。

（4）安装并简单配置 RedHat Enterprise Linux 7 操作系统。

1.3 知识背景

1.3.1 Linux 简介

1. Linux 的起源与发展

Linux 的创始人是一位名叫 Linus Torvalds 的计算机业余爱好者，当时他是芬兰赫尔辛基大学的学生。他的目的是设计一个代替 Minix（是由一位名叫 Andrew Tannebaum 的计算机教授编写的一个操作系统示教程序）操作系统，这个操作系统可用于 386、486 或奔腾处理器的个人计算机上，并且具有 UNIX 操作系统的全部功能。1991 年 4 月，Linus Torvalds 开始酝酿并着手编制自己的操作系统。1991 年 10 月 5 日，Linus Torvalds 在 comp.os.minix 新闻组上发布消息，正式对外宣布 Linux 内核的诞生（Freeminix-like kernel sources for 386-AT）。

Linux 以其高效性和灵活性著称。它能够在 PC（Personal Computer，个人计算机）上实现全部的 UNIX 特性，具有多任务、多用户的能力。Linux 是在 GNU 公共许可权限下免费获得的，是一个符合 POSIX 标准的操作系统。Linux 操作系统软件包不仅包括完整的 Linux 操作系统，而且包括文本编辑器、高级语言编译器等应用软件。它还包括带有多个窗口管理器的 X-Window 图形用户界面，如同使用 Windows 一样，允许使用窗口、图标和菜单对系统进行操作。

Linux 之所以受到广大计算机爱好者的喜爱，主要原因有两个：一是它属于自由软件，用户不用支付任何费用就可以获得它和它的源代码，并且可以根据自己的需要对它进行必要的修改，无偿使用，无约束地继续传播。二是它具有 UNIX 的全部功能，任何使用 UNIX 操作系统或想要学习 UNIX 操作系统的人都可以从 Linux 中获益。

2. Linux 的主要特性

（1）基本思想

Linux 的基本思想有两点：第一，一切都是文件；第二，每个软件都有确定的用途。其中第一条详细来讲就是系统中的所有内容都归结为一个文件，包括命令、硬件和软件设备、操作系统、进程等，对于操作系统内核而言，都被视为拥有各自特性或类型的文件。说 Linux 是基于 UNIX 的，很大程度上也是因为这两者的基本思想十分相近。

（2）完全免费

Linux 是一款免费的操作系统，用户可以通过网络或其他途径免费获得，并可以任意修改其源代码。这是其他操作系统所做不到的。正是由于这一点，来自全世界的无数程序员参与了 Linux 的修改、编写工作，程序员可以根据自己的兴趣和灵感对其进行改变，这让 Linux 吸收了无数程序员的精华，得以不断壮大。

（3）完全兼容 POSIX 1.0 标准

这使得可以在 Linux 下通过相应的模拟器运行常见的 DOS、Windows 的程序。这为用户从 Windows 转到 Linux 奠定了基础。许多用户在考虑使用 Linux 时，就想到以前在 Windows 下常见的程序是否能正常运行，这一点消除了他们的疑虑。

（4）多用户、多任务

Linux 支持多用户，各个用户对于自己的文件设备有自己特殊的权利，保证了各用户之间互不影响。多任务则是现在计算机最主要的一个特点，Linux 可以使多个程序同时并独立地运行。

（5）良好的界面

Linux 同时具有字符界面和图形界面。在字符界面，用户可以通过键盘输入相应的指令来进行操作。它同时也提供了类似 Windows 图形界面的 X-Window 系统，用户可以使用鼠标对其进行操作。X-Window 环境和 Windows 相似，可以说是 Linux 版的 Windows。

（6）支持多种平台

Linux 可以运行在多种硬件平台上，如具有 x86、680x0、SPARC、Alpha 等处理器的平台。此外，Linux 还是一种嵌入式操作系统，可以运行在掌上电脑、机顶盒或游戏机上。2001 年

1 月发布的 Linux 2.4 版内核已经能够完全支持 Intel 64 位芯片架构。同时，Linux 支持多处理器技术。多个处理器同时工作，使系统性能大大提高。

3. RedHat Enterprise Linux 7 的新特性

2014 年 6 月，红帽正式发布了 RedHat Enterprise Linux 7（简称 RHEL 7），满足企业当前对数据中心的需求和对下一代的云服务、Containers、大数据的需求，为用户提供军用级安全保障以及稳定、易用、高效的管理性能。

（1）Docker

RHEL 7 中最亮眼的新增功能当属 Docker。Docker 是基于目前流行的应用虚拟化技术。应用被打包在 Docker 中，与系统和其他应用完全隔离，因此可以在系统之间迁移并正常运行。RHEL 7 充分有效地利用了 Docker 技术，因此应用程序之间不会产生争夺资源的问题。

（2）systemd

在系统和服务上，RHEL 7 使用 systemd 替换了 SysV，目的是要取代 UNIX 时代以来一直在使用的 init 系统，而且能够在进程启动过程中更有效地引导加载服务。

自 2010 年推出 Fedora 15 版本以来，红帽就将 systemd 作为默认功能，由此更好地体验 systemd 在现实世界中的表现。红帽想通过 systemd 加强 RHEL 7 对 Docker 的支持方式。

（3）XFS

RHEL 7 第三个重大变化是用 XFS 替代 ext4 作为默认的文件系统。XFS 支持高达 500 TB 的容量，而 ext4 仅支持 50 TB。但 RHEL 7 仍支持 ext4。

XFS 由 Silicon Graphics International 创建，并一直在 Linux 系统中投入生产。RHEL 6 尽管附带 XFS 选项，但使用 ext4 作为默认文件系统。

不过，除了备份和恢复，目前还没有实际的方法可以将 RHEL 上的其他文件系统（比如 ext4 或 btrfs）迁移到 XFS。

（4）微软兼容的身份认证管理

RHEL 7 增加了两个关键性的新特征，改善了 RHEL 对 Active Divectory（活动目录，简称 AD）的处理方式。现在，RHEL 7 和 AD 之间建立了跨域信任（Cross-realm trusts），因此 AD 用户在 Linux 端无须登录就能访问资源。RHEL 7 增加的另外一个与 AD 相关的功能是 realmd，实现自动化查询与添加 AD（或其他红帽认证服务）DNS（Domain Name System，域名系统）信息。

（5）Performance Co-Pilot

RHEL 7 引入了新的性能监控系统 PCP（Performance Co-Pilot）。该系统由 Silicon Graphics International 开发，现在作为 RHEL 7 的一部分。除了监控和记录系统状态，PCP 还支持 APIs 以及将数据提供给其他子系统的工具集，比如 systemd。

1.3.2 RHEL 7 安装准备

1. 获取安装文件

在使用 RHEL 7 之前，首先需要将其安装在计算机上，可以使用光盘来完成安装，也支持本地安装、网络安装、虚拟机安装等安装方式。

获得 RHEL 发行版的最简单的途径是通过 RedHat 官网（http://www.redhat.com/en/technologies/linux-platforms/ enterprise-linux）下载。RHEL 7.0 没有 x86 版本，只有 x86_64

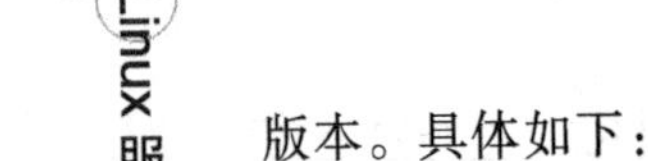

版本。具体如下：

（1）RedHat Enterprise Server 7.0 for x86_64 Boot Disk：rhel-server-7.0-x86_64-boot.iso

（2）RedHat Enterprise Server 7.0 for x86_64：rhel-server-7.0-x86_64-dvd.iso

（3）RHEL 7.0 Supplementary DVD：supp-server-7.0-rhel-7-x86_64-dvd.iso

在获得安装 DVD 的 ISO 映像文件后，可以进行如下操作之一：

（1）用刻录软件将其刻录到 DVD 光盘上。

（2）将其复制到 USB 设备中。

（3）使用其准备最小引导介质。

（4）将其放在本地存储介质中，准备使用本地存储设备安装。

（5）将其放到服务器中，准备使用网络进行安装。

2. 硬件需求

（1）处理器与内存

Intel x86 处理器可以安装 RHEL 7，内存配置为 1 GB 或更高。

（2）硬盘空间需求

RHEL 7 需要 3 GB 以上的硬盘空间，安装全部软件包需要 7 GB 以上的硬盘空间，建议 20 GB 硬盘空间。

3. Linux 安装方式

RHEL 7 支持光盘安装、硬盘安装、网络安装和虚拟机安装等方式。

RHEL 默认采用光盘安装，如果用户要选择其他安装方式，需要首先使用 RHEL 安装光盘引导系统，然后在“boot:”处输入“linux askmethod”命令，并按【Enter】键（回车）确认。在之后出现的界面中即可选择安装方式。

安装系统包括一系列管理员使用的功能和选项。如果要使用引导选项，需在“boot:”提示符后输入“linux option”命令。在引导菜单中配置安装系统可指定很多设置，包括语言、显示分辨率、界面类型、安装方法、网络设置等。也可以在“boot:”提示符后配置安装方法和网络设置。如要在“boot:”提示符后指定安装方法，则需使用 repo 选项。具体安装选项如表 1-1 所示。

表 1-1　具体安装选项

安装方法	选项格式
DVD 安装	repo=cdrom:device
硬盘安装	repo=hd:device/path
HTTP 服务器安装	repo=http://host/path
FTP 服务器安装	repo=ftp://username:password@host/path
NFS 服务器安装	repo=nfs:server:/path
NFS 服务器中的 ISO 映像文件	repo=nfsiso:server:/path

如果使用 DVD 安装，则能安装到任何类型的服务器上；如果用 USB 设置安装和引导，则只支持采用 x86、x64 CPU 且使用 BIOS 引导的 PC 类服务器。如果要在 Windows 系统上再安装 Linux 操作系统，来实现多系统并存，则需要在 Windows 中留出至少 8 GB 的空间；如果是在 VMware 虚拟机中安装 Linux，则不用改变分区，一般 10 GB 以上空间就可以了。

1.3.3 硬盘分区与文件系统

1. **硬盘分区**

计算机中存放信息的主要存储设备就是硬盘，但是硬盘不能直接使用，必须对硬盘进行分区。在传统的磁盘管理中，将一个硬盘分为两大类分区：主分区和扩展分区。主分区是能够安装操作系统、能够进行计算机启动的分区，这样的分区可以直接格式化，然后安装系统，直接存放文件。在一个 MBR 分区表类型的硬盘中最多只能存在 4 个主分区。如果一个硬盘上需要超过 4 个以上的磁盘分区，那么就需要使用扩展分区了。如果使用扩展分区，那么一个物理硬盘上最多只能有 3 个主分区和 1 个扩展分区。扩展分区不能直接使用，它必须经过第二次分区成为一个一个的逻辑分区（Logical Partition），然后才可以使用。一个扩展分区中的逻辑分区可以为任意个。

2. **文件系统**

文件系统是操作系统用于明确磁盘或磁盘分区上存储文件的方法和数据结构，即在存储设备上组织文件的方法。磁盘分区后，必须经过格式化才能够正常使用。格式化时需要选择文件系统，常见的文件系统有 FAT32、NTFS、ext2、ext3、ext4、XFS 等。

3. **磁盘分区命名**

在 DOS/Windows 里，分区会被指派给一个“驱动器字母”。驱动器字母从 C 开始，然后依据分区数量按字母顺序推移。驱动器字母可以用来指代是哪个分区，也可以用来指带分区所使用的文件系统。

Linux 使用一种更灵活的命名方案，即用字母和数字的组合来指代磁盘分区。它所传达的信息比其他操作系统采用的命名方案更多。该命名方案是基于文件的，文件名的格式为：/dev/xxyN（例如 /dev/sda2），语法解析如下：

（1）/dev/：这个字串是所有设备文件所在的目录名。因为分区在硬盘上，而硬盘是设备，所以这些文件代表了在/dev/上所有可能的分区。

（2）xx：分区名的前两个字母标明分区所在设备的类型。通常是 hd (IDE 磁盘)或 sd(SCSI 磁盘)。

（3）y：这个字母标明分区所在的设备。例如，/dev/hda(第一个 IDE 磁盘)或/dev/sdb (第二个 SCSI 磁盘)。

（4）N：最后的数字代表分区。前 4 个分区(主分区或扩展分区)是用数字从 1 排列到 4，逻辑分区从 5 开始。

从编号 5 开始，对应的都是硬盘的逻辑分区。一块硬盘即使只有一个主分区，逻辑分区也是从 5 开始编号的，这点应特别注意。Linux 分区命名的一些例子如表 1-2 所示。

表 1-2 Linux 分区命名举例说明

名　称	说　明
/dev/hda	表示整个 IDE 硬盘
/dev/hda1	表示第一块 IDE 硬盘的第一个主分区
/dev/hda2	表示第一块 IDE 硬盘的扩展分区
/dev/hda5	表示第一块 IDE 硬盘的第一个逻辑分区

续表

名　　称	说　　明
/dev/hda8	表示第一块 IDE 硬盘的第四个逻辑分区
/dev/hdb	表示第二个 IDE 硬盘
/dev/hdb1	表示第二块 IDE 硬盘的第一个主分区
/dev/sda	表示第一个 SCSI 硬盘
/dev/sda1	表示第一个 SCSI 硬盘的第一个主分区
/dev/sdd3	表示第四个 SCSI 硬盘的第三个主分区
/dev/cdrom	表示光盘
/dev/sda1	表示第一个 SCSI 硬盘的第一个主分区

4. 磁盘分区和挂载点

令许多 Linux 的新用户感到困惑的一个问题是各分区是如何被 Linux 操作系统使用及访问的。在 DOS/Windows 中比较简单。每一个分区对应一个“盘符”，用恰当的字母来指代相应分区上的文件和目录即可。

而 Linux 处理分区及磁盘存储的方法截然不同。Linux 中的每一个分区都是构成支持一组文件和目录所必需的存储区的一部分。它是通过挂载（mounting）来实现的，挂载是将分区关联到某一目录的过程。挂载分区使起始于这个指定目录（通称为挂载点，mount point）的存储区能够被使用。

例如，如果分区/dev/hda5 被挂载在/usr 上，这意味着所有在/usr 之下的文件和目录在物理意义上位于/dev/hda5 的硬盘分区上。因此，文件 /usr/share/doc/FAQ/txt/Linux-FAQ 被存储在/dev/hda5 上，而文件/etc/passwd 却不是。

继续以上的例子，/usr 之下的一个或多个目录还有可能是其他分区的挂载点。例如，某个分区（假设为/dev/hda6）可以被挂载到/usr/local 下，这意味着/usr/local/man/whatis 将位于/dev/hda6 上而不是/dev/hda5 上。

5. 硬盘分区方案

为 x86-64 CPU 的主机安装 Linux 系统时，需要在硬盘上创建分区，至少创建“swap”“/boot”和“/”3 个分区。

（1）swap 分区

swap 分区在系统的物理内存不够用的时候，把硬盘空间中的一部分空间释放出来，以供当前运行的程序使用。那些被释放的空间可能来自一些很长时间没有进行操作的程序，这些被释放的空间被临时保存到 swap 分区中，等到那些程序要运行时，再从 swap 分区中恢复保存的数据到内存中。

交换分区大小通常建议设置为计算机物理内存的 2 倍，但这个原则在现在已经不适用了。在安装系统的时候很难决定设置多大的交换空间，往往需要根据服务器实际负载、运行情况及未来可能的应用来综合考虑 swap 分区的大小，所以这里推荐最小 swap 分区容量，如表 1-3 所示。

表 1-3　根据物理内存推荐的 swap 容量

物理内存容量	推荐的 swap 分区容量
不大于 4 GB 的内存	至少 2 GB 交换空间
介于 4～16 GB 的内存	至少 4 GB 交换空间
介于 16～64 GB 的内存	至少 8 GB 交换空间
介于 64～256 GB 的内存	至少 16 GB 交换空间

（2）/boot 分区

挂载在/boot 中的分区，包含操作系统内核（它可以让系统引导 RHEL），以及在自我引导过程中使用的文件。在 RHEL 7 中 GRUB 引导装载程序只支持 ext2、ext3、ext4、XFS（推荐使用）文件系统，不能在/boot 中使用其他任何系统。500 MB 的默认/boot 分区大小足以满足大多数用户的需求。

（3）/（根）分区

这是根目录"/"的所在位置，用于存放系统命令和用户数据等（如果下面挂载点没有单独的分区，它们都将在根目录的分区中）。如果进行最小化的安装，至少需要 3 GB 的根分区容量；如果进行图形化的完全安装，则至少需要 7 GB 的根分区容量；选择所有软件包族群，则建议根分区容量至少为 9 GB。根分区是目录结构的顶端，是根目录，一般系统中还有/root 目录，这是 root 用户（系统管理员）的账户主目录。

（4）/var 分区

所有的可变数据，如新闻组文章、电子邮件、网站、数据库、软件包系统的缓存等，将被放入这个分区。这个分区的大小取决于计算机的用途。对大多数人来说，该分区将主要用于软件包系统的管理工具。如果做服务器的话，该分区应尽量大。

（5）/usr 分区

该分区是系统存放软件的地方，包含所有的用户程序（/usr/bin）、库文件（/usr/lib）、文档（/usr/share/doc）等，如有可能应将最大空间分给它。这是文件系统中耗费空间最多的部分，需要提供至少 500 MB 磁盘空间。总容量会依据安装的软件包数量和类型增长。宽松的工作站或服务器安装应该至少需要 4～6 GB。

（6）/home 分区

用户将放置私有数据到这个分区的子目录下。其大小取决于将有多少用户使用系统，以及有什么样文件。根据规划的用途，应该为每个用户至少准备 100 MB 空间，不过应该按需求调整。假如计划在该分区下保存大量的多媒体文件（图片、MP3、电影），则应预备更多的空间。

1.3.4　运行 Linux

1. 登录与注销

在 Linux 系统中，用户会话从登录（login）开始，用户必须输入用户名和密码才能登录。当使用虚拟控制台在 Linux 机器上开始会话时，屏幕上会显示如图 1-1 所示内容。

登录时输入用户名，然后按【Enter】键，提示输入密码，输入密码时屏幕上没有任何显示，输入后再按【Enter】键。成功登录后，会出现一个欢迎用户的 shell 提示，如图 1-2 所示。

```
Red Hat Enterprise Linux Server 7.0 (Maipo)
Kernel 3.10.0-123.el7.x86_64 on an x86_64

localhost login:
```

图 1-1　会话界面

```
localhost login: zhangsan
Password:
Last login: Sun Dec 28 22:43:25 on :0
[zhangsan@localhost ~]$ _
```

图 1-2　shell 界面

提示符说明了登录的用户名为 zhangsan，主机名为 localhost，当前目录为～（～代表的是用户主目录）和命令提示符$（普通用户的命令提示符为$，root 用户的命令提示符为#）。

当用户完成工作后或需要离开系统，应注销用户退出登录，在虚拟控制台下，可以在 shell 中输入命令“exit”或“logout”，然后按【Enter】键，虚拟控制台就会返回到登录界面。

2. 关机与重启

当系统出于维护的需要，或者安装了某些服务或硬件设备要使其生效时，需要关机或重启服务器。

一般用户没有重启和关机权限，只有 root 用户和已授权用户才能执行重启和关机命令。要重启 Linux 操作系统，可以执行“reboot”“init 6”“shutdown –r now”命令来实现；要实现关机，可以执行“halt”“poweroff”“init 0”“shutdown –h now”命令来实现。

3. 用户操作界面

Linux 的用户界面有图形界面和字符界面两种。无论是以前的主机时代的哑终端，还是现在的远程虚拟终端，又或者是 Linux 服务器上的虚拟控制台，使用的都是字符界面，又称命令界面，如图 1-3 所示。

```
Red Hat Enterprise Linux Server 7.0 (Maipo)
Kernel 3.10.0-123.el7.x86_64 on an x86_64

localhost login: root
Password:
Last login: Wed Jul  1 09:33:20 on tty3
[root@localhost ~]# _
```

图 1-3　RHEL 7 字符界面

默认情况下，Linux 提供 6 个虚拟控制台（又称控制台终端），可以使用组合键【Ctrl+Alt+F1】进入第一个虚拟控制台，使用组合键【Ctrl+Alt+F2】进入第二个虚拟控制台，其他虚拟终端控制台的组合键依此类推。终端又叫 tty，Linux 系统定义了 6 个 tty，分别是 tty1～tty6。按组合键【Ctrl+Alt+F7】可以切换到图形界面，如图 1-4 所示。

图 1-4　RHEL 7 图形界面

如果系统设置默认启动的时候不启动图形界面，tty7 是不可用的，这时，如果想从字符界面进入图形界面，就需要使用命令 startx（当然是否能启动图形界面，还取决于系统是否正确安装了图形桌面系统）。

4. **获取帮助**

获取帮助是学习 Linux 第一个必须要掌握的命令，Linux 提供了极为详细的帮助工具及文档。

（1）命令 –help。例如，要查询命令 init 的使用，可以使用 init --help 命令进行查询：

```
[root@localhost ~]# init --help
init [OPTIONS...] {COMMAND}

Send control commands to the init daemon.

     --help      Show this help
     --no-wall   Don't send wall message before halt/power-off/reboot

Commands:
  0              Power-off the machine
  6              Reboot the machine
  2, 3, 4, 5     Start runlevelX.target unit
  1, s, S        Enter rescue mode
  q, Q           Reload init daemon configuration
  u, U           Reexecute init daemon
```

（2）man 要查询的命令。例如，要查询命令 init 的使用，也可以使用 man init 命令。

（3）info 要查询的命令。例如，要查询命令 init 的使用，也可以使用 info init 命令。

（4）绝大多数程序都有相应的帮助文档，并保存在/usr/share/doc 文件夹中。

1.3.5 运行命令

Linux 系统虽有许多图形界面工具，但大多数 Linux 系统管理员认为如果想要高效管理 Linux系统，必须能够熟练地在命令行下工作。在命令行下工作需要记住命令，一旦熟悉了这些命令，就可以非常快速地执行多项任务，还可以执行一些图形界面不能实现的任务。命令行具有高效和灵活的优点。

1. **命令行语法**

像任何编程语言一样，bash shell 使用一种特定的语法，任何一个命令行的第一个词都是要执行程序的名称，整个命令和英文句子做比较，可以说命令有动词、副词和直接宾语。动词是要运行的命令，副词是可以修改命令行为的参数选项，宾语是作用对象，每一项之间用空格隔开，多个选项之间也要用空格隔开。例如，命令“ls –l /etc”中，ls 是命令，–l 是选项，参数/etc 是作用对象。执行命令时，除命令本身外，选项和作用对象是可以省略的，由默认值替代。命令的一般格式：

```
command  [options]  [arguments]
```

其中：

```
command         命令
options         选项，--单词 或-单字
arguments       参数，有时候选项也带参数
```

在查看命令帮助时，会出现[]、<>、|等符号，它们的含义如下：

```
[]              表示是可选的
<>              表示可变选项，一般是多选一，而且必须选其一
```

```
x|y|z            多选一，如果加上[]，可不选
-abc             多选，如果加上[]，可不选
```

2. 命令

命令的第一个词一般都是位于系统目录/bin、/sbin、/usr/bin 或/usr/sbin 等下的一个程序名，如 ls、cat 等命令。要想知道对应哪个文件，可以使用 which 命令查询。例如，使用“which ls”，会得知 ls 命令的程序是/bin/ls。

在 shell 中输入命令时，shell 进程会指示内核把指定程序作为另一个程序分开执行，并将输出写到终端，程序执行完后 shell 会给出另外一个提示符，等待下一个命令。

3. 命令行使用技巧

使用 bash 时，用【Ctrl+R】组合键来搜索命令的历史记录。

使用 bash 时，用【Tab】键可以补全命令。

使用 bash 时，用【Ctrl+W】组合键来清除最后一个单词，使用【Ctrl+U】组合键来清除整行。可以通过 man readline 来获取 bash 里面默认键的绑定设置。

如果命令输入到一半时改变了主意，可以用【Alt+#】组合键来在命令前面增加一个#，使之成为一行注释（或者使用【Ctrl+A】组合键回到命令开头，然后再输入#）。可以之后通过搜索历史记录回来。

1.3.6 管理终端

1. 识别终端

Linux 设备都有唯一标识，通过位于目录/dev 的设备结点和终端在底层交流，如/dev/tty1 代表第一个虚拟控制台，/dev/ttySn 是第 n 个串行终端设备，/dev/pts/n 是在 X-Window 模式下的伪终端。大多数进程记录启动它们的终端，用户的登录会话与他们使用的终端相关。通过 who 和 ps 命令都可以在输出列表中找到 TTY 一列，显示用户或进程所在的终端号。

Linux 将许多设备都当成终端，包括虚拟控制台、串行线连接的 VT100 终端、调制解调器等。一些常用的终端设备的惯例名称如表 1-4 所示。

表 1-4　常用终端设备惯例名称

名　称	设　备	使　用
ttyn	虚拟控制台	使用【Ctrl+Alt+Fn】组合键访问
ttySn	串口终端	连接到串口上的调制解调器或 VT100 类型的终端
pts/n	伪终端	一个终端模拟，经常被 X 图形环境中的终端窗口使用
:0	X 服务器	当用户使用 X 图形环境登录时，其终端常被列为 X 服务器

2. 终端控制组合键

Linux 终端与它的原始前身、电传打字机和“哑终端”或 vt100 类型控制台，有许多相似之处。这些早期的设备有发送“特殊”信号或信号序列的机制，信号序列代表正常输入的字符流以外的一些事件，如后退一格、换行、音效或信息传递结束。Linux终端和它的前身一样，使用【Ctrl+字母】组合键发送这些“特殊”信号。Linux 终端共享的许多常用控制组合键及其常见用法如表 1-5 所示。

表 1-5　常用 Linux 控制组合键及其常见用法

组　合　键	符 号 名 称	约 定 使 用
【Ctrl+C】	SIGINT	非常规中断，终止前台进程
【Ctrl+D】	EOT	输入完成的正常信号
【Ctrl+G】	BEL	终端声效
【Ctrl+H】	BS	后退一格，删除前一个字符
【Ctrl+J】	LF	换行，与【Enter】键功能相同
【Ctrl+L】	FF	换页，使 bash 清屏，使其他基于屏幕的程序“刷新”当前屏幕
【Ctrl+Q】		解冻终端显示（参见【Ctrl+S】组合键）
【Ctrl+S】		冻结终端显示（使用【Ctrl+Q】组合键解冻）
【Ctrl+U】	NAK	删除当前的行

1.4 任务实施

当安装光盘刻录好之后，就可以进行光盘安装了，这种安装方式是最简单容易操作的，后续的其他安装方式主要区别在于引导部分，安装时的界面都是一样的。具体步骤如下：

步骤 1：放入第一张光盘，从光盘启动进入 RHEL 7 的安装界面，如图 1-5 所示。

系统提示检测光盘，如果光盘已经确认无误，则按【Tab】键切换光标，选择 Install Red Hat Enterprise Linux 7.0 选项，这时系统进入自检界面，如图 1-6 所示。

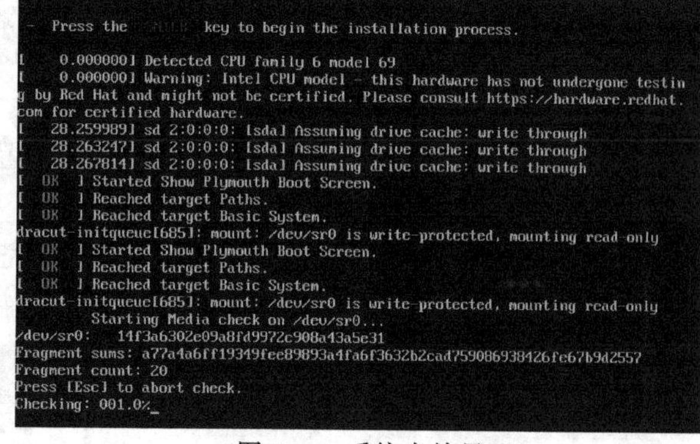

图 1-5　RHEL 7 安装启动界面　　图 1-6　系统自检界面

步骤 2：系统启动进入安装语言的选择界面，选择“中文 Chinese”→“简体中文（中国）”选项，然后单击“继续”按钮，如图 1-7 所示。

步骤 3：配置安装信息摘要，如图 1-8 所示。

（1）配置系统日期与时间。

（2）选择系统使用的语言，这里选择的是简体中文（中国）。

（3）为系统选择合适的键盘布局，一般为美式键盘。

（4）选择“安装源”，这里是“本地介质”。

步骤 4：单击“软件选择”按钮，进入软件选择界面，如图 1-9 所示。

选择“带 GUI 的服务器”单选按钮，然后在右边的“已选环境的附加选项”列表框中选择要安装的功能软件，单击“完成”按钮，回到安装信息摘要界面，系统自动进行安装源与

软件选择的依赖关系检查，如图 1-10 所示。

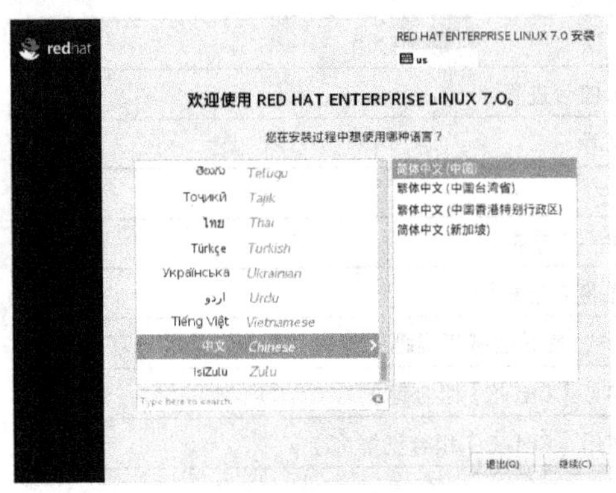

图 1-7　安装语言选择界面

图 1-8　安装信息摘要界面

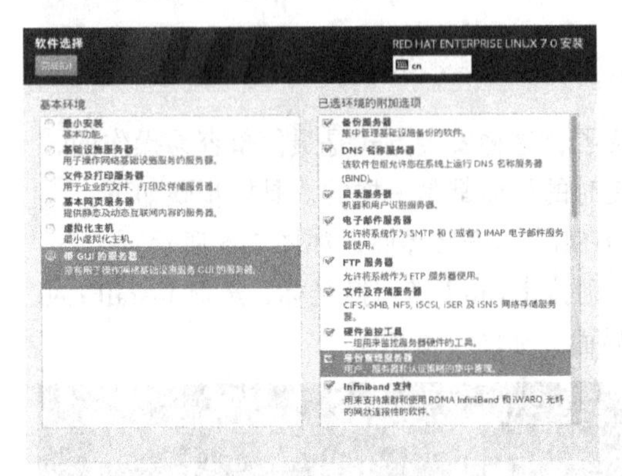

图 1-9　软件选择界面

图 1-10　安装信息摘要

步骤 5：单击“安装位置”按钮，进行分区设置，分别建立 500 MB 的引导分区、2 GB 的交换分区和 16 GB 的根分区，如图 1-11 所示。

（1）选择“我要配置分区”单选按钮，单击“完成”按钮，进行手动分区界面如图 1-12 所示。

图 1-11　安装目标位置配置

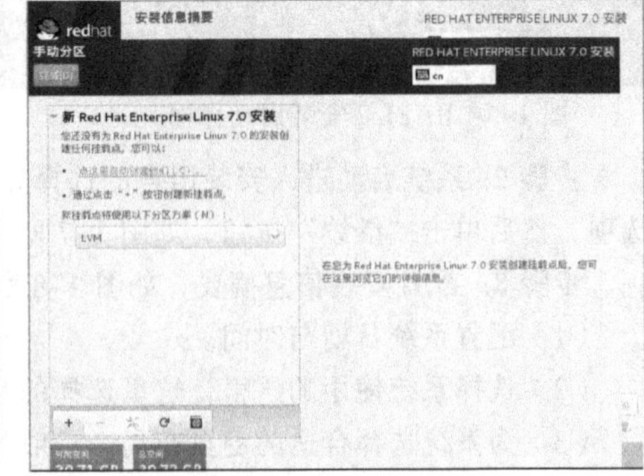

图 1-12　手动分区界面

（2）单击“+”按钮，添加一个 boot 分区，挂载点选择“/boot”，期望容量设置为 500 MB，如图 1-13 所示。

单击“添加挂载点”按钮，系统返回到手动分区界面，如图 1-14 所示。

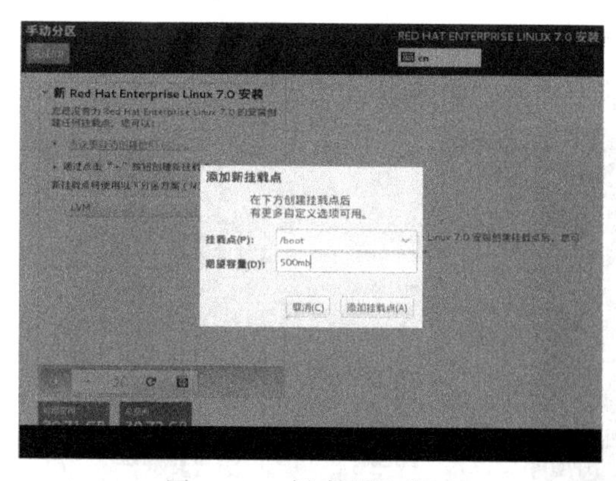

图 1-13　创建引导分区

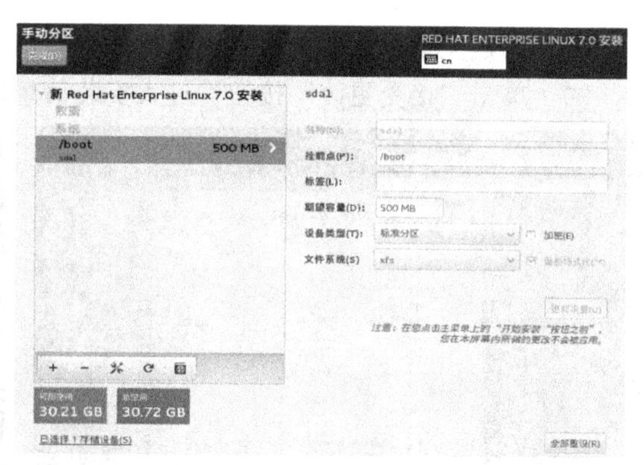

图 1-14　创建引导分区后的手动分区界面

（3）单击“+”按钮，添加“根分区”，挂载点选择“/”，期望容量设置为 16 GB，如图 1-15 所示。

单击“添加挂载点”按钮，系统返回到手动分区界面，如图 1-16 所示。

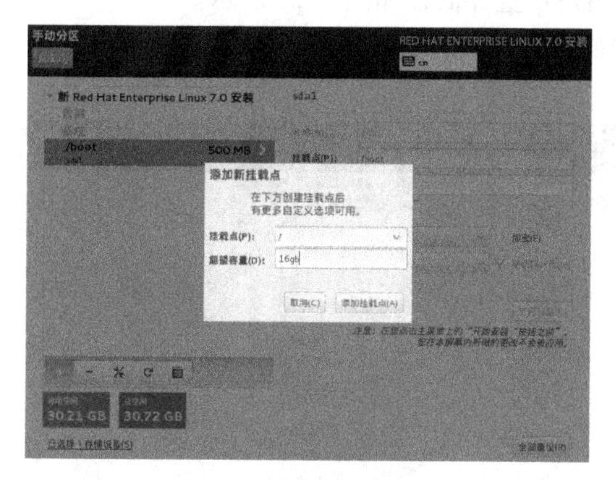

图 1-15　创建根分区

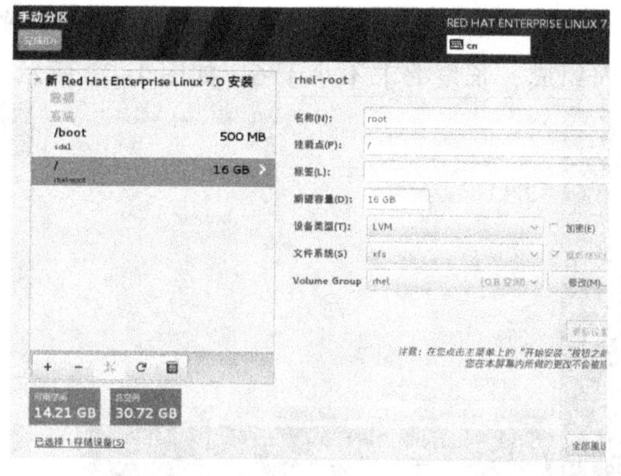

图 1-16　创建引导分区和根分区后的手动分区界面

（4）单击“+”按钮，添加“交换分区”，挂载点选择“swap”，期望容量设置为 2 GB，如图 1-17 所示。

（5）单击“添加挂载点”按钮，系统返回到手动分区界面，如图 1-18 所示。

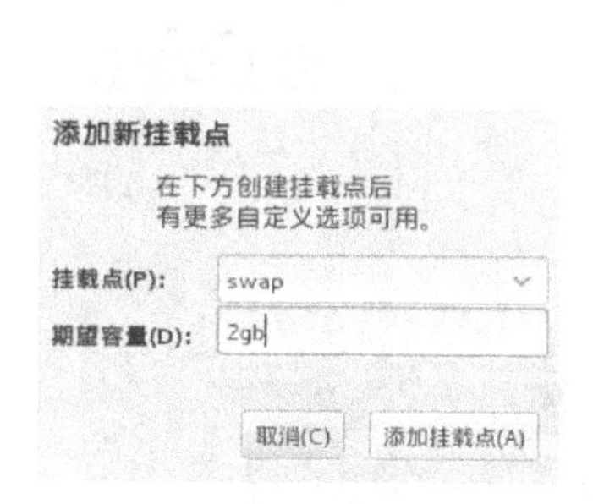

图 1-17　创建交换分区

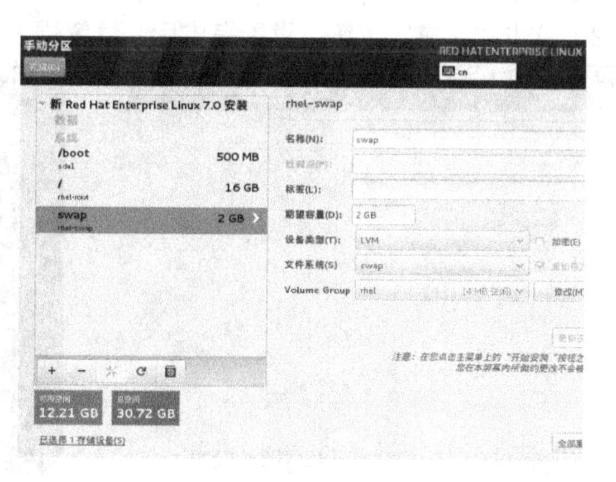

图 1-18　创建引导分区、根分区和交换分区后的手动分区界面

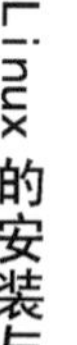

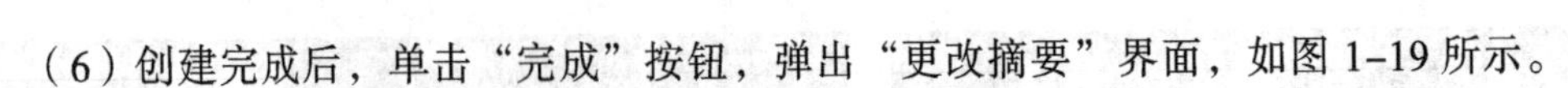

（6）创建完成后，单击“完成”按钮，弹出“更改摘要”界面，如图 1–19 所示。

（7）单击“接受更改”按钮，进入安装信息摘要界面，如图 1–20 所示。

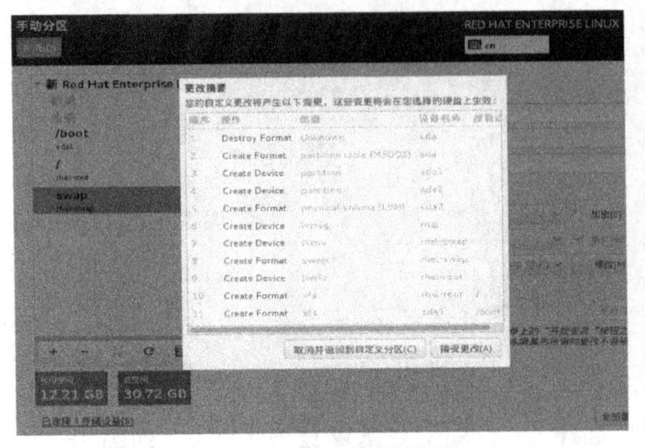

图 1–19　更改摘要界面

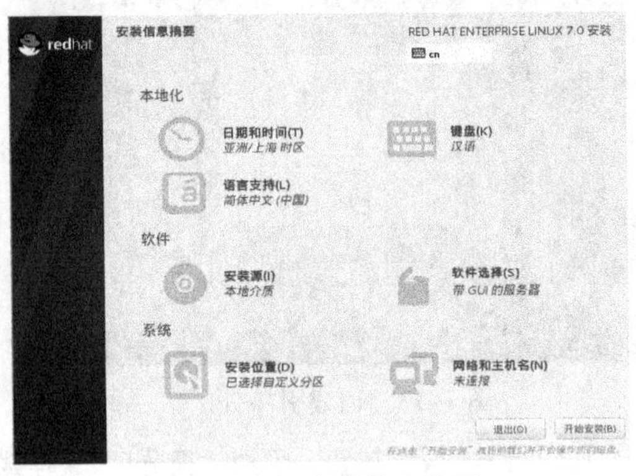

图 1–20　安装信息摘要

步骤 6： 配置网络与主机名，在这里网络与主机名暂时先不配置。

步骤 7： 单击“开始安装”按钮，系统进入用户设置界面，如图 1–21 所示。

（1）单击“ROOT 密码”按钮，要求两遍密码输入一致，密码最好由字母、数字和特殊字符组成，长度要求不小于 6，如图 1–22 所示。

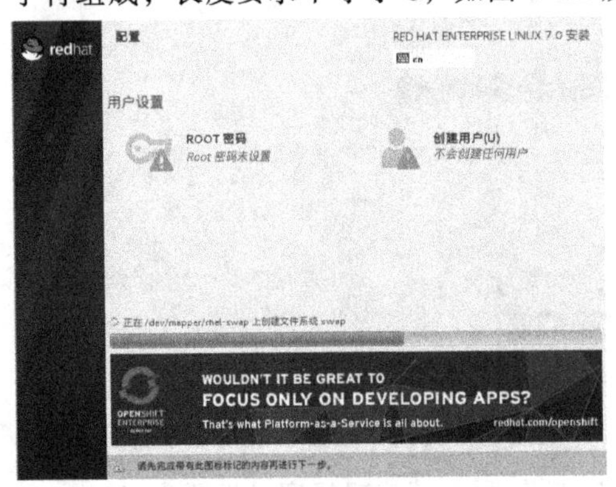

图 1–21　用户设置界面

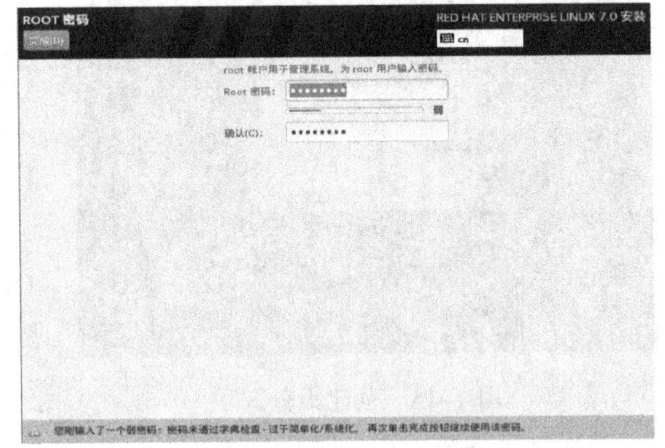

图 1–22　ROOT 密码设置

（2）单击“创建用户”按钮，添加一个新用户，用户名为“Zhangsan”，并为该用户设置密码，如图 1–23 所示。

（3）单击“完成”按钮，设置完成后，继续进入安装界面，如图 1–24 所示。

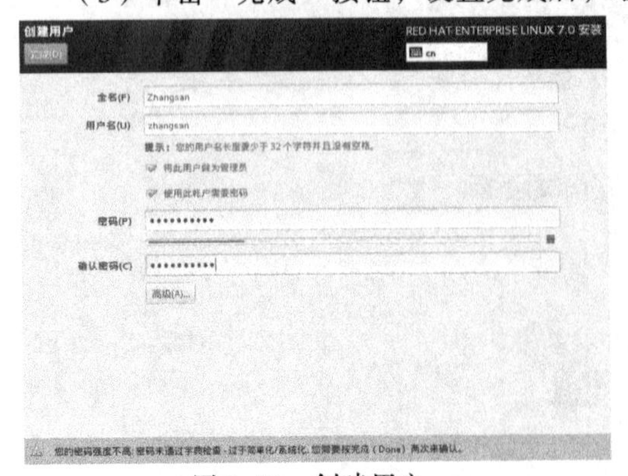

图 1–23　创建用户

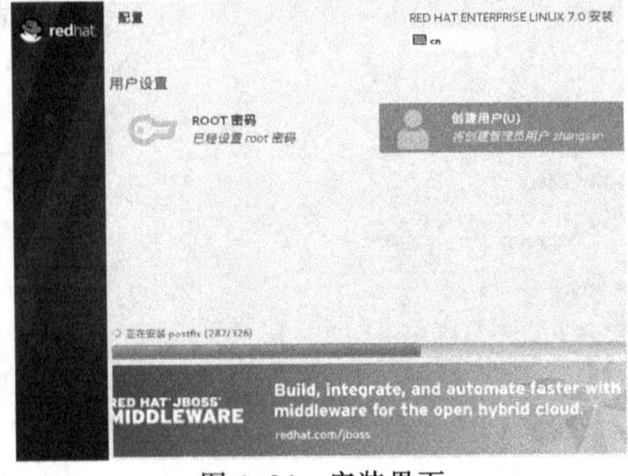

图 1–24　安装界面

步骤 8：安装结束后，单击“重启”按钮，系统重新启动，如图 1-25 所示。

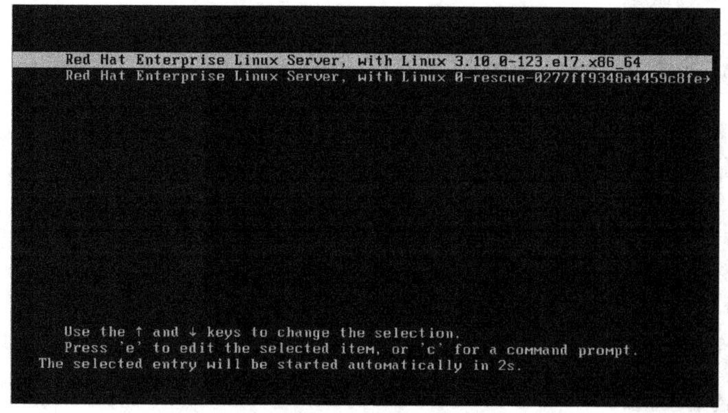

图 1-25　系统启动界面

步骤 9：初始设置，如图 1-26 所示。

图 1-26　初始设置

（1）单击“许可信息”按钮，进入许可协议界面，如图 1-27 所示。

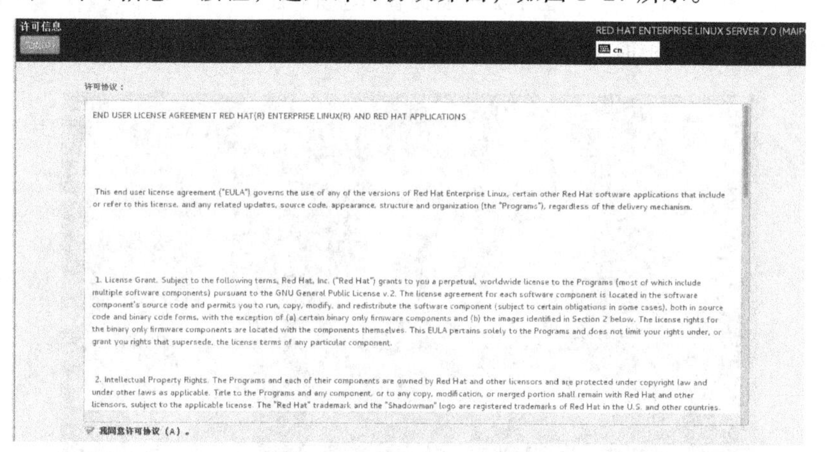

图 1-27　许可协议界面

（2）选择“我同意许可协议”复选框，并单击“完成”按钮，回到许可信息界面，单击“配置完成”按钮，进行 Kdump 界面，如图 1-28 所示。

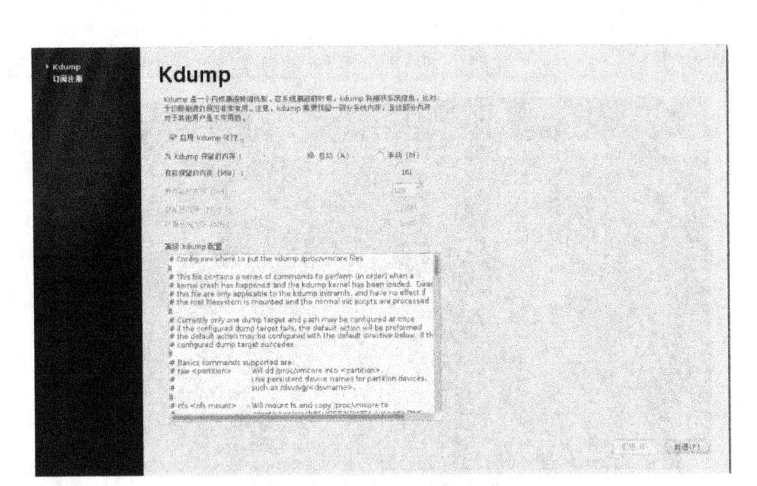

图 1–28　Kdump 界面

（3）单击“前进”按钮，进入订阅管理注册界面，如图 1–29 所示。

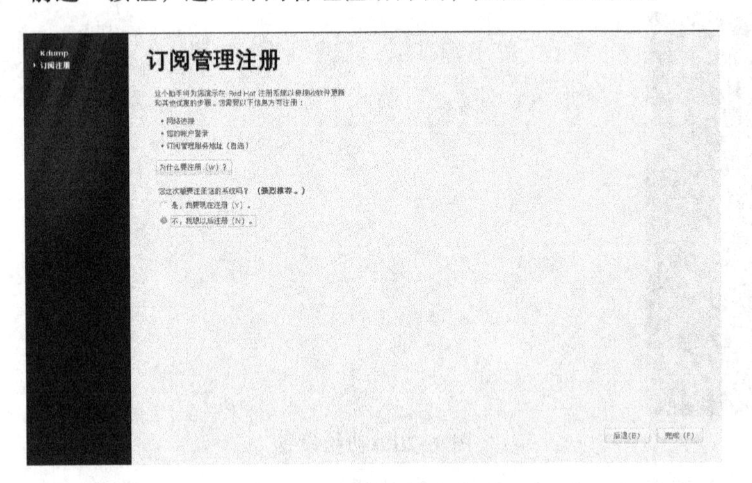

图 1–29　订阅管理注册界面

（4）单击“完成”按钮，进入登录界面，如图 1–30 所示。

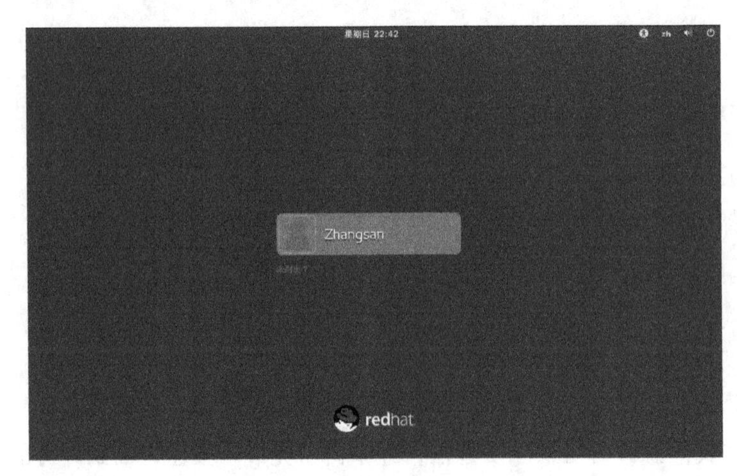

图 1–30　登录界面

步骤 10：单击用户名“Zhangsan”，弹出密码框，正确输入密码，进入系统语言设置界面，如图 1-31 所示。

步骤 11：Linux 初始设置。

（1）选择“汉语（中国）”选项，单击“前进”按钮，进入选择输入源界面，如图 1-32 所示。

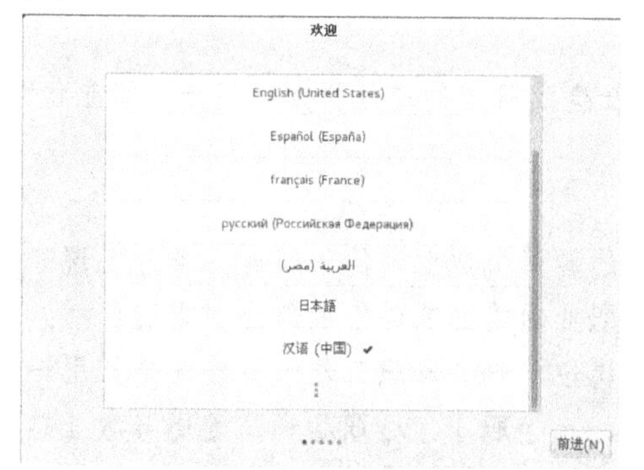

图 1-31 系统语言设置界面

图 1-32 选择输入源界面

（2）选择“汉语”选项，单击“前进”按钮，完成初始设置，如图 1-33 所示。

步骤 12：使用 Linux。单击 Start using RedHat Enterprise Linux Server，进入 Linux 桌面，如图 1-34 所示。

图 1-33 完成设置界面

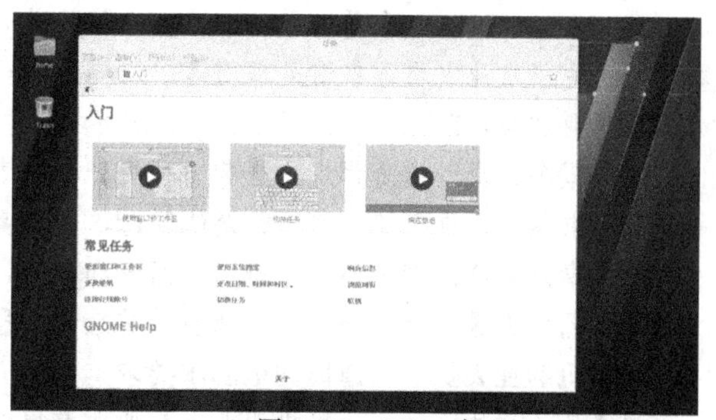

图 1-34 Linux 桌面

自此，Linux 安装配置结束，可以使用 Linux 开始工作了。

阅读与思考：计算机职业人员的职业道德与原则

作为一种特殊职业，计算机职业有其自己的职业道德和行为准则，这些职业道德和行为准则是每一个计算机职业人员都要共同遵守的。

职业道德的概念

所谓职业道德，就是同人们的职业活动紧密联系的符合职业特点所要求的道德准则、道德情操与道德品质的总和。每个从业人员，不论从事哪种职业，在职业活动中都要遵守道德。如教师要遵守教书育人、为人师表的职业道德，医生要遵守救死扶伤的职业道德，等等。职业道德不仅是从业人员在职业活动中的行为标准和要求，而且是本行业对社会所承担的道德责任和义务。职业道德是社会道德在职业生活中的具体化。

作为一种特殊的道德规范，职业道德有以下 4 个主要特点：

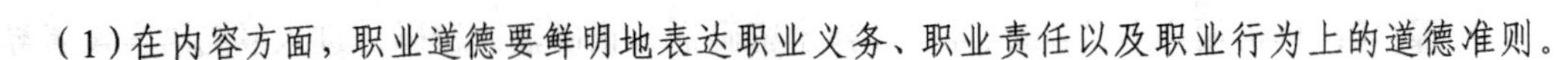

（1）在内容方面，职业道德要鲜明地表达职业义务、职业责任以及职业行为上的道德准则。

（2）在表现形式方面，职业道德往往比较具体、灵活、多样。它从本职业的交流活动的实际出发，采用制度、守则、公约、承诺、誓言以及标语、口号等形式。

（3）从调节范围来看，职业道德一方面用来调节从业人员内部关系，加强职业、行业内部人员的凝聚力，另一方面用来调节从业人员与其服务对象之间的关系，用来塑造本职业从业人员的形象。

（4）从产生效果来看，职业道德既能使一定的社会或阶层的道德原则和规范“职业化”，又能使个人道德品质“成熟化”。

职业道德基础规范

作为一名合格的计算机职业人员，在遵守特定的计算机职业道德的同时，首先要遵守一些最基本的通用职业道德规范，这些规范是计算机职业道德的基础组成部分。它们包括：

（1）爱岗敬业：所谓爱岗就是热爱自己的工作岗位，热爱本职工作；而敬业是指用一种严肃的态度对待自己的工作，勤勤恳恳，兢兢业业，忠于职守，尽职尽责。爱岗与敬业总的精神是相通的，是相互联系在一起的，爱岗是敬业的基础，敬业是爱岗的表现。爱岗敬业是任何行业职业道德中都具有的一条基础规范。

（2）诚实守信：是指忠诚老实信守承诺。诚实守信是为人处世的一种美德。诚实守信不仅是做人的准则，也是做事的原则。诚实守信是每一个行业树立形象的根本。

（3）办事公道：是在爱岗敬业、诚实守信的基础上提出的更高一个层次的职业道德的基本要求。是指从业人员办事情处理问题时，要站在公正的立场上，按照同一标准和同一原则办事的职业道德规范。

（4）服务群众：这是为人民服务精神更集中的表现，服务群众就是为人民群众服务，这一规范要求从业人员要树立服务群众的观念，做到真心对待群众，做每件事都要方便群众。

（5）奉献社会：就是不期望等价的回报和酬劳，而愿意为他人、为社会或为真理、为正义献出自己的力量，全心全意地为社会做贡献，是服务群众的更高体现。

计算机职业人员职业道德的最基本要求

法律是道德的底线，计算机职业人员职业道德的最基本要求就是国家关于计算机管理方面的法律法规。多年来，全国人大、国务院和国家机关各部委等陆续制定了一批管理计算机行业的法律法规，例如，《全国人民代表大会常务委员会关于维护互联网安全的决定》《计算机软件保护条例》《互联网信息服务管理办法》《互联网电子公告服务管理办法》等，这些法律法规应当被每一位计算机职业人员牢记，严格遵守这些法律法规正是计算机职业人员职业道德的最基本要求。

计算机职业人员职业道德的核心原则

一个行业的职业道德，有其最基础、最具行业特点的核心原则。世界知名的计算机道德规范组织 IEEE-CS/ACM 软件工程师道德规范和职业实践（SEEPP）联合工作组曾就此专门制定过一项规范，根据此项规范，计算机职业人员职业道德的核心原则主要有以下两项：

原则一　计算机职业人员应当以公众利益为最高目标。这一原则可以解释为以下 8 点：

（1）对他们的工作承担完全的责任。

（2）用公益目标节制软件工程师、雇主、客户和用户的利益。

（3）批准软件，应在确信软件是安全的，符合规格说明的，经过合适测试的，不会降低生活品质、影响隐私权或有害环境的条件之下，一切工作以大众利益为前提。

（4）当有理由相信有关的软件和文档，可以对用户、公众或环境造成任何实际或潜在的危害时，向适当的人或当局揭露。

（5）通过合作全力解决由于软件及其安装、维护、支持或文档引起的社会严重关切的各种事项。

（6）在所有有关软件、文档、方法和工具的申述中，特别是与公众相关的，力求正直，避免欺骗。

（7）认真考虑诸如体力残疾、资源分配、经济缺陷和其他可能影响使用软件益处的各种因素。

（8）应致力于将自己的专业技能用于公益事业和公共教育的发展。

原则二 客户和雇主在保持与公众利益一致的原则下，计算机专业人员应注意满足客户和雇主的最高利益。这一原则可以解释为以下9点：

（1）在其胜任的领域提供服务，对其经验和教育方面的不足应持诚实和坦率的态度。

（2）不明知故犯地使用非法或非合理渠道获得的软件。

（3）在客户或雇主知晓和同意的情况下，只在适当准许的范围内使用客户或雇主的资产。

（4）保证遵循的文档按要求经过某一人授权批准。

（5）只要工作中接触的机密文件不违背公众利益和法律，对文件所记载的信息须严格保密。

（6）根据其判断，如果一个项目有可能失败，或者费用过高，或者违反知识产权法规，或者存在问题，应立即确认、文档记录、收集证据和报告客户或雇主。

（7）当知道软件或文档有涉及社会关切的明显问题时，应确认、文档记录和报告给雇主或客户。

（8）不接受不利于为他们雇主工作的外部工作。

（9）不提倡与雇主或客户的利益冲突，除非出于符合更高道德规范的考虑，在后者情况下，应通报雇主或另一位涉及这一道德规范的适当的当事人。

计算机职业人员职业道德的其他要求

除了基础要求和核心原则外，作为一名计算机职业人员，还有一些其他的职业道德规范应当遵守，比如：

（1）按照有关法律、法规和有关机关团体的内部规定建立计算机信息系统。

（2）以合法的用户身份进入计算机信息系统。

（3）在工作中尊重各类著作权人的合法权利。

（4）在收集、发布信息时尊重相关人员的名誉、隐私等合法权益。

计算机职业人员的行为准则

所谓行为准则，就是一定人群从事一定事务时其行为所应当遵循的一定规则，一个行业的行为准则就是一个行业从业人员日常工作的行为规范。参照《中国科学院科技工作者科学行为准则》的部分内容，对计算机职业人员的行为准则列举如下：

（1）爱岗敬业。面向专业工作，面向专业人员，积极主动配合，甘当无名英雄。

（2）严谨求实。工作一丝不苟，态度严肃认真，数据准确无误，信息真实快捷。

（3）严格操作。严守工作制度，严格操作规程，精心维护设施，确保财产安全。

（4）优质高效。瞄准国际前沿，掌握最新技术，勤于发明创造，满足科研需求。

（5）公正服务。坚持一视同仁，公平公正服务，尊重他人劳动，维护知识产权。

资料来源：李晨，文化发展论坛（http://www.ccmedu.com/），此处有删改。

作业

1. 以下不属于服务器操作系统的是（　　）。
   A. Windows XP　　B. Windows 2000 Server　　C. Linux　　D. UNIX
2. Linux 的管理员账户名为（　　），登录成功后，其命令提示符为（　　）。
   A. Administrator　　B. root　　C. #　　D. $
3. Linux 系统是一个（　　）操作系统。
   A. 单用户、单任务　　B. 单用户、多任务
   C. 多用户、多任务　　D. 多用户、单任务
4. 以下对 Linux 的说法不正确的是（　　）。
   A. Linux 只能作为服务器操作系统使用，不能作为桌面操作系统使用，缺乏常用的办公字处理软件
   B. Linux 的应用主要在服务器操作系统领域
   C. Linux 是一种 32 位的多用户多任务操作系统，能运行在基于 Intel x86 系列 CPU 的计算机
   D. UNIX 都不能运行在基于 Intel x86 系列 CPU 的计算机
   E. Linux 正常运行至少要有“/”“boot”和“swap”3 个分区
5. Red Hat Enterprise Linux 7 默认使用的文件系统类型为（　　）。
   A. ext4　　B. ext3　　C. XFS　　D. swap
6. Linux 利用交换分区空间来提供虚拟内存，交换分区的文件系统类型必须是（　　）。
   A. ext4　　B. ext3　　C. FAT　　D. swap
7. 在 Linux 中，选择利用第 2 号虚拟控制台，应按（　　）功能键。
   A.【F2】　　B.【Ctrl+F2】　　C.【Alt+F2】　　D.【Alt+2】
8. 在 Linux 的 X-Window 界面，若要退回到文本虚拟控制台界面，则应按（　　）功能键。
   A.【Ctrl + Alt + F2】　　B.【Ctrl + Alt + F7】　　C.【Ctrl+F2】　　D.【F7】
9. 在默认情况下，要重启 Linux 操作系统，以下方法中不正确的是（　　）。
   A. 在#命令提示符下，输入 reboot 命令并按【Enter】键
   B. 在$命令提示符下，输入 reboot 命令并按【Enter】键
   C. 在#命令提示符下，输入 shutdown -r 命令并按【Enter】键
   D. 直接按【Ctrl + Alt + Del】组合键
10. 以下命令中，只有 root 用户才有权执行的是（　　）。
    A. shutdown　　B. logout　　C. ls　　D. reboot
11. Linux 有哪些主要特性和功能？
12. swap 分区的作用是什么？
13. 安装 Linux 至少需要几个磁盘分区？应使用什么样的文件系统格式？
14. 写出 10 个比较流行的 Linux 发行版。

第2章 Linux 文件管理

人们日常操作系统的使用几乎都是围绕文件系统而展开，包括磁盘分区的概念、文件系统的创建和管理、交换空间的创建与管理与其他一些文件管理的工具（如文件系统修复工具 fsck 等）。

2.1 企业需求

（1）公司开发了企业商务网站，科技部门希望将网站部署在这台 Linux 服务器上，要求在服务器现有的硬盘中划出一个大小为 4 GB 的分区，用来存放网站程序。

（2）因为在系统安装时，对应用程序考虑不周，交换空间设置不够，要求在服务器现有硬盘中划出一个大小为 1 GB 的分区，用来做交换分区。

（3）为/etc 目录下的文件做一个备份，备份到新建的磁盘分区上，该磁盘分区专门用来存放系统的配置文件，分区大小为 1000 MB。

2.2 任务分析

根据公司的业务规划，在安装 Linux 服务器时，已经预留硬盘空间为后续业务服务，因此对于公司的需求，只需在此 Linux 服务器上完成如下任务：

（1）查看服务器硬盘分区并添加 3 个分区，分别用做存放网站程序、交换分区和配置备份空间。

（2）对新加的磁盘分区创建相应的文件系统。

（3）对新加的文件系统自动挂载。

（4）将/etc 目录下的文件复制到新加的配置备份空间里。

2.3 知识背景

2.3.1 Linux 文件和目录管理

Linux 操作系统使用树形的文件结构组织文件，即在一个目录中存放子目录和文件，而在子目录中又会进一步存放子目录与文件，依此类推形成一个树形的文件结构。由于其结构很像一棵树的分支，所以该结构又被称为“目录树”。Linux 系统中树根就是根目录“/”，所有文件和目录都在根目录“/”下，其结构如图 2-1 所示。

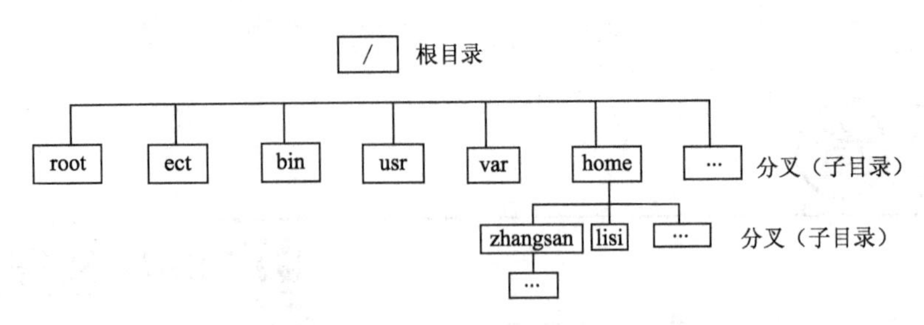

图 2-1　Linux 树形文件系统结构图

使用“cd /”命令可以进入根目录中，使用“ls”命令，可以查看根目录下的目录与文件，操作如下：

```
[root@localhost ~]# cd /
[root@MyLinux /]# ls
bin   etc        home    media  parser.out    root  share tmp  workdata
boot  ftpconfig  lib     mnt    parsetab.py   run   srv   usr
dev   ftpuser    lib64   opt    proc          sbin  sys   var
```


根据文件系统层次标准，每个目录应该放置的文件如表 2-1 所示。

表 2-1　Linux 的目录结构

目　录	描　述
/	根目录，位于 Linux 文件系统目录结构的顶层
/bin	该目录为命令文件目录，也称二进制目录
/boot	该目录中存放系统的内核文件和引导装载程序文件
/dev	设备（device）文件目录，存放 Linux 系统下的设备文件
/etc	系统配置文件存放的目录，该目录存放系统的大部分配置文件和子目录
/root	系统管理员 root 的宿主目录
/home	系统默认的用户宿主目录
/mnt	该目录主要用来临时挂载文件系统
/tmp	一般用户或正在执行的程序临时存放文件的目录，任何人都可以访问
/usr	存放与用户直接相关的文件和目录
/var	放置系统执行过程中经常变化的文件，如随时更改的日志文件等
/media	系统用来挂载光驱等临时文件系统的挂载点
/sbin	放置系统管理员使用的可执行命令
/opt	第三方软件的安装目录
/proc	虚拟文件系统，此目录的数据都在内存中

1. 文件命名与匹配

一般操作系统都会限制文件名字符长度的选择与数目，如 Linux 的 ext2 或 ext3 文件系统，文件名最多包含 255 个字符，文件名的字母区分大小写，同时 Linux 还可以使用除“/”之外的特殊字符，但尽量避免使用“>、<、'、"、*、?”等特殊字符，不是它们不可用，而是使用它们会产生操作时的麻烦。也可以使用一段话作文件名，如有空格请将文件名用单引号或双引号括起来，操作如下：

```
[zhangsan@localhost ~] $ touch  aaa
[zhangsan@localhost ~] $ touch  AAA
[zhangsan@localhost ~] $ touch  'I am Zhangsan '
[zhangsan@localhost ~] $ touch  "Say hell"
[zhangsan@localhost ~] $ ls -l
total 0
-rw-rw-r--. 1 zhangsan zhangsan  0 Jul  7 11:53 aaa
-rw-rw-r--. 1 zhangsan zhangsan  0 Jul  7 11:53 AAA
-rw-rw-r--. 1 zhangsan zhangsan  0 Jul  7 11:53 I am Zhangsan
-rw-rw-r--. 1 zhangsan zhangsan  0 Jul  7 11:54 Say hello
…
```

一般来说，文件名中不建议使用空格，因为带空格的文件名在使用时如果不加引号容易引起错误。

在 Linux 中使用“.”开头的文件和目录就是“隐藏文件”，使用命令“ls”不会列出隐藏文件，只有使用命令“ls –a”才能将隐藏文件列出，如详细显示用户主目录下的所有文件的操作与结果如下：

```
[zhangsan@localhost ~]$ ls -al
total 40
drwx------. 15 zhangsan  zhangsan  4096  Aug  26    11:09  .
drwxr-xr-x. 11 root      root       096  Aug  21    18:53  ..
-rw-rw-r--.  1 zhangsan  zhangsan     0  Jul   7    11:53  aaa
-rw-rw-r--.  1 zhangsan  zhangsan     0  Jul   7     1:53  AAA
-rw-------.  1 zhangsan  zhangsan   689  Aug   3    19:54  .bash_history
-rw-r--r--.  1 zhangsan  zhangsan    18  Jan  29     2014  .bash_logout
-rw-r--r--.  1 zhangsan  zhangsan   193  Jan  29     2014  .bash_profile
-rw-r--r--.  1 zhangsan  zhangsan   231  Jan  29     2014  .bashrc
…
```

如果需要对一组文件进行操作，bash 中将一些特殊字符作为通配符，Shell 读取命令时会执行进程“通配符扩展”，产生一个匹配的文件名列表，常见的通配符如表 2-2 所示。

表 2-2　常用通配符

字　　符	描　　述
*	匹配多个或零个字符，但不包括“.”
?	匹配 1 个字符，但不包括“.”
[...]	匹配在给出的列表或范围内的任意一个字符
[^...]	匹配在给出的列表或范围外的任意一个字符

示例 1：列出当前目录中所有文件和子目录信息，操作命令为：

```
[root@linux root]# ls *
```

示例 2：列出当前目录中文件目录名倒数第 2 个字符为“.”的文件和目录信息，操作命令为：

```
[root@linux root]# ls  *.?
```

示例 3：列出目录中以 a、b 或 k 开头的.c 文件信息，操作命令为：

```
[root@linux root]# ls  [abk]*.c
```

示例 4：列出目录中不以 a、b 或 k 开头的文件信息，操作命令为：

```
[root@linux root]# ls  [^abk]*
```

2. **绝对路径和相对路径**

在 Linux 系统中目录也是文件的一种，文件的命名对目录同样适用。文件在文件系统中的位置有两种方式表示：绝对路径和相对路径。

绝对路径以“/”开头，然后给出包括各级目录和文件的全名，如/usr/local/src。绝对路径列出从“/”到达目标文件所需要经过的文件系统目录树的所有分支。

在每个目录下，都会固定存在两个特殊目录，分别是一个点（.）和两个点（..）的目录。一个点（.）代表的是当前目录，两个点（..）代表的是当前目录的上层目录。

相对路径是指起始于当前目录的路径，如当前目录是/home/zhangsan，那么它的上层目录（/home 目录）可以用../表示，而/home/zhangsan 的下层目录 doc 则可以用./doc 表示，而到/usr/local/src 的相对路径表示方式则为“../../usr/local/src”。

2.3.2 Linux 重定向与管道

1. **标准输入与标准输出**

终端程序一般从一个单一源以流的形式读取信息，如键盘，也把输出信息作为流写入单一目的地，如显示器。在 Linux 系统中，输入流被称为标准输入（stdin），输出流被称为标准输出（stdout）。

当 Linux 执行一个程序的时候，会默认打开 3 个文件描述符，分别是：标准输入 standard input 0，正确输出 standard output 1，错误输出 error output 2。对于任何一条 Linux 命令执行，它会是这样一个过程：

（1）先有一个输入：输入可以从键盘，也可以从文件得到。

（2）命令执行完成：成功则会把成功结果输出到屏幕，standard output 默认是屏幕。

（3）命令执行有错误：会把错误也输出到屏幕上面，standard error 默认也是屏幕。

一个命令执行前，先会准备好所有输入/输出，默认分别绑定（stdin、stdout、stderr），如果这个时候出现错误，命令将终止，不会执行。这些默认的输出/输入都是 Linux 系统内定的，在使用过程中，有时候并不希望执行结果输出到屏幕，而是想输出到文件或其他设备。这个时候就需要进行输出重定向。

2. **重定向标准输出**

使用>或>>可以重定向标准输出，其格式为：

```
# command-line1 > file或设备
```

或

```
# command-line1 >> file或设备
```

重定向标准输出就是将一条命令执行结果（标准输出，或者错误输出，默认是要打印到屏幕上面的）重定向其他输出设备（文件，打开文件操作符，或打印机等）。

（1）“>”操作符，会判断右边文件是否存在，如果存在就先删除然后创建新文件，如不存在直接创建。 然后再将输出写入新建文件里。

（2）“>>”操作符，判断右边文件是否存在，如果不存在，先创建。以添加方式打开文件，把命令输出追加到文件中。

3. **重定向标准输入**

使用<或<<可以重定向标准输入，其格式为：

```
# command  < file 或设备
```

或

```
# command  << file 或设备
```

重定向标准输入就是将命令默认从键盘获得的输入，改成从文件或者其他打开文件以及设备输入。

4. **管道**

管道是 Linux 中很重要的一种通信方式，是把一个程序的输出作为另一个程序或命令的输入。管道命令操作符是“|”，它仅能处理经由前面一个指令传出的正确输出信息，也就是 standard output 的信息，对于标准错误信息没有直接处理能力。然后传递给下一个命令，作为其标准的输入 standard input。其格式为：

```
# command1  |  command2
```

command1 的正确输出作为 command2 的输入，然后 command2 的输出直接显示在屏幕上面。

注意：通过管道之后，command1 的正确输出不显示在屏幕上面。

管道命令与重定向的区别有两点：

（1）管道左边的命令应该有标准输出，而符号“|”右边的命令应该接受标准输入；输出重定向左边的命令应该有标准输出，而符号“>” 右边只能是文件；输入重定向左边的命令应该需要标准输入，而符号“< ”右边只能是文件。

（2）管道触发两个子进程执行“|”两边的程序；而重定向是在一个进程内执行。

2.3.3 Linux 文件基本操作

Linux 遵循一切文件的规则，对 Linux 的配置，相当大程度就是对文件的处理过程，因此掌握文件的相关操作是非常必要的。

1. **查看当前工作目录**：pwd

在 Linux 中，想要确定当前所在的目录，可以使用 pwd 命令来实现，其命令用法为：

```
# pwd
```

示例 5：用户 zhangsan 想看自己所在的目录，可以用如下命令操作：

```
[root@linux root]# pwd
```

2. **改变工作目录**：cd

如果需要切换到其他工作目录，可以使用 cd 命令来实现，其命令用法为：

```
# cd  [directory]
```

如果没有指定目录，则默认切换到用户主目录，参数 directory 可以是绝对路径也可以是相对路径。有几个特殊缩写表示的目录经常会使用，如下所示：

.：代表当前工作目录；

..：代表上级工作目录；

~：代表用户主目录；

-：代表上一个工作目录。

示例 6：回到用户主目录，可以使用如下命令操作：

```
[root@linux root]# cd
```

示例 7：进入/tmp 目录，可以使用如下命令操作：

```
[root@linux root]# cd /tmp
```

示例 8：回到用户主目录，可以使用如下命令操作：

```
[root@linux root]# cd ~
```

示例 9：回到用户上一个工作目录，可以使用如下命令操作：

```
[root@linux root]# cd -
```

3. **列出目录内容**：ls

进入某个目录后，要查看目录下的文件，可以使用 ls 命令来实现，其命令用法为：

```
# cd  [option] [file or directory]
```

该命令的 option 可选项较多，常用的主要有：

```
-a,--all            显示所有，包括以.开头的隐藏文件和目录
-A,--almost         显示除“.”以外的所有文件和目录
-d,directory        显示所有目录，而不显示目录内的文件
-F,--classify       在文件或目录后加上文件类型的指示符号，如名称后/表示目录
-i,--inode          显示每个文件的 inode 号
-l                  使用较长格式显示信息
-m                  显示的所有项目以逗号分隔，并填满整行行宽
-n                  列出 UID 和 GID 号
-R,--recursive      递归显示子目录
-S                  根据文件大小排序
-t                  根据修改时间排序
-U                  不进行排序，按照目录顺序列出项目
```

其中选项-a、-l、-F 比较常用，其他选项可以根据需要组合使用。

示例 10：显示当前目录中的所有文件，包含隐藏文件，并列出其详细信息，可以使用如下命令操作：

```
[root@linux root]# ls  -al
```

示例 11：列出/linux/ls-file 文件夹下的所有文件和目录的详细资料，可以使用如下命令操作：

```
[root@linux root]# ls -l -R /linux/ls-file
```

4. **创建文件、修改文件时间**：touch

在 Linux 中创建一个文件，只需要进入相关目录，然后使用 touch 命令来实现，其命令用法为：

```
# touch  [option] filename
```

参数选项：

```
-a:        仅修改 access  time
-c:        仅修改时间，而不建立文件
```

```
-d:        后面可以接日期，也可以使用 --date="日期或时间"
-m:        仅修改 mtime
-t:        后面可以接时间，格式为 [YYMMDDhhmm]
```

示例 12：在/tmp 目录下创建一个文件名为 test 的空文件，可以使用如下命令操作：

```
[root@linux root]# cd /tmp
[root@linux root]# touch test
```

示例 13：修改示例 12 的 test 文件，将日期调整为两天前，可以使用如下命令操作：

```
[root@linux root]# touch -d "2 days ago" test
```

5. **复制文件**：cp

在 Linux 中复制文件和目录，可使用 cp 命令来实现，其命令用法为：

```
# cp  [option]  {源文件} {目标文件}
# cp  [option]  {源文件…} {目录}
```

第一种形式可将源文件复制到目标文件，复制时可以改名，第二种形式是将一个或多个文件复制到某个目录中。

常用参数选项：

```
-f                         若有重复或其他疑问时，不会询问使用者，而强制复制
-i, --interactive          覆盖文件前需要确认
-H                         使用命令列中的符号链接指示的真正目的地
-l, --link                 链接而非复制文件
-L, --dereference          一定先找出符号链接指示的真正目的地
-s, --symbolic-link        只创建符号链接而不是复制文件
-R, -r, --recursive        复制目录及目录内的所有项目
```

示例 14：将指定文件/etc/resolv.conf 复制到当前目录下，可以使用如下命令操作：

```
[root@linux root]# cp /etc/resolv.conf .
```

示例 15：交互式地将目录/usr/men 中的以 m 打头的所有.c 文件复制到目录/usr/zh 中，可以使用如下命令操作：

```
[root@linux root]# cp -i /usr/men/m*.c /usr/zh
```

示例 16：将目录/usr/men 下的所有文件及其子目录复制到目录/usr/zh 中，可以使用如下命令操作：

```
[root@linux root] # cp -r /usr/men /usr/zh
```

6. **删除文件**：rm

在 Linux 中删除一个文件，可以使用 rm 命令来实现，其命令用法为：

```
# rm [options] filename
```

参数选项：

```
-i        删除前逐一询问确认
-f        即使原档案属性设为只读，亦直接删除，无须逐一确认
-r        将目录及以下之档案亦逐一删除
```

示例 17：删除当前目录下的所有 C 语言源程序；删除前逐一询问确认，可以使用如下命令操作：

```
[root@linux root]# rm -i *.c
```

示例 18：删除用户主目录下的 testa 子目录，可以使用如下命令操作：

```
[root@linux root]# rm  -r  ~/testa
```

7. **移动或重命名文件：mv**

使用 mv 命令可以将文件或目录从一个目录移动到另一个目录，或重新命名，其命令用法为：

```
#: mv  [选项] 源文件或目录 目标文件或目录
```

参数选项：

```
-i          删除前逐一询问确认
-f          即使原档案属性设为只读，亦直接删除，无须逐一确认
```

当选择参数类型是文件时，mv 命令完成文件重命名，它将所给的源文件或目录重命名为给定的目标文件名。

当选择参数是已存在的目录名称时，源文件或目录参数可以有多个，mv 命令将各参数指定的源文件均移至目标目录中。在跨文件系统移动文件时，mv 先复制，再将原有文件删除，而链至该文件的链接也将丢失。

示例 19：将/usr/udt 中的所有文件移到当前目录（用“.”表示）中，可以使用如下命令操作：

```
[root@linux root]# mv  /usr/udt/*  .
```

示例 20：将文件 test.txt 重命名为 wbk.txt，可以使用如下命令操作：

```
[root@linux root]# mv  test.txt  wbk.txt
```

8. **查看文件：cat**

cat 是 concatenate 的缩写，它的作用其实是连接文件，但在默认情况下会将连接文件的结果送到标准输出，所以常用该命令来显示文件内容。其命令用法为：

```
# cat  [选项]  [文件…]
```

参数选项：

```
-A, --show-all          显示所有字符，包括控制字符和打印字符
-E, --show-ends         在每行结束处显示 $
-n, --number            对输出的所有行编号
-s, --squeeze-blank     不输出多行空行
```

示例 21：查看/etc/目录下的 profile 文件内容，可以使用如下命令操作：

```
[root@linux root]# cat  /etc/profile
```

示例 22：对/etc 目录中的 profile 的所有的行（包括空白行）进行编号输出显示，可以使用如下命令操作：

```
[root@linux root]# cat  -n  /etc/profile
```

cat 对于内容极大的文件来说，所有内容显示会一闪而过，可以通过管道“|”传送到 more 或 less 工具，然后逐页查看。

思考：用 cat 命令如果将两个文件合并，又如何实现复制功能？

9. **查看文件：more**

当一个文件的内容超过一屏后，可以使用 more 命令来逐屏查看文件内容，其命令用法为：

```
# more  [选项]  [文件…]
```

参数选项：

```
+num                从第 num 行开始显示
-num                定义屏幕大小，为 num 行
+/pattern           从 pattern 前两行开始显示
-c                  从顶部清屏然后显示
-s                  把连续的多个空行显示为一行
-u                  把文件内容中的下画线去掉
```

退出 more 的动作指令是 q，常用的动作指令有：

```
Enter               向下 n 行，需要定义，默认为 1 行
Ctrl+F              向下滚动一屏
空格键               向下滚动一屏
=                   输出当前行的行号
v                   调用 vi 编辑器
! 命令               调用 Shell，并执行命令
q                   退出 more
```

注意：more 命令查看文件内容时，并没有办法向前翻，只能往后面看。

示例 23：逐页显示 test 文件的内容，如有连续两行以上空白行则以一行空白行显示，可以使用如下命令操作：

```
[root@linux root]# more -s testfile
```

示例 24：从第 20 行开始显示 tes 文件的内容，可以使用如下命令操作：

```
[root@linux root]# more +20 testfile
```

10. **查看文件**：less

less 命令在 more 命令的基础上支持更多的功能，如逐行查看、前后翻页，能正确响应箭头键、【PgUp】、【PgDn】等键，其命令用法为：

```
# less  [选项]  [文件…]
```

参数选项：

```
-b              <缓冲区大小> 设置缓冲区的大小
-e              当文件显示结束后，自动离开
-f              强迫打开特殊文件，例如外围设备代号、目录和二进制文件
-g              只标志最后搜索的关键词
-i              忽略搜索时的大小写
-N              显示每行的行号
-o              <文件名> 将 less 输出的内容在指定文件中保存起来
-s              显示连续空行为一行
-S              行过长时间将超出部分舍弃
-x <数字>        将【Tab】键显示为规定的数字空格
```

退出 less 的动作指令是 q，常用的动作指令有：

```
Ctrl + F        向前移动一屏
Ctrl + B        向后移动一屏
Ctrl + D        向前移动半屏
Ctrl + U        向后移动半屏
j               向前移动一行
```

```
k                  向后移动一行
G                  移动到最后一行
g                  移动到第一行
q / ZZ             退出 less 命令
```

11. **查看文件头**：head

使用 head 命令可以用来查看文件内容的前多少行或多少字节的内容，其命令用法为：

```
# head  [选项]  [文件]
```

参数选项：

```
 -q                  隐藏包含给定文件名的文件头
 -v                  显示包含给定文件名的文件头
 -c,--bytes=N        显示字节数
 -n,--lines=N        显示的行数，默认是 10 行
```

示例 25：显示/etc/passwd 文件的前 6 行，可以使用如下命令操作：

```
[root@linux root]# head  -n 6  /etc/passwd
```

示例 26：显示/etc/passwd 文件的前 100 个字符，可以使用如下命令操作：

```
[root@linux root]# head  -c 100  /etc/passwd
```

12. **查看文件尾**：tail

使用 tail 命令可以用来查看文件结尾部分的内容，其命令用法为：

```
# tail  [选项]  [文件]
```

参数选项：

```
-q                    隐藏包含给定文件名的文件头
-v                    显示包含给定文件名的文件头
-c,--bytes=N          显示字节数
-n,--lines=N          显示的行数，默认是 10 行
-f,--follow           即时显示文件变化后追加的内容
```

示例 27：显示/etc/passwd 文件的后 6 行，可以使用如下命令操作：

```
[root@linux root]# tail  -n 6  /etc/passwd
```

13. **创建目录**：mkdir

在 Linux 中创建一个新目录，可以使用 mkdir 命令来实现，其命令用法为：

```
# mkdir  [选项]  目录
```

参数选项：

```
 -m, --mode=模式     设定权限<模式> (类似 chmod)，而不是 rwxrwxrwx 减 umask
 -p, --parents       若要建立目录的上层目录目前尚不存在，则会一并建立
 -v, --verbose       每次创建新目录都显示信息
```

示例 28：在当前目录下创建一个空目录 test1，可以使用如下命令操作：

```
[root@linux root]# mkdir  test1
```

示例 29：递归创建多个目录 test2、test22，两个目录的关系是 test2/test22，可以使用如下命令操作：

```
[root@linux root]# mkdir  -p  test2/test22
```

14. **删除目录**：rmdir 或 rm

删除空目录可以使用 mkdir 命令来实现，但若要删除一个非空目录则需要使用 rm 命令。mkdir 命令用法为：

```
# rmdir [选项] 目录
```

参数选项：

```
-p,--parents          删除指定目录及其上级目录（递归删除）
-v,--verbose          显示指令执行过程
```

示例 30：在当前目录下删除一个空目录 test1，可以使用如下命令操作：

```
[root@linux root]# rmdir test1
```

示例 31：递归删除多个空目录 test2、test22，两个目录的关系是 test2/test22，可以使用如下命令操作：

```
[root@linux root]# rmdir -p test2/test22
```

示例 32：删除一个非空目录 test3，可以使用如下命令操作：

```
[root@linux root]# rm -r test3
```

15. **查看文件类型**：file

file 命令可以直接告诉文件类型，还能给出更多文件信息，其命令用法为：

```
# file [选项] 文件
```

参数选项：

```
-b              列出辨识结果时，不显示文件名称
-c              详细显示指令执行过程，便于排错或分析程序执行的情形
-f namefile     指定名称文件，其内容有一个或多个文件名称时，让 file 依序辨识
-L              直接显示符号连接所指向的文件类别
-v              显示版本信息
-z              尝试去解读压缩文件的内容
-i              显示 MIME 类别
```

示例 33：显示 install.log 的文件类型，可以使用如下命令操作：

```
[root@linux root]# file install.log
```

或

```
[root@linux root]# file -b install.log
```

16. **查找文件**：find/locate

find 命令用于根据特定条件在文件系统中查找文件，几乎所有的文件属性都可以作为 find 命令的寻找条件，如文件名、大小、最后修改时间、链接数等，其命令用法为：

```
find [路径] [寻找条件] [操作]
```

find 命令会根据寻找条件在给出的目录开始对其中文件及其下子目录中的文件进行递归搜索。该命令中的寻找条件可以是一个用逻辑运算符 not（!）、and（-a）、or（-o） 组成的复合条件。需要注意的是：当使用很多的逻辑选项时，可以用括号把这些选项括起来。为了避免 shell 本身对括号引起误解，在括号前需要加转义字符“\”来去除括号的意义，如 find \(-name 'tmp' -xtype c -user 'inin' \)。

常用条件中的参数选项：

```
-name '字串'       查找文件名匹配所给字串的所有文件，字串内可用通配符 *、?、[ ]
-lname '字串'      查找文件名匹配所给字串的所有符号链接文件，字串内可用通配符 *
-gid n             查找属于 ID 号为 n 的用户组的所有文件
-uid n             查找属于 ID 号为 n 的用户的所有文件
-group '字串'      查找属于用户组名为所给字串的所有的文件
-user '字串'       查找属于用户名为所给字串的所有的文件
-empty             查找大小为 0 的目录或文件
-path '字串'       查找路径名匹配所给字串的所有文件，字串内可用通配符*、?、[ ]
-perm 权限         查找具有指定权限的文件和目录，权限的表示可以如 711、644
-size n[bckw]      查找指定文件大小的文件，n 后面的字符为单位，默认为 b
-type x            查找类型为 x 的文件，x 为下列字符之一：
  b                块设备文件
  c                字符设备文件
  d                目录文件
  p                命名管道(FIFO)
  f                普通文件
  l                符号链接文件(symbolic links)
  s socket         文件
-xtype x           与 -type 基本相同，但只查找符号链接文件
```

以时间为条件查找：

```
-amin n            查找 n 分钟以前被访问过的所有文件
-atime n           查找 n 天以前被访问过的所有文件
-cmin n            查找 n 分钟以前文件状态被修改过的所有文件
-ctime n           查找 n 天以前文件状态被修改过的所有文件
-mmin n            查找 n 分钟以前文件内容被修改过的所有文件
-mtime n           查找 n 天以前文件内容被修改过的所有文件
```

查找结果的处理操作：

```
-print             将搜索结果输出到标准输出
-exec  COMMAN      对搜索指令指定的 shell 命令。正确格式："-exec 命令 {}  \;"
--delete           删除找到的文件
--ok  COMMAND      与-exec 作用相同，但是提示确认每个文件的操作
```

示例 34：在 root 以及子目录查找不包括目录/root/bin 的、greek 用户的、文件类型为普通文件的、3 天之前的名为 test-find.c 的文件，并将结果输出，可以使用如下命令操作：

```
[root@linux root]# find / -name "test-find.c" -type f -mtime +3 -user greek
-prune /root/bin -print
```

示例 35：对示例 34 搜索出来的文件进行删除操作，可以使用如下命令操作：

```
[root@linux root]# find / -name "test-find.c" -type f -mtime +3 -user greek
-prune /root/bin -exec rm {} \;
```

locate 命令搜索要比 find 快得多，因为它不搜索具体目录，而是搜索数据库(/var/lib/locatedb)，这个数据库中含有本地所有文件信息。Linux 系统自动创建这个数据库，并且每天自动更新一次，所以使用 locate 命令查不到最新变动过的文件。为了避免这种情况，可以在使用 locate 之前，先使用 updatedb 命令手动更新数据库。locate 命令用法为：

```
locate  [选项]  [文件]
```

常用的参数选项：

```
-c,--count                  只输出找到匹配的数量。
-i,--ignore-case            匹配模式忽略大小写
-f                          将特定的档案系统排除在外
-q                          安静模式，不会显示任何错误信息
-n                          至多显示指定个数的输出
-r,--regexp REGEXP          使用正则表达式做匹配条件，替换模式参数
-d,--database DBPATH        设置命令使用的数据库
```

示例 36：搜索用户主目录下所有以 m 开头的文件，并且忽略大小写，可以使用如下命令操作：

```
[root@linux root]# locate -i ~/m
```

17. **查找执行文件**：witch/whereis

whereis 命令只能用于程序名的搜索，而且只搜索二进制文件、man 说明文件和源代码文件。如果省略参数，则返回所有信息。whereis 命令用法为：

```
whereis [选项] 文件
```

常用的参数选项：

```
-b,-B        搜索文件的二进制部分
-m,-M        搜索文件的手册部分
-s,-S        搜索文件的源部分
-u           没有说明文档的文件
-f           终止最后的 -M、-S 或 -B 目录列表并发文件名起始位置信号
```

注意：-B、-M 和 -S 标志可以用于更改或限制 whereis 命令搜索的位置。

示例 37：查找 /usr/ucb 目录中的所有文件，这些文件或者在 /usr/man/man1 目录里没有归档或者在 /usr/src/cmd 目录里没有源，可以使用如下命令操作：

```
[root@linux root]# cd /usr/ucb
[root@linux root]# whereis -u -M /usr/man/man1 -S /usr/src/cmd -f *
```

which 指令会在 path 变量指定的路径中，搜索某个系统命令的位置，并且返回第一个搜索结果，其命令用法为：

```
which [选项] 文件
```

常用的参数选项：

```
-n    指定文件名长度，指定的长度必须大于或等于所有文件中最长的文件名
-p    与-n 参数相同，但此处的包括了文件的路径
-w    指定输出时栏位的宽度
```

示例 38：查找 pwd 命令并显示位置，可以使用如下命令操作：

```
[root@linux root]# which pwd
```

2.3.4 Linux 文件和目录的权限

Linux 是一个多用户、多任务系统，所以可能存在同一时间有多个用户使用同一文件或目录，有些文件是可以分享的，可以多人查看或编辑，有些则是私有的，Linux 系统提供了文件权限，即每个文件都有 3 个分用户的访问权限，即文件的拥有者、拥有组、其他用户的权限。

1. **查看文件或目录的权限**：ls –al

在 Linux 中，想要文件或目录的访问权限，可以通过使用 ls –al 命令来实现。在/root 目

录中运行 ls –al 命令，然后查看输出，如下所示：

```
[root@localhost ~]# ls -al
total 108
dr-xr-x---.   19    root   root    4096    Aug 21    22:15  .
drwxr-xr-x.   21    root   root    4096    Aug 17    00:54  ..
-rw-r--r--.    1    root   root       0    Aug 21    22:15  a
-rw-------.    1    root   root    1948    Dec 29     2014  anaconda-ks.cfg
-rw-------.    1    root   root   19613    Aug 21    22:18  .bash_history
-rw-r--r--.    1    root   root      18    Dec 29     2013  .bash_logout
-rw-r--r--.    1    root   root     176    Dec 29     2013  .bash_profile
-rw-r--r--.    1    root   root     176    Dec 29     2013  .bashrc
drwx------.   11    root   root    4096    Aug  5    23:41  .cache
drwxr-xr-x.   15    root   root    4096    Dec 28    2014   .config
-rw-r--r--.    1    root   root     100    Dec 29    2013   .cshrc
…
```

命令 ls –al 格式化地列出了/root 目录下的所有文件(目录)的详细信息，每个文件都有 7 列输出：

第 1 列是文件的类别与权限，由 10 个字符组成，第 1 个字符表示该文件的类型，字符所代表的含义如表 2-3 所示。第 2～10 个字符被分为 3 组（每 3 个字符一组）。第 2～4 个字符代表该文件拥有者（user）的权限，第 5～7 个字符代表文件拥有组（group）的权限，第 8～10 个字符代表其他用户（other）的权限。文件的权限有 3 种类型：可读（r）、可写（w）、可执行(x)。可读(read)即允许查看文件内容，可写(write)即允许修改文件，可执行(execute)就是允许执行该文件，如系统命令、shell 脚本文件或二进制可执行文件等。每组的权限组合都是 rwx 的组合，如果拥有读权限，则该组的第一个字符显示“r”，否则显示一个小横线“–”；如果拥有写权限，则该组的第二个字符显示“w”，否则显示一个小横线“–”；如果拥有执行权限，则该组的第三个字符显示“x”，否则显示一个小横线“–”。

表 2-3　第一个字符含义

字　符	含　义	字　符	含　义
d	目录	c	字符文件
–	普通文件	s	socket 文件
l	链接文件	p	管道文件
b	块文件		

第 2 列代表“连接数”，除了目录外，其他文件的连接数都是 1，目录的连接数是该目录中包含其他目录的总个数+2。

第 3 列代表该文件的拥有者，第 4 列代表该文件的拥有组，第 5 列代表该文件的大小，第 6 列表示该文件的创建时间或最近的修改时间，第 7 列则是文件名。

2. **查看文件的隐藏属性**：lsattr

Linux 下的文件还有一些隐藏属性，必须使用 lsattr 来显示，默认情况下，文件的隐藏属性都是没有设置的。如查看文件 anaconda-ks.cfg 的隐藏属性，命令与显示如下：

```
[root@localhost ~]# lsattr  anaconda-ks.cfg
---------------- anaconda-ks.cfg
```

结果中第 1 列是 13 个小短横线，其中每个横线都是一个属性，如果当前位置上设置了该属性就会显示相应的字符。如果要设置文件的隐藏属性，需要使用 chattr 命令。下面介绍几个常用的隐藏属性：

```
a 属性    拥有 a 属性的文件只能在尾部增加数据而不能被删除
i 属性    拥有 i 属性的文件将无法写入、改名、删除，即使 root 用户也不行
```

示例 39：给文件 anaconda-ks.cfg 加上隐藏属性 a，使其只能被追加，而不能被删除。可以使用如下命令操作：

```
[root@linux root]# chattr +a anaconda-ks.cfg
```

3. 改变文件访问权限：chmod

Linux 下的文件都定义了文件拥有者、拥有组、其他人的权限，系统使用字母 u、g、o 分别来代表拥有者、拥有组、其他人，而对应的具体权限则使用 rwx 的组合定义，增加权限使用+号，删除权限使用–号，设置权限使用=号。表 2–4 列出了一些例子说明如何使用 chmod 命令改变文件的权限，假如文件名为 testfile。

表 2–4　chmod 用例说明

用例说明	命令
给文件 testfile 添加拥有者读权限	chmod u+r testfile
给文件 testfile 删除拥有者读权限	chmod u–r testfile
给文件 testfile 添加拥有者写权限	chmod u+w testfile
给文件 testfile 删除拥有者写权限	chmod u–w testfile
给文件 testfile 添加拥有者执行权限	chmod u+x testfile
给文件 testfile 删除拥有者执行权限	chmod u–x testfile
给文件 testfile 添加拥有者读、写、执行权限	chmod u+r+w+x testfile
给文件 testfile 删除拥有者读、写、执行权限	chmod u–r–w–x testfile
给文件 testfile 设定拥有者读、写、执行权限	chmod u=rwx testfile
给文件 testfile 添加拥有组读、写、执行权限	chmod g+r+w+x testfile
给文件 testfile 添加其他人读、写、执行权限	chmod o+r+w+x testfile
给文件 testfile 添加给所有用户的读、写、执行权限	chmod a+r+w+x testfil
给文件 testfile 添加拥有者和组读、写的权限	chmod ug+r+w testfil

另外一种改变文件权限的方法就是使用数字表示法，系统定义 r=4，w=2，x=1，如果权限是 rwx，则数字表示为 7，如果权限是 rw–，则数字表示为 6，如果权限是 r–x，则数字表示为 5，如果权限是–wx，则数字表示为 3。

示例 40：设置文件 testfile 的权限为拥有者可读可写可执行（rwx），拥有组可读可执行（rx），其他人则只能读（r），可以使用如下命令操作：

```
[root@linux root]# chmod 754 testfile
```

对 Linux 系统来说，目录也是一种特殊的文件，但目录权限的意义有所不同。目录的可读，是指列出目录的内容；目录的写，指的是对目录的添加和删除文件操作；目录的可执行，可以理解为对目录中文件的搜索。如果需要进入目录，那用户必须拥有对该目录的执行（x）权限。

如果需要修改一个目录以及该目录下的所有文件、子目录、子目录下的所有文件和目录

（递归设置该目录下的所有文件和目录）的权限，则需要使用-R 参数，即使用命令“chmod -R 权限数字 目录”。

4. 改变文件的拥有者：chown

默认情况下，用户登录创建的文件和目录的拥有者就是该用户。例如，使用用户 root 登录后，创建了文件 test1，那么该文件的拥有者就是 root。使用 chown 命令可以改变文件的拥有者，同时也可以用来更改文件的拥有组，其命令用法为：

```
chown [选项] [所有者][:[组]] 文件
```

常用的参数选项：

```
-c          显示更改的部分的信息
-f          忽略错误信息
-R          处理指定目录以及其子目录下的所有文件
-v          显示详细的处理信息
```

示例 41：将文件 test1 的拥有者改为 zhangsan，可以使用如下命令操作：

```
[root@linux root]# chown zhangsan test1
```

示例 42：将文件 test1 的拥有者改为 zhangsan，拥有组改为 zhangsan，可以使用如下命令操作：

```
[root@linux root]# chown zhangsan:zhangsan test1
```

示例 43：将文件 test1 的拥有组改为 zhangsan，可以使用如下命令操作：

```
[root@linux root]# chown#:zhangsan test1
```

示例 44：改变指定目录 test 以及其子目录下的所有文件的拥有者为 zhangsan，可以使用如下命令操作：

```
[root@linux root]# chown -R zhangsan test
```

5. 改变文件的拥有组：chgrp

Linux 使用 chgrp 指令变更文件与目录的拥有组，而且只有超级用户才可以做次操作，其命令用法为：

```
chgrp [选项] [组] 文件
```

常用的参数选项：

```
-c          显示更改的部分的信息
-f          忽略错误信息
-R          处理指定目录以及其子目录下的所有文件
-v          显示详细的处理信息
```

示例 45：将文件 test1 的拥有组改为 zhangsan，可以使用如下命令操作：

```
[root@linux root]# chgrp zhangsan test1
```

示例 46：改变指定目录 test 以及其子目录下的所有文件的拥有组为 zhangsan，可以使用如下命令操作：

```
[root@linux root]# chgrp -R zhangsan test
```

6. 文件特殊属性：SUID/SGID/Sticky

Linux 系统里每个用户都可以使用 passwd（该命令的绝对路径是/usr/bin/passwd）来修改自己的密码。Linux 用于记录用户信息和密码的文件分别是/etc/passwd 和/etc/shadow，命令

passwd 执行的最终结果是去修改/etc /shadow 中对应用户的密码。对于这个文件，只有 root 用户有读权限，而普通用户在修改自己的密码时，最终也会修改这个文件。虽然/etc/shadow 文件对于 root 用户来说只有读权限，但是实际上 root 是可以使用强写的方式来更新这个文件的。但是普通用户在运行这个命令时居然有权限来写/etc/shadow 文件，为什么？先来确认一下/etc/passwd 和/etc/shadow 的文件属性，如下所示，从而确定普通用户根本没有写权限：

```
[root@localhost ~]# ls -l /etc/passwd
-rw-r--r--. 1 root root 3317 Aug 21 18:53 /etc/passwd
[root@localhost ~]# ls -l /etc/shadow
----------. 1 root root 2449 Aug 21 18:53 /etc/shadow
```

然后来看一下/usr/bin/passwd 的权限，如下：

```
[root@localhost ~]# ls -l /usr/bin/passwd
-rwsr-xr-x. 1 root root 27832 Jan 30  2014 /usr/bin/passwd
```

从输出结果可以发现有个特别的 s 权限在用户权限上，这就是奥秘所在——该命令是设置了 SUID 权限，即意味着普通用户 可以使用 root 的身份来执行这个命令。那么以上的疑问就很容易解释了。但是必须注意，SUID 权限只能用于二进制文件。

给一个二进制文件添加 SUID 权限的方法如下：

```
# chmod  u+s  二进制文件
```

如果某个二进制文件的用户组权限被设置了 s 权限，则该文件的用户组中所有的用户将都能以该文件的用户身份去运行这个命令。一般来说 SGID 命令在系统中用得很少。给一个二进制文件添加 SGID 权限的方法如下：

```
# chmod  g+s  二进制文件
```

Sticky 权限只能用于设置在目录上，设置了这种权限的目录，任何用户都可以在该目录中创建或修改文件，但是只有该文件的创建者和 root 可以删除该文件。RedHat 中的/tmp 目录就拥有 Sticky 权限（注意看权限部分的最后是 t），如下所示：

```
[root@localhost ~]# ls -l -d /tmp
drwxrwxrwt. 30 root root 4096 Aug 26 11:34 /tmp
```

给一个目录添加 t 权限的方式如下：

```
# chmod  o+t  目录
```

7. 默认权限和 umask

Linux 系统对每个文件都有严格的权限控制，所有的文件在创建时就都是有权限的，系统采用了默认权限的方法，也就是当创建文件的时候，系统套用默认权限来设置文件。

使用 root 用户登录系统，创建文件 testfile 和目录 testdir，查看其属性：

```
[root@localhost ~]# touch testfile
[root@localhost ~]# ls -l testfile
-rw-r--r--. 1 root root 0 Aug 26 12:19 testfile
[root@localhost ~]# mkdir testdir
[root@localhost ~]# ls -l -d testdir/
drwxr-xr-x. 2 root root 6 Aug 26 12:19 testdir/
```

从上可以看出，root 用户创建文件的权限默认是 644，目录的默认权限是 755。下面用普通用户创建文件创建文件 testfile 和目录 testdir，并查看其属性：

```
[zhangsan@localhost ~]$ touch testfile
[zhangsan@localhost ~]$ ls -l testfile
-rw-rw-r--. 1 zhangsan zhangsan 0 Aug 26 12:16 testfile
[zhangsan@localhost ~]$ mkdir testdir
[zhangsan@localhost ~]$ ls -l -d testdir
drwxrwxr-x. 2 zhangsan zhangsan 6 Aug 26 12:16 testdir
```

这里普通用户创建文件的默认权限是 664，目录的默认权限是 775。这个文件与目录的默认权限就是通过 umask 来设置的。

umask 可用来设定“权限掩码”。“权限掩码”是由 3 个八进制的数字所组成，将现有的存取权限减掉权限掩码后，即可产生建立文件时预设的权限。其命令用法为：

```
# umask [-S] [权限掩码]
```

参数：

```
-S  以文字的方式来表示权限掩码
```

当最初登录到系统中时，umask 命令确定了创建文件的默认模式。这一命令实际上和 chmod 命令正好相反。系统管理员必须为用户设置一个合理的 umask 值，以确保用户创建的文件具有所希望的默认权限，防止其他非同组用户对用户的文件具有写权限。在登录之后，可以按照个人的偏好使用 umask 命令来改变文件创建的默认权限。相应的改变直到退出该 shell 或使用另外的 umask 命令之前一直有效。

一般来说，umask 命令是在/etc/profile 文件中设置的，每个用户在登录时都会引用这个文件，所以如果希望改变所有用户的 umask 值，可以在该文件中加入相应的条目。如果希望永久性地设置自己的 umask 值，那么可把它放在自己$HOME 目录下的.profile 或.bash_profile 文件中。

示例 47：改变用户 zhangsan 创建文件的默认权限为 644，可以使用如下命令操作：

```
[zhangsan@linux zhangsan]# umask 022
```

运行与验证如下：

```
[zhangsan@localhost ~]$ umask 022
[zhangsan@localhost ~]$ touch testfile1
[zhangsan@localhost ~]$ ls -l testfile1
-rw-r--r--. 1 zhangsan zhangsan 0 Aug 26 12:22 testfile1
```

2.3.5 Linux 文件链接

Linux 系统中，内核为每一个新建的文件分配一个 inode（索引结点），每个文件都有一个唯一的 inode 号。文件属性保存在索引结点里，在访问文件时，索引结点被复制到内存中，从而实现文件的快速访问。但在 inode 中并不包含文件名，文件名需要单独存储，每个文件名条目包含有 inode 号，可以根据此 inode 号相关联的 inode 来访问文件。

文件记录是指向文件数据的间接指针（通过 inode），包含了文件名和文件的 inode 号，每个子目录就是文件记录列表，可以允许两个或多个文件记录指向同一个存储在文件系统中的物理数据，链接（link）可以是用户在各自的主目录中保存以不同名字命名的文件，但编辑者两个文件时，却是在编辑相同的数据。链接有两种，一种被称为硬链接，另外一种被称称为软链接，又称符号链接。

建立链接的命令为 ln，通过不同的参数选项建立硬链接或软链接，默认情况下，ln 建立的是硬链接。在创建链接后，可以使用 ls –li 命令查看 inode 和文件关联数。ln 命令用法为：

```
# ln [选项] [源文件或目录] [目标文件或目录]
```

常用的参数选项：

```
-b                  将对在链接时会被覆写或删除的档案进行备份
-d                  允许系统管理者硬链接自己的目录
-L,--logical        将硬链接创建为符号链接引用
-s,--symbolic       创建符号链接，使用-s 会忽略-L
-i,--interactive    删除目标同名文件前进行确认
-f,--force          链接时先将与目标同名的档案删除
-t                  在指定目录中创建链接
-T                  将链接名称当作普通文件
```

注意： ln 命令会保持每一处链接文件的同步性，也就是说，不论改动了哪一处，其他的文件都会发生相同的变化；ln 的链接有软链接和硬链接两种，软链接只会在选定的位置上生成一个文件的镜像，不会占用磁盘空间；硬链接会在选定的位置上生成一个和源文件大小相同的文件。无论是软链接还是硬链接，文件都保持同步变化。

软链接有如下特性：

（1）软链接以路径的形式存在。类似于 Windows 操作系统中的快捷方式。

（2）软链接可以跨文件系统，硬链接不可以。

（3）软链接可以对一个不存在的文件名进行链接。

（4）软链接可以对目录进行链接。

（5）软链接后，源文件的关联数不变，但源文件和目标文件的 inode 号不同。

硬链接有如下特性：

（1）硬链接以文件副本的形式存在，但不占用实际空间。

（2）硬链接源文件和目标文件的 inode 号相同，但源文件的关联数加 1。

（3）不允许给目录创建硬链接。

（4）硬链接只有在同一个文件系统中才能创建，即不同分区上的两个文件之间不能够创建硬链接。

示例 48：给文件 test1 创建软链接，可以使用如下命令操作：

```
[root@linux root]# ln -s test1 test1s
[root@linux root]# ln -li
```

示例 49：给文件 test1 创建硬链接，可以使用如下命令操作：

```
[root@linux root]# ln test1 test1h
[root@linux root]# ln -li
```

思考： 怎样才是真正删除一个文件？如果现在删除 test1 文件，那么 test1h、test1s 文件还能打开吗？为什么？

2.3.6 文件操作命令

1. grep 命令

Linux 系统中 grep 命令是一种强大的文本搜索工具，它能使用正则表达式搜索文本，并把匹配的行打印出来。grep 命令用法为：

```
# grep [选项] [查找模式] [文件名]
```

主要参数选项：

```
-b              在显示符合样式的那一行之前，标示出该行第一个字符的编号
-c              只输出匹配行的计数
-e pattern      指定查找模式
-E              将每个查找模式作为一个扩展的正则表达式对待
-f file         从指定文件中获取需要的查找模式，一个模式占一行
-F              每个模式作为一组固定字符串对待
-i              不区分大小写(只适用于单字符)
-h              查询多文件时不显示文件名
-l              查询多文件时只输出包含匹配字符的文件名
-n              显示匹配行及行号
-s              不显示不存在或无匹配文本的错误信息
-v              显示不包含匹配文本的所有行
```

grep 命令的查找模式中，常用的正则表达式有：

```
\               忽略正则表达式中特殊字符的原有含义
^               匹配正则表达式的开始行
$               匹配正则表达式的结束行
\<              从匹配正则表达式的行开始
\>              到匹配正则表达式的行结束
[ ]             单个字符，如[A]即 A 符合要求
[-]             范围，如[A-Z]，即 A、B、C 一直到 Z 都符合要求
[^]             不在范围
.               任意单个字符
*               匹配零个或多个字符
```

示例 50：显示所有以 d 开头的文件中包含 test 的行，可以使用如下命令操作：

```
[root@linux root]# grep test d*
```

示例 51：显示所有以 d 开头的文件中包含 test 的行数，可以使用如下命令操作：

```
[root@linux root]# grep test d* -c
```

示例 52：显示 testfile 文件中所有包含每个字符串至少有 5 个连续小写字符的字符串的行，可以使用如下命令操作：

```
[root@linux root]# grep '[a-z]\{5\}' testfile
```

示例 53：搜索 fstab 文件中包含#的行，可以使用如下命令操作：

```
[root@linux root]# grep -v '#' fstab
```

示例 54：显示以 linux 开头的行内容，可以使用如下命令操作：

```
[root@linux root]# cat testfile |grep ^linux
```

2. sed **命令**

sed 是一个流式编辑器，又称行编辑器，每次只编辑一行。sed 工作是在“模式空间”中进行的，并不操作源文件，对源文件无危害。

sed 一次处理一行内容。处理时，把当前处理的行存储在临时缓冲区中，称为“模式空间”（pattern space），接着用 sed 命令处理缓冲区中的内容，处理完成后，把缓冲区的内容送往屏幕。接着处理下一行，这样不断重复，直到文件末尾。文件内容并没有改变，除非使用

重定向存储输出。sed 主要用来自动编辑一个或多个文件，简化对文件的反复操作，编写转换程序等。sed 命令用法如下：

```
# sed  [-nefr]  [动作]
```

常用选项参数：

```
-n        使用安静模式。在一般 sed 的用法中，所有来自 STDIN 的数据一般都会被列出到终端上。
          但如果加上-n 参数后，则只有经过 sed 特殊处理的那一行(或者动作)才会被列出来
-e        直接在命令列模式上进行 sed 的动作编辑
-f        直接将 sed 的动作写在一个文件内，  -f filename 则可以运行 filename 内
          的 sed 动作
-r        sed 的动作支持的是延伸型正规表示法的语法
-i        直接修改读取的文件内容，而不是输出到终端
```

动作说明：

```
[n1 [,n2]] function
```

其中 n1, n2 为数字，不见得会存在，一般代表“选择进行动作的行数”，举例来说，如果动作需要在 10～20 行之间进行，则“10,20[动作行为] ”。

其中常用 function 有：

```
a     新增，a 的后面可接字串，而这些字串会在新的一行出现
c     取代，c 的后面可接字串，这些字串可以取代 n1，n2 之间的行
d     删除
i     插入，i 的后面可接字串，而这些字串会在新的一行出现
p     列印，亦即将某个选择的数据打印出
s     取代，可以直接进行取代的工作
```

示例 55：将 /etc/passwd 的内容列出并且列印行号，同时将第 2～5 行删除，可以使用如下命令操作：

```
[root@linux root]# nl /etc/passwd | sed '2,5d'
```

示例 56：搜索 /etc/passwd 有 root 关键字的行，可以使用如下命令操作：

```
[root@linux root]# nl /etc/passwd | sed '/root/p'
```

2.3.7 文件比较排序命令

1. diff 命令

diff 命令用于比较两个文件的内容，显示两个文件的不同之处，diff 以逐行的方式比较文本文件的异同。如果要比较目录，diff 会比较目录中相同文件名的文件，但不会比较其中的子目录。diff 命令的用法为：

```
# diff  [options]  file1  file2
```

主要参数选项：

```
-a        将所有文件当作文本文件来处理
-b        忽略空格造成的不同
-B        忽略空行造成的不同
-c        显示全部内容，并标出不同之处
-H        利用试探法加速对大文件的搜索
-i        忽略大小写的变化
-l        将结果交由 pr 程序来分页
```

```
-p          若比较的文件为C语言的程序码文件时，显示差异所在的函数名称
-q          仅显示有无差异，不显示详细的信息
-n          输出RCS格式
-N          在比较目录时，若文件A仅出现在某个目录中，会显示：Only in 目录；
            文件A若使用-N参数，则diff会将文件A与一个空白的文件比较
-r          比较子目录中的文件
-s          若没有发现任何差异，仍然显示信息
-           在比较目录时，从指定的文件开始比较
-t          在输出时，将Tab字符展开
-u,-U       以合并的方式来显示文件内容的不同
-W          在使用-y参数时，指定栏宽
-x          不比较选项中所指定的文件或目录
-X          您可以将文件或目录类型存成文本文件，然后在=中指定此文本文件
-y          以并列的方式显示文件的异同之处
```

示例 57：比较两个文件 testfile1 和 testfile2，可以使用如下命令操作：

```
[root@linux root]# diff  testfile1  testfile2
```


示例 58：比较两个文件 testfile1 和 testfile2，并排格式输出，可以使用如下命令操作：

```
[root@linux root]# diff  testfile1  testfile2  -y  -W 50
```

2. patch 命令

patch 命令可以给原文件应用补丁文件，生成新的文件。通常 diff 命令和 patch 命令经常配合使用，以便进行代码维护工作。patch 命令用法为：

```
# diff  [options]  [原始文件  [补丁文件]]
```

常用选项：

```
-p0         选项要从当前目录查找目的文件（夹）
-p1         选项要忽略掉第一层目录，从当前目录开始查找
-E          如果发现了空文件，那么就删除它
-R          在补丁文件中的“新”文件和“旧”文件现在要调换过来
```

示例 59：有两个文件 test.new、test.old，为 test.old 文件打补丁，可以用如下操作实现：

```
[root@linux root]# diff  ruN  test.old  test.new  > patch.test
[root@linux root]# patch  test.old  patch.test
```

3. cmp 命令

cmp 命令用来比较两个文件是否有差异。相互比较的两个文件完全一样时，则该指令不会显示任何信息。若发现有所差异，预设会标示出第一个不同之处的字符和列数编号。cmp 命令的用法为：

```
# cmp  [options]  file1  file2
```

主要参数选项：

```
-l     给出两个文件不同的字节数
-s     不显示两个文件的不同处，给出比较结果
```

示例 60：确认两个文件 test.new、test.old 是否相同，可以用如下操作实现：

```
[root@linux root]# cmp  test.old  test.new
```

4. sort 命令

sort 命令将文本文件内容加以排序，可针对文本文件的内容，以行为单位来排序。sort

命令的用法为：

```
# sort [-bcdfimMnr][-o<输出文件>][-t<分隔字符>][+<起始栏位>-<结束栏位>] [文件]
```

常用参数选项：

```
-b              忽略每行前面开始出的空格字符
-c              检查文件是否已经按照顺序排序
-d              排序时，处理英文字母、数字及空格字符外，忽略其他的字符
-f              排序时，将小写字母视为大写字母
-i              排序时，除了 040~176 之间的 ASCII 字符外，忽略其他的字符
-m              将几个排序好的文件进行合并
-M              将前面 3 个字母依照月份的缩写进行排序
-n              依照数值的大小排序
-o<输出文件>    将排序后的结果存入指定的文件
-r              以相反的顺序来排序
-t<分隔字符>    指定排序时所用的栏位分隔字符
-u              在输出行中去除重复行
```

示例 61：给/etc/passwd 文件排序，可以用如下操作实现：

```
[root@linux root]# sort  /etc/passwd
```

2.3.8 文件的压缩与解压缩

Linux 文件常用的压缩工具有 gzip、bzip2、rar、7zip 等。

1. gzip 和 gunzip 命令

gzip 与 gunzip 是 Linux 的标准压缩工具，对文本文件可以达到 70%的压缩率。

gzip 是个使用广泛的压缩程序，文件经它压缩过后，其名称后面会多出扩展名为.gz，其命令用法为：

```
# gzip [options] [文件或者目录]
```

常用参数选项：

```
-a    使用 ASCII 文字模式
-c    把压缩后的文件输出到标准输出设备，不去更动原始文件
-d    解开压缩文件
-f    强行压缩文件
-l    列出压缩文件的相关信息
-L    显示版本与版权信息
-n    压缩文件时，不保存原来的文件名称及时间戳记
-N    压缩文件时，保存原来的文件名称及时间戳记
-q    不显示警告信息
-r    递归处理，将指定目录下的所有文件及子目录一并处理
-S    更改压缩字尾字符串
-t    测试压缩文件是否正确无误
-v    显示指令执行过程
-num  用指定的数字 num 调整压缩的速度，-1 或--fast 表示最快压缩方法（低压缩比），
      -9 或--best 表示最慢压缩方法（高压缩比）。系统默认值为 6
```

示例 62：给 testdir 目录及其子目录进行压缩，可以用如下操作实现：

```
[root@linux root]# gzip  -r  testdir
```

gunzip 命令作用是解压文件，其命令用法为：

```
# gunzip [options] [文件名.gz]
```

常用参数选项：

```
-a    使用 ASCII 文字模式
-c    把解压缩后的文件输出到标准输出设备
-f    强行解开压缩文件
-l    列出压缩文件的相关信息
-L    显示版本与版权信息
-n    解压缩文件时，忽略原来的文件名称及时间戳记
-N    解压缩文件时，回存原来的文件名称及时间戳记
-q    不显示警告信息
-r    递归处理，将指定目录下的所有文件及子目录一并处理
-S    更改解压缩字尾字符串
-t    测试压缩文件是否正确无误
-v    显示解压缩执行过程
```

示例 63：给 testdir 目录中的压缩文件与压缩子目录进行解压缩，可以用如下操作实现：

```
[root@linux root]# gunzip -r testdir
```


2. bzip2 和 bunzip2 命令

bzip2 与 bunzip2 是 Linux 更新的压缩解压缩工具，比 gzip 有着更高的压缩率。bzip2 压缩完文件后会产生扩展名为.bz2 的压缩文件，其命令用法为：

```
# bzip2 [options] [文件名]
```

常用参数选项：

```
-c    将压缩与解压缩的结果送到标准输出
-d    执行解压
-f    bzip2 在压缩或解压缩时，若输出文件与现有文件同名，预设不会覆盖现有文件。
      若要覆盖，请使用此参数
-k    bzip2 在压缩或解压缩后，不会删除原始的文件
-t    测试.bz2 压缩文件的完整性
-v    压缩或解压缩文件时，显示详细的信息
-z    强制执行压缩
```

bunzip2 可解压缩.bz2 格式的压缩文件。bunzip2 实际上是 bzip2 的符号连接，执行 bunzip2 与 bzip2 –d 的效果相同。

```
# bunzip2 [options] [.bz2 压缩文件]
```

常用参数选项：

```
-f    解压缩时，若输出的文件与现有文件同名时，预设不会覆盖现有的文件。
      若要覆盖，请使用此参数
-k    在解压缩后，不删除原来的压缩文件
-s    降低程序执行时，内存的使用量
-v    解压缩文件时，显示详细的信息
```

3. zcat、zless、bzcat、bzless 命令

对于用 gzip 压缩的文件，可以用 zcat、zless 命令在不解压的情况下，直接查看文件的内容。

zcat：直接显示压缩文件的内容。

zless：直接逐行显示压缩文件的内容。

对于用 bzip2 压缩的文件，可以用 bzcat、bzless 命令在不解压的情况下，直接查看文件

的内容。

bzcat：直接显示压缩文件的内容。

bzless：直接逐行显示压缩文件的内容。

2.3.9　vi 和 vim 编辑器

vi 是个可视化的编辑器，是 Linux 中最常用、最基本的文本编辑工具，是一个功能非常强大的全屏幕文本编辑器。vi 虽然没有图形界面编辑器那样拥有点击鼠标的简单操作，但如果熟悉了 vi 命令和快捷键，在终端使用 vi 编辑文本也是非常简单和快捷的。

vim 是 vi 的改进版本，普遍被推崇为是类 vi 编辑器中最好的一个。vim 在 vi 的基础上增加了很多新的特性，如多视窗编辑模式、彩色显示、语法高亮、代码折叠、多国语言支持、垂直分割视窗、拼字检查、上下文相关补齐、标签页编辑等。当然，vim 主体命令和编辑功能与 vi 相同，vim 是 vi 的一个扩展，支持更多功能，但完全包含 vi 的功能。RHEL 7 版本里无论 vi 还是 vim 用的都是 vim 7.4 版本。vim 命令用法为：

```
vim  [选项]  [文件]        #编辑（创建编辑）指定的文件
vim  [选项]                #从标准输入读取文本
```

常用的参数选项：

```
-b                         二进制模式
-m                         不可写入模式
-s                         安静（批处理）模式，只能与 ex 一起使用
-d                         diff 模式
-v                         vi 模式
-r <文件名>                恢复上次异常退出的文件
-M                         以只读的方式打开文件，不可以强制保存
-R                         以只读的方式打开文件，但可以强制保存
-Z                         限制模式
-c <命令>                  在加载任何 vimrc 文件前线执行<命令>
+                          启动后跳到文件末尾
+<num>                     启动后跳到第<num>行
```

示例 64：打开文件 test1 并直接跳到最后编辑，可以使用如下命令操作：

```
[root@linux root]# vim  +  test1h
```

vim 为了区分编辑操作和控制操作，提供了 3 种工作模式：命令模式（command mode）、插入模式（Insert mode）和底行模式（last line mode）。命令模式是默认模式，控制屏幕光标的移动，字符、字或行的删除，移动复制某区段及进入插入模式下，或者到底行模式。插入模式是在全屏下输入编辑文件内容，按【Esc】键可回到命令行模式。而底行模式专用于执行各种 vi 命令（如保存、退出等），还可以执行一些外部命令（如复制文件等）。

从命令模式切换到插入模式可以通过按【i】、【I】、【o】、【O】、【a】、【A】、【r】、【R】中的任意一个键来实现。在插入模式按【Esc】键可以回到命令模式。在命令模式中输入“:、/、?”中的任意一个可以将光标移到最下面的一行进入底行模式。在底行模式中可以提供查找数据的操作，而读取、保存、大量替换字符、离开 vim、显示行号等操作则是在此模式中完成的。需要注意的是，插入模式与底行模式之间是不能互相直接切换的。

1. 光标移动

```
h 或向左箭头          左移一个字符
l 或向右箭头          右移一个字符
j 或向下箭头          下移一行
k 或向上箭头          上移一行
0                     移动到行首
g0                    移到光标所在屏幕行行首
^                     移动到本行第一个非空白字符
$                     移动到行尾
H                     把光标移到屏幕最顶端一行
M                     把光标移到屏幕中间一行
L                     把光标移到屏幕最底端一行
gg                    到文件头部
G                     到文件尾部
nG                    n 为数字，到文件第 n 行
+或 Enter             把光标移至下一行第一个非空白字符
-                     把光标移至上一行第一个非空白字符
n-                    n 为数字，向下移动到 n 行
n+                    n 为数字，向上移动到 n 行
Ctrl+F                下翻一屏
Ctrl+B                上翻一屏
Ctrl+D                下翻半屏
Ctrl+U                上翻半屏
n%                    到文件 n%的位置
n[Enter]              n 为数字，光标向下移动 n 行
n[space]              n 为数字，光标在当前行向右移动 n 个字符
```

2. 复制、粘贴和删除

```
x                  删除光标所在的字符
nx                 删除光标右边 n 个字符
X                  删除光标左边的字符
nX                 n 为数字，剪切光标左边 n 个字符
dd                 删除光标所在的一整行
ndd                n 为数字，删除光标所在的向下 n 行
yy                 复制光标所在的一行
nyy                n 为数字，复制光标所在的向下 n 行
p,P:               p 为将已复制的内容在光标的下一行粘贴，P 则为
                   粘贴在光标的上一行
u                  取消前一个操作
U                  取消一行内的所有操作
r 新字符           替换光标所在处的字符
R                  进入替换状态，从当前光标处开始替换字符，直到
                   按下【Esc】键为止
```

3. 查找与替换

```
/<要查找的字符串>              向下寻找并移动到要查找的字符串处
? <要查找的字符串>             向上寻找并移动到要查找的字符串处
```

/或??	重复上次查找
:n1,n2s/word1/word2/g	在第 n1 ~ n2 行之间寻找 word1 这个字符串，并且将其替换为 word2
:1,$s/word1/word2/g	从第一行到最后一行寻找 word1 这个字符串，并且将其替换为 word2
:1,$s/word1/word2/gc	从第一行到最后一行寻找 word1 这个字符串，并且将其替换为 word2，且在替换前显示提示字符给用户确认
n	n 为按键，代表重复前一个查找操作
N	N 为按键，代表“反向”重复前一个查找操作

4. 命令模式进入插入模式

i	进入插入模式，从目前光标所在处插入
I	进入插入模式，在所在行的第一个非空字符处开始插入
a	进入插入模式，从光标所在处的下一个字符处开始插入
A	进入插入模式，从所在行的最后一个字符处开始插入
o	进入插入模式，为在下一行插入
O	进入插入模式，为在上一行插入
r	只替换光标所在那个字符一次
R	R 会一直替换光标所在字符，直到按【Esc】键
s	删除光标所在字符并进入插入模式
S	删除光标所在行并进入插入模式

5. 命令模式切换到底行模式

要进入底行模式，只能是在命令模式下才可以切换，快捷键为【Shift+:】。在底行模式下，光标位于屏幕的底行，用户可以执行命令，命令是以“:”开头的，然后输入命令，按【Enter】键即可执行命令，如可以进行文件保存或退出 vim 编辑，或设置编辑环境等操作。

:w	将编辑的数据写入硬盘中
:q[文件名]	结束编辑，退出 vim，其后可以加要保存的文件名
:wq[文件名]	保存并退出 vim，其后可以加要保存的文件名
:q!	不保存编辑过的文档并强制退出 vim
:x	保存文档并退出
:m,nw[文件名]	m、n 为数字，将 m~n 行存放到指定文件中
:e 文件名	打开另外一个文件进行编辑
:r 文件名	把指定的文件插入到光标的位置
:r! 命令	把命令的输出结果插入到光标的位置
:nr 文件名	把指定的文件插入到第 n 行
:! 命令	运行指定的命令
:sh	转到 shell，执行命令完后，输入 exit 返回 vim
:so 文件名	读取并执行脚本文件中的命令
:set nu	显示行号
:set number	显示行号
:set nonu	关闭行号显示
:set nonumber	关闭行号显示
:set background=dark	设置背景使用黑色
:set sw=4	设置自动缩进使用 4 个字符
:set shiftwidth=4	设置自动缩进使用 4 个字符
:set lbr	设置在单词中间不断行
:set tw=78	设置光标超过 78 列时折行
:set spell	打开拼写检查，拼写有错的单词下方会有红色波浪线

2.3.10 文件系统

文件系统是操作系统用于明确磁盘或分区上相关文件的方法和数据结构，通俗的说法就是在磁盘上组织文件的方法。在使用前，都需要针对磁盘做初始化操作，并将记录的数据结构写到磁盘上，这种操作就是建立文件系统，在有些操作系统中称之为格式化。

Linux 支持多种不同的文件系统，包括 ext2、ext3、ext4、xfs、iso9660、vfat、msdos、smbfs、nfs 等，还能通过加载其他模块的方式支持更多的文件系统。虽然文件系统多种多样，但是大部分 Linux 系统都具有类似的通用结构，包括超级块（superblock）、i 结点（inode）、数据块（data block）、目录块（directory block）等。其中超级块包括文件系统的总体信息，是文件系统的核心，所以在磁盘中会有多个超级块，以防止由于磁盘出现坏块导致全部文件系统无法使用。i 结点存储所有与文件有关的元数据，也就是文件所有者、权限等属性数据以及指向的数据块，但是不包括文件名和文件内容。数据块是真实存放文件数据的部分，一个数据块默认情况下是 4 KB。目录块包括文件名和文件在目录中的位置，并包括文件的 i 结点信息。

1. ext2 文件系统

ext2 第二代扩展文件系统（second extended filesystem，缩写为 ext2），是 Linux 内核所用的文件系统。ext2 的经典实现为 Linux 内核中的 ext2fs 文件系统驱动，最大可支持 2TB 的文件系统，至 Linux 核心 2.6 版时，扩展到可支持 32 TB。ext2 为数个 Linux 发行版的默认文件系统，如 Debian、Red Hat Linux 等。

ext2 文件系统具有以下一般特点：

（1）当创建 ext2 文件系统时，系统管理员可以根据预期的文件平均长度来选择最佳的块大小（1024～4096 B）。

（2）当创建 ext2 文件系统时，系统管理员可以根据在给定大小的分区上预计存放的文件数来选择给该分区分配多少个索引结点。这可以有效地利用磁盘的空间。

（3）文件系统把磁盘块分为组。每组包含存放在相邻磁道上的数据块和索引结点。正是这种结构，使得可以用较少的磁盘平均寻道时间对存放在一个单独块组中的文件并行访问。

（4）在磁盘数据块被实际使用之前，文件系统就把这些块预分配给普通文件。因此，当文件的大小增加时，物理上相邻的几个块已被保留，这就减少了文件的碎片。

（5）支持快速符号链接。如果符号链接表示一个短路径名（小于或等于 60 个字符），就把它存放在索引结点中而不用通过由一个数据块进行转换。

但是 ext2 文件系统的弱点也是很明显的，它不支持日志功能，而日志是高可用性服务器必需的功能。这个天然的弱点让 ext2 文件系统无法用于关键应用中，目前已经很少有企业使用 ext2 文件系统了。

2. ext3 文件系统

ext3 是第三代扩展文件系统（Third extended filesystem，缩写为 ext3），是一个日志文件系统，弥补了 ext2 的很多不足，是很多 Linux 发行版的默认文件系统。

ext3 文件系统是直接从 ext2 文件系统发展而来，它完全兼容 ext2 文件系统。ext3 文件系统即日志文件系统是在非日志文件系统的基础上，加入了文件系统更改的日志记录。在 ext3 文件系统中，所有的文件系统的添加和改变都被记录到 metadata 即元数据中。每隔一定时间，文件系统会将更新后的 metadata 及文件内容写入磁盘，之后删除这部分日志，重新开始新日志记录。在对 metadata 做任何改变以前，文件系统驱动程序会向日志中写入一个条目，这个条目描述了它将要做些什么。然后，它继续修改元数据。通过这种方法，日志文件系统就拥有了近期 metadata 被修改的历史记录，当检查到没有彻底卸载的文件系统的一致性问题时，只要根据数据的修改历史进行相应的检查即可。也即日志文件系统除了存储数据和元数据（metadata）以外，它们还保存有一个日志，称为元元数据（关于元数据的元数据）。

ext3 日志文件系统的特点：

（1）高可用性：系统使用了 ext3 文件系统后，即使在非正常关机后，系统也不需要检查文件系统。非正常关机后，恢复 ext3 文件系统的时间只要数十秒。

（2）数据的完整性：ext3 文件系统能够极大地提高文件系统的完整性，避免了意外关机对文件系统的破坏。在保证数据完整性方面，ext3 文件系统有两种模式可供选择，其中之一就是“同时保持文件系统及数据的一致性”模式。采用这种方式，用户永远不再会看到由于非正常关机而存储在磁盘上的垃圾文件。

（3）文件系统的速度：尽管使用 ext3 文件系统时，有时在存储数据时可能要多次写数据，但从总体上看来，ext3 比 ext2 的性能还要好一些，这是因为 ext3 的日志功能对磁盘的驱动器读写头进行了优化。

（4）数据转换：由 ext2 文件系统转换成 ext3 文件系统非常容易，用一个 ext3 文件系统提供的小工具 tune2fs 即可，它可以将 ext2 文件系统轻松转换为 ext3 日志文件系统。另外，ext3 文件系统可以不经任何更改而直接加载成为 ext2 文件系统。

3. ext4 文件系统

从 2.6.28 版本开始，Linux Kernel 开始正式支持新的文件系统 ext4，在 ext3 的基础上增加了大量新功能和特性，并能提供更佳的性能和可靠性。

ext3 其实只是在 ext2 的基础上增加了一个日志功能，而 ext4 的变化可以说是翻天覆地的，比如向下兼容 ext3、最大 1 EB 文件系统和 16 TB 文件、无限数量子目录、Extents 连续数据块概念、多块分配、延迟分配、持久预分配、快速 FSCK、日志校验、无日志模式、在线碎片整理、inode 增强、默认启用 barrier 等。

ext4 日志文件系统的特点：

（1）大型文件系统：ext4 文件系统可支持最高 1 EB 的分区与最大 16 TB 的文件。

（2）Extents：ext4 引进了 Extent 文件存储方式，以取代 ext2/3 使用的 block mapping 方式。Extent 指的是一连串的连续物理 block，这种方式可以增加大型文件的效率并减少分裂文件。ext4 支持的单一 Extent，在单一 block 为 4 KB 的系统中最高可达 128 MB。单一 inode 中可存储 4 个 Extent；超过 4 个的 Extent 会以 Htree 方式被索引。

（3）向下兼容：ext4 向下兼容于 ext3 与 ext2，因此可以将 ext3 和 ext2 的文件系统挂载为 ext4 分区。ext3 文件系统可以部分向上兼容于 ext4，然而若是使用到 Extent 技术的 ext4 将无法被挂载为 ext3。

（4）预留空间：ext4 允许对一文件预先保留软盘空间。

（5）延迟取得空间：ext4 使用一种称为 allocate-on-flush 的方式，可以在数据将被写入软盘（sync）前才开始取得空间，这种方式可以增加效能并减少文件分散程度。

（6）突破 32 000 个子目录限制：ext3 的一个目录下最多只能有 32 000 个子目录。ext4 的子目录最高可达 64 000，且使用 dir_nlink 功能后可以达到更高。

（7）日志检验：ext4 使用检验和特性来提高文件系统可靠性。

（8）快速文件系统检查：ext4 将未使用的区块标记在 inode 当中，这样可以使诸如 e2fsck 之类的工具在磁盘检查时将这些区块完全跳过，而节约大量的文件系统检查的时间。

4. XFS 文件系统

XFS 是一种高性能的日志文件系统，是 RHEL 7 默认的文件系统。XFS 特别擅长处理大文件，同时提供平滑的数据传输。XFS 是一个 64 位文件系统，最大支持 8 EB-1B 的单个文件系统，实际部署时取决于宿主操作系统的最大块限制。

XFS 的特性：

（1）数据完全性：采用 XFS 文件系统，当意想不到的关机发生后，首先，由于文件系统开启了日志功能，所以磁盘上的文件不再会因意外关机而遭到破坏。不论目前文件系统上存储的文件与数据有多少，文件系统都可以根据所记录的日志在很短的时间内迅速恢复磁盘文件内容。

（2）传输特性：XFS 文件系统采用优化算法，日志记录对整体文件操作影响非常小。XFS 查询与分配存储空间非常快。XFS 文件系统能连续提供快速的反应时间。

（3）可扩展性：XFS 是一个全 64 bit 的文件系统，它可以支持上百万 TB 的存储空间。对特大文件及小尺寸文件的支持都表现出众，支持特大数量的目录。最大可支持的文件大小为 9 EB，最大文件系统尺寸为 18 EB。XFS 使用高的表结构（B+树），保证了文件系统可以快速搜索与快速空间分配。XFS 能够持续提供高速操作，文件系统的性能不受目录中目录及文件数量的限制。

（4）传输带宽：XFS 能以接近裸设备 I/O 的性能存储数据。在单个文件系统的测试中，其吞吐量最高可达 7 GB/s，对单个文件的读写操作，其吞吐量可达 4 GB/s。

2.3.11 磁盘分区、创建文件系统、挂载

磁盘使用之前需要进行分区。磁盘的分区分为两类，一类是主分区和扩展分区，受限制于磁盘分区表大小（MBR 大小为 512 B，其中分区表占 64 B），由于每个分区信息使用 16 B，所以一块磁盘最多只能创建 4 个主分区，为了能支持更多的分区，可以使用扩展分区（扩展分区不能直接使用，需要划分为逻辑分区，个数不限），但即便这样，分区还是要受主分区+扩展分区最多不能超过 4 个的限制。在完成磁盘分区后，需要进行创建文件系统的操作，最后将该分区挂载到系统中的某个挂载点后才可以使用。

1. **磁盘分区：**fdisk

fdisk 是一款强大的磁盘分区工具，命令用法为：

```
fdisk  [options]  <disk>
```

当使用参数“-l”，即使用命令“fdisk -l”时系统将列出所有的分区，包括没有挂载的分区和 USB 设备，如下所示：

```
[root@localhost ~]# fdisk -l
磁盘 /dev/sda: 32.2 GB, 32212254720 字节，62914560 个扇区
Units = 扇区 of 1 * 512 = 512 bytes
扇区大小(逻辑/物理): 512 字节 / 512 字节
```

```
I/O 大小(最小/最佳): 512 字节 / 512 字节
磁盘标签类型: dos
磁盘标识符: 0x0008c91d
   设备       Boot      Start         End        Blocks    Id  System
/dev/sda1    *          2048     1026047        512000    83  Linux
/dev/sda2            1026048    37906431      18440192    8e  Linux LVM

磁盘 /dev/mapper/rhel-root: 16.8 GB, 16777216000 字节, 32768000 个扇区
Units = 扇区 of 1 * 512 = 512 bytes
扇区大小(逻辑/物理): 512 字节 / 512 字节
I/O 大小(最小/最佳): 512 字节 / 512 字节磁盘 /dev/mapper/rhel-swap: 2097 MB,
2097152000 字节, 4096000 个扇区
Units = 扇区 of 1 * 512 = 512 bytes
扇区大小(逻辑/物理): 512 字节 / 512 字节
I/O 大小(最小/最佳): 512 字节 / 512 字节
```

如果需要对磁盘进行分区管理，则可以使用命令"fdisk /dev/sda"，其中的"/dev/sda"是用户需要管理的存储设备名称。启动fdisk命令后使用相关的命令进行相应的操作，其常用的命令选项有：

```
p          列出现有的分区表
d          删除一个分区
a          引导标志开关
m          显示 fdisk 命令的帮助信息
l          列出所有的分区类型
n          新建一个新分区
t          修改分区的系统 id
q          退出不保存
w          把分区写进分区表,保存并退出
```

示例65：在硬盘/dev/sda上创建一个大小为1000 MB的主分区/dev/sda3，操作步骤如下：

（1）管理员身份登录并打开终端，输入命令"fdisk /dev/sda"：

```
[root@localhost ~]# fdisk /dev/sda
欢迎使用 fdisk (util-linux 2.23.2)。
更改将停留在内存中，直到您决定将更改写入磁盘。
使用写入命令前请三思。
命令(输入 m 获取帮助):
```

（2）在命令行输入p命令显示分区表信息：

```
命令(输入 m 获取帮助): p
磁盘 /dev/sda: 32.2 GB, 32212254720 字节, 62914560 个扇区
Units = 扇区 of 1 * 512 = 512 bytes
扇区大小(逻辑/物理): 512 字节 / 512 字节
I/O 大小(最小/最佳): 512 字节 / 512 字节
磁盘标签类型: dos
磁盘标识符: 0x0008c91d
   设备 Boot          Start          End          Blocks    Id    System
/dev/sda1    *         2048      1026047          512000    83    Linux
/dev/sda2           1026048     37906431        18440192    8e    Linux LVM
```

（3）输入n命令创建/dev/sda3分区，类型为主分区（primary partition），起始柱面为

37906432（直接按【Enter】键表示选默认的），结束柱面+1000 MB：

```
命令(输入 m 获取帮助): n
Partition type:
   p   primary (2 primary, 0 extended, 2 free)
   e   extended
Select (default p): p
分区号 (3,4, 默认 3): 3
起始 扇区 (37906432-62914559, 默认为 37906432):
将使用默认值 37906432
Last 扇区, +扇区 or +size{K,M,G} (37906432-62914559, 默认为 62914559): +1000M
分区 3 已设置为 Linux 类型，大小设为 1000 MiB
```

（4）输入 w 命令保存退出：

```
命令(输入 m 获取帮助): w
The partition table has been altered!
Calling ioctl() to re-read partition table.
WARNING: Re-reading the partition table failed with error 16: 设备或资源忙.
The kernel still uses the old table. The new table will be used at
the next reboot or after you run partprobe(8) or kpartx(8)
正在同步磁盘。
```

注意：必须重启 Linux 系统，更新的分区表才能启用。

2. 创建和管理文件系统：mkfs

用 fdisk 工具创建了分区，但仅有分区没有文件系统，还不能使用。在磁盘分区上建立文件系统会冲掉分区上的数据，而且不可恢复，因此在建立文件系统前要确认分区上的数据不再使用。建立文件系统的命令是 mkfs，命令用法为：

```
# mkfs  [options]  文件系统
```

命令常用的参数选项有：

```
-V          详细显示模式
-t          给定文件系统的形式，Linux 的预设值为 ext2
-c          在制作文件系统前，检查该分区是否有坏块
-l file     将有坏块的 block 资料加到 file 里面
Block       给定 block 的大小
device      预备检查的硬盘 partition，例如: /dev/sda1
```

示例 66：在分区/dev/sda3 建立 ext4 类型的文件系统，建立时检查磁盘坏块并显示详细信息，使用“mkfs -t ext4 -v -c /dev/sda3”命令：

```
[root@localhost ~]# mkfs -t ext4 -v -c  /dev/sda3
mke2fs 1.42.9 (28-Dec-2013)
fs_types for mke2fs.conf resolution: 'ext4'
文件系统标签=
OS type: Linux
块大小=4096 (log=2)
分块大小=4096 (log=2)
Stride=0 blocks, Stripe width=0 blocks
64000 inodes, 256000 blocks
12800 blocks (5.00%) reserved for the super user
```

```
第一个数据块=0
Maximum filesystem blocks=262144000
8 block groups
32768 blocks per group, 32768 fragments per group
8000 inodes per group
Superblock backups stored on blocks:
   32768, 98304, 163840, 229376
正在执行命令: badblocks -b 4096 -X -s /dev/sda3 255999
Checking for bad blocks (read-only test):   0.00% done, 0:00 elapsed. (0/0/0
errdone
Allocating group tables: 完成
正在写入 inode 表: 完成
Creating journal (4096 blocks): 完成
Writing superblocks and filesystem accounting information: 完成
```

3. 挂载文件系统：mount

在磁盘上建立好文件系统后，还需要把新建的文件系统挂载到系统上才能使用，这个过程称为挂载，文件系统所挂载到的目录称为挂载点。Linux 系统中提供了/mnt 和/media 两个专门的挂载点。一般而言，挂载点应该是一个空目录，否则挂载后目录中原来的文件将被系统隐藏。通常将光盘和软盘挂载到/mnt/cdrom 或/mnt/floppy 中，其对应的设备文件名分别为/dev/cdrom 和/dev/fd0。

文件系统可以手动挂载，也可以在系统引导中自动挂载。

（1）手动挂载：mount

如果要手动挂载文件系统，可以使用 mount 命令，其命令用法为：

```
mount  [-t  vfstype] [-o options]  设备 挂载目录
```

-t vfstype 用来指定文件系统的类型，通常不必指定，系统会自动选择正确的类型。常用类型有：

```
光盘或光盘镜像                  iso9660
DOS fat16 文件系统              msdos
Windows 9x fat32 文件系统       vfat
Windows NT ntfs 文件系统        ntfs
Mount Windows 文件网络共享      smbfs
UNIX(Linux) 文件网络共享        nfs
```

-o options 主要用来描述设备或档案的挂接方式。常用的参数有：

```
loop                           用来把一个文件当成硬盘分区挂接上系统
ro                             采用只读方式挂接设备
rw                             采用读写方式挂接设备
iocharset                      指定访问文件系统所用字符集
remount                        重新挂载
```

示例 67：把文件系统为 ext4 的磁盘分区/dev/sda3 挂载到/mnt/sda3 目录下，使用“mkdir /mnt/sda3”命令创建目录，然后使用“mount -t ext4 /dev/sda3 /mnt/sda3”命令挂载新建的分区：

```
[root@localhost ~]# mkdir  /mnt/sda3
[root@localhost ~]# mount /dev/sda3 /mnt/sda3
```

注意：mount 命令不带任何参数，可以查看系统的挂载设备。

（2）自动挂载：/etc/fstab

如果要实现每次开机自动挂载/dev/sda3 到/mnt/sda3 目录下，可以通过编辑/etc/fstab 系统文件来实现。在/etc/fstab 文件中列出了引导系统时需要挂载的文件系统、文件系统类型和挂载参数，系统在引导过程中会读取/etc/fstab 文件，并根据文件的配置参数挂载相应的文件系统。/etc/fstab 文件的内容如下：

```
#
# /etc/fstab
# Created by anaconda on Sun Dec 28 21:40:33 2014
#
# Accessible filesystems, by reference, are maintained under '/dev/disk'
# See man pages fstab(5), findfs(8), mount(8) and/or blkid(8) for more info
#
/dev/mapper/rhel-root                       /     xfs    defaults    1 1
UUID=caf7bfa3-4e1f-4031-a5d4-3f8afca8cfd2   /boot xfs    defaults    1 2
/dev/mapper/rhel-swap                       swap  swap   defaults    0 0
```

/etc/fstab 文件的每一行代表一个文件系统，每一行包含 6 列，其含义如表 2-5 所示。

表 2-5　/etc/fstab 文件各列内容及含义

列　　名	含　　义
第 1 列 fs_spec	设备名或者设备卷标名（/dev/sda3 或者 LABEL=/）
第 2 列 fs_file	设备挂载目录（如“/”或者“/mnt/sda3/”）
第 3 列 fs_vfstype	设备文件系统（如“ext4”或者“vfat”）
第 4 列 fs_mntops	挂载参数，传递给 mount 命令以决定如何挂载，各选项间用逗号隔开 。如： noexec（不允许可执行文件可执行，但千万不要把根分区挂为 noexec，那就无法使用系统了，连 mount 命令都无法使用了，这时只有重新做系统了） nodev（不允许挂载设备文件） nosuid,nosgid（不允许有 suid 和 sgid 属性） nouser（不允许普通用户挂载）
第 5 列 fs_freq	指明是否要备份（0 为不备份，1 为要备份，一般根分区要备份）
第 6 列 fs_passno	指明自检顺序（0 为不自检，1 或者 2 为要自检，如果是根分区要设为 1，其他分区只能是 2）

示例 68：实现每次开机时自动把文件系统为 ext4 的磁盘分区/dev/sda3 挂载到/mnt/sda3 目录下，可以使用“vi”命令编辑“etc /fstab”文件，在最下面添加一行，如下所示：

```
#
# /etc/fstab
# Created by anaconda on Sun Dec 28 21:40:33 2014
#
# Accessible filesystems, by reference, are maintained under '/dev/disk'
# See man pages fstab(5), findfs(8), mount(8) and/or blkid(8) for more info
#
/dev/mapper/rhel-root                       / xfs    defaults    1 1
```

```
UUID=caf7bfa3-4e1f-4031-a5d4-3f8afca8cfd2  /boot xfs   defaults    1 2
/dev/mapper/rhel-swap                       swap swap  defaults    0 0
/dev/sda3                              /mnt/sda3 ext4  defaults    0 0
```

重启计算机后，/etc/sda3 就自动挂载了。

4. 管理交换空间 swap

swap 空间即交换空间。系统总是在物理内存不够时，才进行 swap 交换。其实，swap 的调整对 Linux 服务器，特别是 Web 服务器的性能至关重要。通过调整 swap，有时可以越过系统性能瓶颈，节省系统升级费用。

用户在计算机上配置的交换空间量主要取决于应用程序和操作系统。如果交换空间太小，则可能无法运行希望运行的所有应用程序；而如果交换空间太大，则可能在浪费那些从未使用的磁盘空间。用户可能还会间接地使得系统过载，因为与太小的交换空间相比，太大的交换空间会导致糟糕的性能，这是由于与系统执行实际处理所花的时间相比，它在换入和换出页面上所花的时间更多。

选择正确的交换空间量很大程度上取决于所配置的平台——其预期用途和希望如何处理可用 VM 缺乏的情况。

如果需要添加交换空间，可以通过将磁盘分区设置为交换空间来实现。

（1）使用 fdisk 命令创建一个磁盘分区。

（2）使用 mkswap 命令将这个磁盘分区设置为交换分区。

（3）使用 swapon 命令激活这个交换分区，使 Linux 系统立即可以使用它。

（4）编辑/etc/fstab 配置文件使每次重启自动激活交换空间。

5. 检查和修复文件系统：fsck

在每次发生内核失控或者电源失效的时候，都有可能在系统崩溃前给处于活动状态的文件系统造成不一致性或文件系统的损坏。当文件系统发生错误时，可用 fsck 命令尝试加以修复。常见的损坏类型有以下 5 种：

（1）未被引用的 inode。

（2）超大链接数。

（3）没有记录在磁盘块映射表中的未用数据块。

（4）列出的空闲数据块还在某个文件中使用。

（5）超级块中不正确的汇总信息。

fsck 能够安全和自动地修复这类，如果 fsck 对文件系统进行了改正，就应该反复运行它，直到文件系统能够完全干净地启动为止。fsck 命令用法为：

```
fsck [-aANPrRsTV][-t <文件系统类型>][文件系统…]
```

常用的参数选项：

```
-a            自动修复文件系统，不询问任何问题
-A            依照/etc/fstab 配置文件的内容，检查文件内所列的全部文件系统
-N            不执行指令，仅列出实际执行会进行的动作
-P            当搭配"-A"参数使用时，则会同时检查所有的文件系统
-r            采用互动模式，在执行修复时让用户得以确认并决定处理方式
-R            当搭配"-A"参数使用时，则会略过“/”目录的文件系统不予检查
-s            依序执行检查作业，而非同时执行
-t<fstype>    指定要检查的文件系统类型
```

```
-T                 执行 fsck 指令时，不显示标题信息
-V                 显示指令执行过程
```

示例 69：检查系统/dev/sda3 是否正常，如果有异常便自动修复，可以使用如下命令操作：

```
[root@linux root]# fsck -t -a /dev/sda3
```

注意：命令执行完后需要重启计算机。

示例 70：Linux 的文件系统损坏导致 Linux 不正常关机，出错的时候系统没告诉是哪一块硬盘的分区有问题，现在想要知道是哪个分区出错了，可以使用如下命令操作：

```
[root@linux root]# fsck
```

2.4 任务实施

步骤 1：使用 fdisk –l 命令查看服务器硬盘：

```
[root@localhost ~]# fdisk -l
磁盘 /dev/sda: 32.2 GB, 32212254720 字节, 62914560 个扇区
Units = 扇区 of 1 * 512 = 512 bytes
扇区大小(逻辑/物理): 512 字节 / 512 字节
I/O 大小(最小/最佳): 512 字节 / 512 字节
磁盘标签类型: dos
磁盘标识符: 0x0008c91d
   设备    Boot      Start         End      Blocks   Id  System
/dev/sda1   *         2048     1026047      512000   83  Linux
/dev/sda2          1026048    37906431    18440192   8e  Linux LVM
/dev/sda3         37906432    39954431     1024000   83  Linux
磁盘 /dev/mapper/rhel-root: 16.8 GB, 16777216000 字节, 32768000 个扇区
Units = 扇区 of 1 * 512 = 512 bytes
扇区大小(逻辑/物理): 512 字节 / 512 字节
I/O 大小(最小/最佳): 512 字节 / 512 字节
磁盘 /dev/mapper/rhel-swap: 2097 MB, 2097152000 字节, 4096000 个扇区
Units = 扇区 of 1 * 512 = 512 bytes
扇区大小(逻辑/物理): 512 字节 / 512 字节
I/O 大小(最小/最佳): 512 字节 / 512 字节
```

硬盘/dev/sda 有 32.2 GB，已经使用了约 21 GB，还有约 11 GB 空间未分配。

步骤 2：给服务器硬盘中未分区空间进行分区，分别划分出 4 GB 的网站程序区、1 GB 的交换分区、1000 MB 的配置文件备份区。

（1）使用 fdisk /dev/sda 命令：

```
[root@localhost ~]# fdisk /dev/sda
欢迎使用 fdisk (util-linux 2.23.2)。
更改将停留在内存中，直到您决定将更改写入磁盘。
使用写入命令前请三思。
命令(输入 m 获取帮助):
```

（2）在命令行输入 n：

```
命令(输入 m 获取帮助): n
Partition type:
   p   primary (3 primary, 0 extended, 1 free)
```

```
  e   extended
```

（3）在分区类型处输入 e，起始扇区处按【Enter】键选择默认值，在 last 扇区按【Enter】键选择默认值：

```
Select (default e): p
已选择分区 4
起始 扇区 (39954432-62914559，默认为 39954432):
将使用默认值 39954432
Last 扇区, +扇区 or +size{K,M,G} (39954432-62914559，默认为 62914559):
将使用默认值 62914559
分区 4 已设置为 Linux 类型，大小设为 11 GiB
命令(输入 m 获取帮助):
```

（4）添加网站程序区，在命令处输入 n，起始扇区处按【Enter】键选择默认值，在 last 扇区输入“+4G”：

```
命令(输入 m 获取帮助): n
All primary partitions are in use
添加逻辑分区 5
起始 扇区 (39956480-62914559，默认为 39956480):
将使用默认值 39956480
Last 扇区, +扇区 or +size{K,M,G} (39956480-62914559，默认为 62914559): +4G
分区 5 已设置为 Linux 类型，大小设为 4 GiB
命令(输入 m 获取帮助):
```

（5）添加交换分区，在命令处输入 n，起始扇区处按【Enter】键选择默认值，在 last 扇区输入“+1G”：

```
命令(输入 m 获取帮助): n
All primary partitions are in use
添加逻辑分区 6
起始 扇区 (48347136-62914559，默认为 48347136):
将使用默认值 48347136
Last 扇区, +扇区 or +size{K,M,G} (48347136-62914559，默认为 62914559): +1G
分区 6 已设置为 Linux 类型，大小设为 1 GiB
命令(输入 m 获取帮助):
```

（6）修改刚添加分区的类型，可以在命令处输入 l 查询分区 id；查到后在命令处输入 t，然后分区号选择 6，代码输入 82：

```
命令(输入 m 获取帮助): t
分区号 (1-6，默认 6): 6
Hex 代码(输入 L 列出所有代码): 82
已将分区“Linux”的类型更改为“Linux swap / Solaris”
命令(输入 m 获取帮助):
```

（7）添加配置文件备份区，在命令处输入 n，起始扇区处按【Enter】键选择默认值，在 last 扇区按输入“+1000M”：

```
命令(输入 m 获取帮助): n
All primary partitions are in use
添加逻辑分区 7
起始 扇区 (50446336-62914559，默认为 50446336):
将使用默认值 50446336
```

```
Last 扇区，+扇区 or +size{K,M,G} (50446336-62914559，默认为 62914559): +1000M
分区 7 已设置为 Linux 类型，大小设为 1000 MiB
命令(输入 m 获取帮助):
```

（8）查看分区表，在命令处输入 p：

```
命令(输入 m 获取帮助): p
磁盘 /dev/sda: 32.2 GB, 32212254720 字节，62914560 个扇区
Units = 扇区 of 1 * 512 = 512 bytes
扇区大小(逻辑/物理): 512 字节 / 512 字节
I/O 大小(最小/最佳): 512 字节 / 512 字节
磁盘标签类型: dos
磁盘标识符: 0x0008c91d
   设备    Boot      Start         End      Blocks   Id  System
/dev/sda1   *        2048     1026047      512000   83  Linux
/dev/sda2         1026048    37906431    18440192   8e  Linux LVM
/dev/sda3        37906432    39954431     1024000   83  Linux
/dev/sda4        39954432    62914559    11480064    5  Extended
/dev/sda5        39956480    48345087     4194304   83  Linux
/dev/sda6        48347136    50444287     1048576   82  Linux swap / Solaris
/dev/sda7        50446336    52494335     1024000   83  Linux
命令(输入 m 获取帮助):
```

（9）检查确认后在命令处输入 w，保存退出 fdisk 命令：

```
命令(输入 m 获取帮助): w
The partition table has been altered!
Calling ioctl() to re-read partition table.
WARNING: Re-reading the partition table failed with error 16: 设备或资源忙.
The kernel still uses the old table. The new table will be used at
the next reboot or after you run partprobe(8) or kpartx(8)
正在同步磁盘。
```

（10）输入 reboot 命令，重启系统，以让刚修改的分区表生效。

步骤 3：对刚添加的 3 个磁盘分区，做格式化，即创建文件系统。

（1）给分区/dev/sda5 建立 ext4 类型的文件系统，建立时检查磁盘坏块并显示详细信息：

```
[root@localhost ~]# mkfs -t ext4 -v  -c  /dev/sda5
mke2fs 1.42.9 (28-Dec-2013)
fs_types for mke2fs.conf resolution: 'ext4'
文件系统标签=
OS type: Linux
块大小=4096 (log=2)
分块大小=4096 (log=2)
Stride=0 blocks, Stripe width=0 blocks
262144 inodes, 1048576 blocks
52428 blocks (5.00%) reserved for the super user
第一个数据块=0
Maximum filesystem blocks=1073741824
32 block groups
32768 blocks per group, 32768 fragments per group
8192 inodes per group
Superblock backups stored on blocks:
```

```
   32768, 98304, 163840, 229376, 294912, 819200, 884736
正在执行命令: badblocks -b 4096 -X -s /dev/sda5 1048575
Checking for bad blocks (read-only test):  0.00% done, 0:00 elapsed. (0/0/0 errdone
Allocating group tables: 完成
正在写入 inode 表: 完成
Creating journal (32768 blocks): 完成
Writing superblocks and filesystem accounting information: 完成
```

（2）给分区/dev/sda6 设置为 swap 类型的文件系统，设置前检查坏块：

```
[root@localhost ~]# mkswap -c /dev/sda6
0 个坏页
正在设置交换空间版本 1，大小 = 1048572 KiB
无标签，UUID=b5e3a965-4784-42f9-ab66-ff2152155f9e
```

（3）启用刚建立的交换分区：

```
[root@localhost ~]# swapon /dev/sda6
```

（4）给分区/dev/sda7 建立 ext4 类型的文件系统，建立时检查磁盘坏块并显示详细信息：

```
 [root@localhost ~]# mkfs -t ext4 -v  -c  /dev/sda7
mke2fs 1.42.9 (28-Dec-2013)
fs_types for mke2fs.conf resolution: 'ext4'
文件系统标签=
OS type: Linux
块大小=4096 (log=2)
分块大小=4096 (log=2)
Stride=0 blocks, Stripe width=0 blocks
64000 inodes, 256000 blocks
12800 blocks (5.00%) reserved for the super user
第一个数据块=0
Maximum filesystem blocks=262144000
8 block groups
32768 blocks per group, 32768 fragments per group
8000 inodes per group
Superblock backups stored on blocks:
   32768, 98304, 163840, 229376
正在执行命令: badblocks -b 4096 -X -s /dev/sda7 255999
Checking for bad blocks (read-only test):  0.00% done, 0:00 elapsed. (0/0/0 errdone
Allocating group tables: 完成
正在写入 inode 表: 完成
Creating journal (4096 blocks): 完成
Writing superblocks and filesystem accounting information: 完成
```

步骤 4：创建挂载目录并手动挂载。

（1）给网站程序区创建挂载目录，目录名为/mnt/website，然后将/dev/sda5 挂载到/mnt/website：

```
[root@localhost ~]# mkdir /mnt/website
[root@localhost ~]# ls -al /mnt/website
总用量 0
drwxr-xr-x. 2 root root  6 8月  26 14:13 .
drwxr-xr-x. 4 root root 31 8月  26 14:13 ..
[root@localhost ~]# mount /dev/sda5  /mnt/website
```

```
[root@localhost ~]# ls -al /mnt/website
总用量 20
drwxr-xr-x. 3 root root  4096 8月  26 14:05 .
drwxr-xr-x. 4 root root    31 8月  26 14:13 ..
drwx------. 2 root root 16384 8月  26 14:05 lost+found
```

思考：为什么目录/mnt/website两次显示的内容不同？

（2）给系统配置文件备份区创建挂载目录，目录名为/mnt/conf，然后将/dev/sda7 挂载到/mnt/conf：

```
[root@localhost ~]# mkdir /mnt/conf
[root@localhost ~]# mount /dev/sda7  /mnt/conf
```

步骤5：在系统启动时自动加载刚新建的3个分区。使用vim编辑文件系统表/etc/fstab，在最后添加如下3行挂载信息，并保存退出。

```
/dev/sda6     swap          swap    defaults    0 0
/dev/sda5     /mnt/website  ext4    defaults    0 0
/dev/sda7     /mnt/conf     ext4    defaults    0 0
```


步骤6：重启系统，并使用mount命令查看挂载：

```
[root@localhost ~]# mount
```

步骤7：备份/etc目录下的所有配置文件：

```
[root@localhost ~]# cp -R /etc  /mnt/conf
[root@localhost ~]# ls -al /mnt/conf
总用量 32
drwxr-xr-x.   4  root  root  4096  8月  26  14:25 .
drwxr-xr-x.   5  root  root    42  8月  26  14:16 ..
drwxr-xr-x. 167  root  root 12288  8月  26  14:25 etc
drwx------.   2  root  root 16384  8月  26  14:11 lost+found
[root@localhost ~]# umount /dev/sda7
[root@localhost ~]# ls -al /mnt/conf
总用量 0
drwxr-xr-x. 2 root root  6 8月  26 14:16 .
drwxr-xr-x. 5 root root 42 8月  26 14:16 ..
```

思考：/mnt/conf目录里的文件去哪里了？

阅读与思考：计算机职业的职业特点

随着信息技术的不断发展，计算机作为一种必要的工具已经浸透到各个传统行业中，各个行业中的计算机专业人员，虽然身处不同机构，却从事着相近的工作，已经形成了一个具有明确职业特点、工作条件、职业道德和行为准则的独立职业。

计算机职业的形成

计算机行业聚集了所有从事理论研究、软硬件研发、网络和基础应用的专业工作人员，也使他们由原有的各个行业分离出来形成了一个新的职业——计算机职业。计算机职业人员包括在计算机行业内从事理论研究、软硬件研发、网络服务、销售等方面的计算机专业人员，以及在各个行业中专门从事计算机管理的专业人员。

按照一般分类，计算机职业人员大体可分为以下几类：

（1）技术类人员，即从事计算机专业技术工作的网络与硬件设计、运行维护人员、软件设计及开发人员、系统测试与优化人员等。

（2）近技术类人员，即在各类机构中从事与计算机技术相关工作的系统与需求分析人员、项目实施与咨询人员等。

（3）营销类人员，即专门从事计算机类产品营销的市场人员、销售人员、客户服务人员。

（4）后勤类支持人员，即为计算机技术岗位服务的后勤支持人员。

计算机职业的职业特点

计算机职业的从业人员门类繁多，工作的内容、范围和成果等都不尽相同，而工作对象却有着相对的一致性。计算机职业的职业特点可归纳为工作范围广泛化、工作内容多元化、工作对象特定化、工作成果多样化等 4 个方面。

（1）工作范围广泛化。计算机职业人员不仅存在于计算机行业，还分布在社会的各行各业。除了计算机行业内传统的门类划分（如硬件工程、软件研发、网络应用等）以外，服务于非计算机行业的计算机职业人员其职业特点既包括了计算机职业特点，也有很强的所在行业的行业特点。

（2）工作内容多元化。对计算机职业人员而言，其工作内容就是通过对计算机及相关设备的应用，实现其所需的工作成果。由于计算机职业工作范围广泛，计算机职业人员的工作内容也具有多元化的特点。从事不同具体工作的计算机职业人员其工作内容之间有着较大的差异。例如，计算机职业人员的工作内容包括：办公软件应用、数据库应用、计算机辅助设计、计算机辅助制造、专业排版、计算机通信管理、网络管理、计算机维修、图形图像处理、多媒体软件制作、应用程序设计编制、会计软件应用、网页制作、数字音频视频编辑、企业信息管理等。

（3）工作成果多样化。所谓工作成果，就是从事一项工作所要达到的目的。从事每一种职业的工作都有其预期的工作成果。计算机职业人员工作内容的多样性，决定了其工作实现的工作成果更是各不相同。

（4）工作对象特定化。计算机职业人员最大的共同之处就在于他们的工作对象是相同的并且是特定的，那就是计算机及其相关设备，其工作内容、工作成果都必须通过这一工作对象得以实现。工作对象的特定化也是计算机职业不同于其他行业的显著特点之一。经常使用计算机并不一定属于计算机工作人员。

计算机职业的工作条件

由于在工作对象、工作内容等方面所具有的特殊性，计算机职业人员的工作条件有一定的要求，这一点与其他行业略有不同。

（1）硬件条件。分为环境条件和设备条件两个方面。环境条件包括环境温度、环境湿度、洁净要求、电源要求和防止强磁场干扰等；设备条件是指从事相应工作所需的计算机及相关设备，以及相应的软件设备等。

（2）人员条件。又分为素质条件和道德条件两个方面。

由于计算机职业是一项专业性极强的技术类职业，所以对从业人员有着较高也较为特殊的素质能力条件要求，包括基础能力、专业知识、运用工具或技术的能力以及行业经验等。在学校学到的知识和技能，如开发、设计、测试、管理、计划等能力都属于基础能力；专业

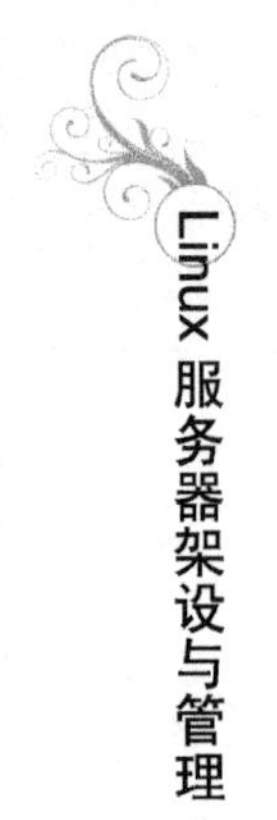

知识是指发现问题和解决问题的能力；运用工具或技术的能力包括所掌握的程序设计语言、操作系统和工具等；行业经验指对自己所处行业理解的深刻程度。在这 4 个技能中，前二者是最有价值的。

作为一名合格的计算机职业人员，除了需要具有工作所需的能力素质外，还需要符合计算机职业所特有的职业道德要求。

资料来源：李晨，文化发展论坛（http://www.ccmedu.com/），此处有删改。

作业

1. 在 Red Hat Linux 中，在#命令行提示符状态下执行 cd 命令后，其当前目录为(　　)。

A. /　　B. /home　　C. /root　　D. /home/root

2. 以下关于 Linux 文件的描述，不正确的是(　　)。

A. Linux 的文件命名中不能含有空格字符

B. Linux 的文件名区分大小写，且最多可有 256 个字符

C. Linux 的文件类型不由扩展名决定，而由文件的属性决定

D. 若要将文件暂时隐藏起来，可通过设置文件的相关属性来实现

3. 以下命令中，可以将用户身份临时改变为 root 的是(　　)。

A. Su　　B. su　　C. login　　D. whoami

4. Linux 命令的续行符使用(　　)。

A. /　　B. \　　C. ;　　D. &

5. 若要让 Linux 系统在 5 min 后重新启动，以下命令中正确有效的是(　　)。

A. reboot　-t　5　　B. shutdown　-r　-t　5

C. shutdown　-r　-t　secs　5　　D. shutdown　-h　-t　5

6. 在 Linux 中，若要返回上三级目录.则应使用(　　)命令。

A. cd/　　B. cd .. / .. /　　C. cd.. / .. / .. /　　D. cd –

7. 以下命令用法中，功能与 ll 相同的是(　　)。

A. ls　-a　　B. ls　-l　　C. ls –la　　D. ls　-F

8. 若要删除/usr/mytest 目录及其下的子目录和文件，以下操作正确的是(　　)。

A. rmdir　/usr/mytest　　B. rm /usr/mytest

C. rm –f　/usr/mytest　　D. rm –r　/usr/mytest

9. 在对目录进行复制、删除或移动操作时，如果要对整棵目录树进行操作，应在命令中选择使用(　　)参数。

A. -r　　B. –f　　C. –b　　D. –i

10. 以下命令中，可用于更新文件或目录的访问日期和时间的命令是(　　)。

A. date　　B. update　　C. touch　　D. uptime

11. 在以下设备文件中，代表第二个 SCSI 硬盘的第一个逻辑分区的设备文件是(　　)。

A. /etc/sdb　　B. /etc/sda　　C. /etc/sdb5　　D. /etc/sdb1

12. 以下设备文件中，代表空设备的是(　　)。

A. /etc/ttyS1　　B. /etc/null　　C. /etc/Null　　D. /etc/empty

13. 一般来说，Linux 系统下的各种系统记录文件 LOG 主要是存放在系统中的（　　）目录下。

A. /tmp　　B. /var　　C. /proc　　D. /usr

14. 以下命令中，不能用来查看文本文件内容的命令是（　　）。

A. less　　B. cat　　C. tail　　D. diff

15. 若要在指定的文件中查找并显示目标字符串所在行的内容，可使用（　　）命令来实现。

A. diff　　B. grep　　C. head　　D. more

16. 假设 file1.txt 文件不存在，file2.txt 存在且内容不为空，执行以下命令后，生成的文件内容不为空的是（　　）。

A. touch　file1.txt

B. 执行 cat >file1.txt 命令后，立即按【Ctrl+D】组合键

C. cat file2.txt >file1.txt

D. cat /dev/null >file1.txt

17. 若要列出/etc 目录下所有以 vsftpd 开头的文件，以下命令中，不能实现的是（　　）。

A. ls /etc |grep vsftpd　　B. ls /etc/vsftpd

C. ls /etc/vsftpd *　　D. ll /etc/vsftpd*

18. 在 Linux 系统中，若要查看当前文件系统的剩余空间，则可使用（　　）命令。

A. df　　B. du　　C. free　　D. uptime

19. Linux 系统的硬链接与软链接有何异同？

20. Linux 中如何定义隐藏文件？如何显示隐藏文件？

21. vim 有哪几种工作模式？如何进行工作模式的切换？

22. 用 find 命令查找文件 httpd.conf 在系统中的位置。

23. 用 find 命令查找/etc 目录下文件名包含 ftp 的所有文件。

24. 用 find 命令查找在系统中最后 10 min 访问的文件。

25. 用 find 命令查找自己名下的文件。

26. 用 find 命令找出系统中的 core 文件并给以删除。

27. 用 grep 命令查找 etc 目录下含有字符串 user 的文件有哪些，并记录。

28. 用 whereis 命令查看 useradd 命令的位置，并记录。

29. 查看系统日期，并记录。将系统设置为 2009 年 3 月 1 日 10:30。

30. 用 free 命令查看当前系统内存的使用情况，并记录.

31. 用 uptime 命令查看系统已运行的时间，并记录。

32. 用 last 命令显示曾经登录到计算机的用户列表。

33. 用 finger 命令查看用户信息和默认的用户环境。

34. 用命令 history 查看本用户在本机上进行过的操作。

35. 新建硬盘分区，大小为 5 GB，挂载点为/home，要求系统启动时该分区自动挂载。

第3章 Linux用户管理

Linux 是一个多用户、多任务的服务器操作系统，作为一个系统管理员，掌握用户和用户组的创建与管理至关重要。在 Linux 中，可通过命令来创建和管理用户与用户组，也可在图形界面利用用户管理器来进行管理。

3.1 企业需求

（1）公司有 24 个员工，每个人工作内容不同，而他们中有些人需具有相同的权限。

（2）需要为每个人创建不同的账户。

（3）需要把有类似功能的用户放在一个组中。

（4）每个用户有自己的特定信息，可以自己设置密码。

（5）需限制用户和部门空间的使用。

3.2 任务分析

Linux 是一个多用户、多任务的操作系统，但用户要使用系统，则必须在该机上拥有账号。根据公司的业务要求，需要完成如下任务：

（1）为公司每个用户创建一个账户。

（2）把同部门的用户放在同一组中。

（3）设置每个用户的信息，给用户一个初始密码。

（4）对公司员工进行磁盘空间限额管理。

（5）对部门启用磁盘空间限额管理。

3.3 知识背景

在安装 Red Hat Enterprise Linux 7 时，系统已经创建了一些特殊的用户和组，其中最重要的是根用户（超级用户）root，该用户对 Linux 系统具有完全控制的权限，可以进行所有的不受限制的操作。

下面是有关用户和组的一些基本概念的描述：

（1）用户名：用来标识用户的名称，可以是字母、数字组成的字符串，区分大小写。

（2）密码：用于验证用户身份的特殊验证码。

（3）用户标识（UID）：用来表示用户的数字标识符。

（4）用户主目录：用户的私人目录，也是用户登录后默认所在的目录。

（5）登录 shell：用户登录用默认使用的 shell 程序，默认为/bin/bash。

（6）组：具有相似属性的用户属于同一个组。

（7）组标识（GID）：用来表示组的数字标识符。

3.3.1 管理用户账户与密码

1. 添加用户（useradd）

（1）命令用法

在 Linux 中，创建或添加新用户使用 useradd 命令来实现，其命令用法为：

```
# useradd  [option]  username
```

该命令的 option 可选项较多，常用的主要有：

```
-c 注释                用于设置对该账户的注释说明文字
-d 主目录              指定用来取代默认的/home/username 的主目录
-m                     若主目录不存在，则创建。-r 与-m 结合，可为系统账户创建主目录
-M                     不创建主目录
-e expire-date         指定账户过期的日期，日期格式为 MM/DD/YY
-finactive-days        账户过期几日后永久停权。若设为 0，则立即被停权；为-1，则关闭此功能
-g 用户组              指定将该用户加入到哪一个用户组中。该用户组在指定时必须已存在
-G 用户组列表          指定用户同时也是其中成员的其他用户组列表，各组用逗号分隔
-n                     不为用户创建私有用户组
-s shell               指定用户登录时所使用的 shell，默认为/bin/bash
-r                     创建一个用户 ID 小于 500 的系统账户，默认不创建对应的主目录
-u 用户 ID             手工指定新用户的 ID 值，该值必须唯一，且大于等于 500
```

（2）应用示例

示例 1：若要创建一个名为 zhangsan 的用户，并作为 network 用户组的成员，其操作命令为：

```
[root@localhost ~]# useradd -g  network  zhangsan
[root@localhost ~]# tail -1 /etc/passwd        #显示最后 1 行的内容
zhangsan:x:502:500::/home/zhangsan:/bin/bash
```

添加用户时，若未用-g 参数指定用户组，则系统默认会自动创建一个与用户账号同名的私有用户组。若不需要创建该私有用户组，则可选用-n 参数。

示例 2：添加一个名为 lisi 的账户，但不指定用户组，其操作命令为：

```
[root@localhost ~]# useradd lisi
[root@localhost ~]# tail -1 /etc/passwd
lisi:x:503:501::/home/lisi:/bin/bash
[root@localhost ~]# tail -2 /etc/group         #显示最后 2 行的内容
Network:x:500:
lisi:x:501:                             #系统自动创建了名为 lisi 的用户组，ID 号为 501
```

创建用户账户时，系统会自动创建该账户对应的主目录，该目录默认放在/home 目录下，若要改变位置，可利用-d 参数指定；对于用户登录时所使用的 shell，默认为 bin/bash，若要更改，则使用-s 参数指定。

示例 3：创建一个名为 vodup 的账户，主目录放在/var 目录下，不允许登录，其操作命令为：

```
[root@localhost ~]# useradd -d /var/vodup -s /sbin/nologin vodup
[root@localhost ~]# tail -1 /etc/passwd
 vodup:x:504:502::/var/vodup:/sbin/nologin
[root@localhost ~]# tail -1 /etc/group
 vodup:x:502:
```

在 Linux 中，对于新创建的用户，在没有设置密码的情况下，账户密码是处于锁定状态的，此时用户账户将无法登录系统。在创建新用户时，对于没有指定的属性，其默认设置位于/etc/default/useradd 文件中。

2. **修改账户属性（usermod）**

对于已创建好的账户，可使用 usermod 命令来修改和设置账户的各项属性，包括登录名、用户主目录、用户组、登录 shell 等，该命令的用法为：

```
# usermod  [option]  username
```

命令参数选项 option 大部分与添加用户时所使用的参数相同，参数的功能也一样，下面按用途介绍该命令新增的几个参数。

（1）改变用户账户名、主目录、组

若要改变用户名，可使用-l 参数来实现，其命令用法为：

```
# usermod -l 新用户名 原用户名
```

示例 4：若要将用户 lisi 更名为 wangwu，则操作命令为：

```
[root@localhost ~]# Usermod -l wangwu lisi
[root@localhost ~]# tail  /etc/passwd|grep wangwu
 wangwu:x:503:501::/home/lisi:/bin/bash
```

从输出结果可见，用户名已更改为了 wangwu。主目录仍为原来的/home/lisi，若也要将其更改为/home/wangwu，则可通过执行以下命令来实现。

```
[root@localhost ~]# usermod -d /home/wangwu wangwu
[root@localhost ~]# tail /etc/passwd|grep wangwu
 wangwu:x:503:501::/home/1ijunjie:/bin/bash      #主目录更改成功
[root@localhost ~]# mv /home/1isi /home/wangwu #注意实际的目录也相应更改为
wangwu
```

若要将 wangwu 加入 network 用户组（用户组 ID 为 500），则实现的命令为：

```
[root@localhost ~]# usermod -g network wangwu
[root@localhost ~]# tail -1 /etc/passwd|grep wangwu
 wangwu:x:503 :500 ::/home/wangwu:/bin/bash    #用户组已更改为 500
```

（2）锁定、解锁账户

若要临时禁止用户登户，可将该用户账户锁定。锁定账户可利用-L 参数来实现，其命令用法为：

```
# usermod -L 要锁定的账户
```

示例 5：要锁定 wangwu 账户，其实现的命令为：

```
[root@localhost ~]# usermod -L wangwu
```

Linux 锁定账户，是通过在密码文件 shadow 的密码字段前加“!”来标识该用户被锁定。

要解锁账户，可使用带-U 参数的 usermod 命令来实现，其用法为：

```
# usermod -U 要解锁的账户
```

比如，若要解除对 wangsu 账户的锁定，则操作命令为 usermod-U wangsu。

3. 删除账户（userdel）

要删除账户，可使用 userdel 命令来实现，其用法为：

```
# userdel [-r] 用户名
```

-r 为可选项，若带上该参数，则在删除该用户的同时，一并删除该用户对应的主目录。

示例 6：删除 vodup 账户，并同时删除其主目录，操作命令为

```
[root@localhost ~]# userdel -r vodup
```

4. 用户密码管理

（1）设置用户登录密码

Linux 的用户必须设置密码后，才能登录系统。设置用户登录密码，使用 passwd 命令，其用法为：

```
# passwd  [用户名]
```

若指定了用户名称，则设置指定用户的登录密码，原密码自动被覆盖。只有 root 用户才有权设置指定用户的密码，一般用户只能设置或修改自己用户的密码，使用不带用户名的 passwd 命令来实现设置当前用户的密码。

示例 7：设置 wangwu 用户的登录密码，操作命令为：

```
[root@localhost ~]# passwd wangwu
 Changing password for user wangwu.
 New password:                      #输入密码
 Retype new password:               #重输密码
 passwd:  all authentication tokens updated successfully.
```

用户登录密码设置后，该用户就可登录系统了。按【Alt+F2】组合键，选择第 2 号虚拟控制台（tty2），然后利用 wangwu 用户登录，以检验能否登录。

（2）锁定账户密码

在 Linux 中，除了用户账户可被锁定外，用户密码也可被锁定，任何一方被锁定后，都将导致该用户无法登录系统。只有 root 用户才有权执行该命令。锁定用户密码使用带-l 参数的 passwd 命令，其用法为：

```
# passwd -l 用户名
```

示例 8：锁定 wangwu 用户的密码，操作命令为：

```
[root@localhost ~]# passwd -l wangwu
```

（3）解锁账户密码

用户密码被锁定后，若要解锁，使用带-u 参数的 passwd 命令，该命令只有 root 用户才有权执行，其用法为：

```
#passwd -u 要解锁的用户
```

示例 9：为上面锁定的 wangwu 用户解锁，操作命令为：

```
[root@localhost ~]# passwd -u wangwu
```

（4）查询密码状态

要查询当前账户的密码是否被锁定，可使用带-S 参数的 passwd 命令来实现，其用法为：

```
# passwd -S用户名
```

若用户密码被锁定，将显示输出“Password locked.”，若未加密，则显示“Password set, MD5 crypt.”。

（5）删除用户密码

若要删除用户的密码，使用带-d 参数的 passwd 命令来实现，该命令也只有 root 用户才有权执行，其用法为：

```
# passwd -d 用户名
```

用户密码被删除后，将不能登录系统，除非重新设置密码。

（6）设置用户密码过期时间

若要设置所有用户账户密码过期的时间，则可通过修改/etc/login.defs 配置文件中的 PASS-MAX-DAYS 配置项的值来实现，其默认值为 99999，代表用户账户密码永不过期。其中的 PASS-MIN-LEN 配置项用于指定账户密码的最小长度，默认为 5 个字符。

3.3.2 管理用户组

用户组是用户的集合，通常将用户进行分类归组，便于进行访问控制。用户与用户组属于多对多的关系，一个用户可以同时属于多个用户组，一个用户组可以包含多个不同的用户。

1. 创建用户组（groupadd）

创建用户组使用 groupadd 命令，其命令用法为：

```
    # groupaadd [-r] 用户组名称
```

若命令带有-r 参数，则创建系统用户组，该类用户组的 GID 值小于 500；若没有-r 参数，则创建普通用户组，其 GID 值大于或等于 500。在前面创建的 network 用户组，由于是所创建的第 1 个普通用户组，故其 GID 值为 500。

示例 10：创建一个名为 sysgroup 的系统用户组，操作命令为：

```
[root@localhost ~]# groupadd -r sysgroup
[root@localhost ~]# tail -1 /etc/group
Sysgroup:x:101:                        #该用户组的 ID 为 101
```

2. 修改用户组属性（groupmod）

用户组创建后，根据需要可对用户组的相关属性进行修改。对用户组属性的修改，主要是修改用户组的名称和用户组的 GID 值。

（1）改变用户组名称

若要对用户组进行重命名，可使用带-n 参数的 groupmod 命令来实现，其用法为：

```
#groupmod -n 新用户组名 原用户组名
```

对用户组更名，不会改变其 GID 的值。

示例 11：将 sysgroup 用户组更名为 teacher 用户组，操作命令为：

```
[root@localhost ~]# groupmod -n teacher sysgroup
[root@localhost ~]# tail -1 /etc/group
 teacher:x:101:
```

（2）重设用户组的 GID

用户组的 GID 值可以重新进行设置修改，但不能与已有用户组的 GID 值重复。对 GID 进行修改，不会改变用户名的名称。要修改用户组的 GID，使用带-g 参数的 groupmod 命令，其用法为：

```
# groupmod -g new-GID 用户组名称
```

示例 12：将 teacher 组的 GID 更改名为 501，操作命令为：

```
[root@localhost ~]# groupmod -g 501 teacher
[root@localhost ~]# tail -1 /etc/group
 teacher:x:501:
```

3. 删除用户组（groupdel）

删除用户组使用 groupdel 命令来实现，其用法为：

```
# groupdel 用户组名
```

示例 13：删除 teacher 用户组，则操作命令为：

```
[root@localhost ~]# groupdel teacher
```

在删除用户组时，被删除的用户组不能是某个用户的私有用户组，否则将无法删除，若一定要删除，则应先删除引用该私有用户组的用户，然后再删除用户组。操作演示如下：

```
[root@localhost ~]# groupadd teacher             #新建 teacher 用户组
[root@localhost ~]# useradd -g teacher wj        #创建用户，将 teacher 组作为其用户组
[root@localhost ~]# groupdel teacher
 groupdel: cannot remove user's primary group. #提示不能删除用户的私有组
[root@localhost ~]# userdel -r wj                #删除 wj 用户
[root@localhost ~]# groupdel teacher
[root@localhost ~]# tail /etc/group|grep tcacher #没有输出，说明删除成功
```

4. 添加用户到指定的组（gpasswd）

可以将用户添加到指定的组，使其成为该组的成员。其实现命令为：

```
# gpasswd -a 用户账户 用户组名
```

示例 14：创建一个名为 ftpusers 的用户组，然后将 wangwu 用户添加到 ftpusers 用户组，其操作命令为：

```
[root@localhost ~]# groupadd ftpusers              #新建 ftpusers 用户组
[root@localhost ~]# gpasswd -a wangwu ftpusers     #将 wangwu 用户加到 ftpusers 组
 Adding user wangwu to group ftpusers
[root@localhost ~]# groups wangwu     #用 groups 命令查看 wangwu 用户所属的组
 wangwu: network ftpusers             #wangwu 同时属于 network 和 ftpusers 组
```

5. 从指定的组中移除某用户（gpasswd）

若要从用户组中移除某用户，其实现命令为：

```
# gpasswd -d 用户账户名用户组名
```

示例 15：从 ftpusers 用户组中，移除 wangwu 用户，则操作命令为：

```
[root@localhost ~]# gpasswd -d wangwu ftpusers
 Removing user wangwu from group ftpusers
```

```
[root@localhost ~]# groups wangwu
wangwu: network                    #wangwu 用户已不再属于 ftpusers 用户组
```

6. 设置用户组管理员

添加用户到组和从组中移除某用户，除了 root 用户可以执行该操作外，用户组管理员也可以执行该操作。

要将某用户指派为某个用户组的管理员，可使用以下命令来实现：

```
# gpasswd -A 用户账户要管理的用户组
```

示例 16：设置 wangwu 为 ftpuser 用户组的用户管理员，操作命令为：

```
[root@localhost ~]# gpasswd -A wangwu ftpusers
```

之后 wangwu 用户就可对 ftpusers 用户组进行管理，但无权对其他用户组进行管理，操作演示如下：

```
[root@localhost wangwu]$ gpasswd -a zhangsan ftpusers       #将 zhangsan 添加到 ftpusers 用户组
  Adding user zhangsan to group ftpusers    #操作成功，说明 wangwu 可以对 ftpusers 用户组进行管理
[root@localhost wangwu]$ gpasswd -d zhangsan network      #试图将 zhangsan 用户从 network 用户组中移除
  Permission denied.                 #操作被拒绝，说明 wangwu 无权对其他用户组进行管理
```

另外，Linux 还提供了 id、whoami 和 groups 等命令，用来查看用户和组的状态。id 命令用于显示当前用户的 uid、gid 和所属的用户组的列表；whoami 用于查询当前用户的名称；“groups 用户账户”用于查看指定的用户所隶属的用户组。

3.3.3 用户和用户组文件

在 Linux 中，用户账户、用户密码、用户组信息和用户组密码均是存放在不同的配置文件中的，本节将对这些配置文件进行简单介绍，以便对 Linux 系统有更深入的了解。

1. 与用户和用户组有关的配置文件

在 Linux 系统中，与用户有关的配置文件主要有：

（1）/etc/passwd：存放用户账户及其相关信息（密码除外）。

（2）/etc/shadow：为了使用户密码更安全，一般将用户密码加密后与其他密码信息存放在该文件中，是只读文件。

（3）/etc/login.defs：生成新用户是默认使用的参数在该文件中配置。

（4）/etc/skel：生成新用户时会从该目录下复制默认用户配置文件到新用户的主目录中。

与用户组有关的配置文件主要有：

（1）/etc/group：存放用户组的基本信息。

（2）/etc/gshadow：存放用户组管理的信息（包括组密码、组管理员等）。

2. 修改/etc/passwd 文件管理用户

在/etc/passwd 文件中包含了系统所有用户的基本相信系，一行定义一个用户账户，每行均由 7 个不同的字段构成，各字段值间用“:”分隔。这 7 个字段从左到右依次是：

```
用户名: 加密的密码: UID: GID: 用户的全名或描述信息: 用户主目录: 登录 shell
```

在刚安装完成的 Linux 系统中，/etc/passwd 配置文件已有很多账户信息了，这些账户是由系统自动创建的，它们是 Linux 进程或部分服务程序正常工作所需要使用的账户，这些账户的最后一个字段的值一般为/sbin/nologin，表示该账户不能用来登录 Linux 系统。

使用文本编辑器打开/etc/passwd 文件，通过在文本编辑器中修改相关的内容可以达到管理用户的目的。

需要注意的是，由于/etc/passwd 文件对系统中所有的用户是可读的，为安全起见，用户的账户密码是经过加密后存放在/etc/shadow 文件中。在/etc/passwd 文件中密码字段用“x”占位代表，因此在该文件中不能更新用户账户的密码。

提示：如果要禁用某个用户账户，可以修改/etc/passwd 文件，在该用户账户对应的行首添加“#”符号，或者将用户的 shell 设置为/sbin/nologin。

3. **修改/etc/shadow 文件管理用户**

/etc/shadow 文件存放有用户账户的密码等信息，该文件只有 root 用户可以读取，普通用户是无法读取的。在/etc/shadow 文件中，每个用户的信息也是占用一行，由 9 个字段组成，中间用冒号“:”分隔。这 9 个字段从左到右依次是：

（1）用户名：用户登录的名称。

（2）加密后的密码：如果为空，则该用户不需要输入密码即可以登录。

（3）密码的最后一次修改时间：这是一个相对时间，即从 1970 年 1 月 1 日到修改时的天数。

（4）允许更新前的天数：密码在多少天内不能被修改。

（5）需要更新的天数；密码在多少天后必须修改。

（6）用户账户活跃的天数：密码过期多少天后用户账户将被禁用。

（7）更新前警告的天数：密码到期前多少天给用户发出警告。

（8）密码被禁用的具体日期：这也是一个相对日期，即从 1970 年 1 月 1 日到禁用时的天数。

（9）保留字段：用于以后的扩展功能。

使用文本编辑器打开/etc/shadow 文件，通过在文本编辑器中修改相关的内容可以达到管理用户的目的。

4. **修改/etc/login.defs 文件管理用户**

建立用户账户时会根据/etc/login.defs 文件的配置信息设置用户账户的某些选项。使用文本编辑器可以修改/etc/login.defs 文件。

以下是对/etc/login.defs 文件有效的设置内容，以及默认设置项的中文注释。

```
MAIL_DIR /var/spool/mail  #用户邮箱所在的目录
#MAIL_FILE .mail
PASS_MAX_DAYS  99999    #账户密码最长有效天数
PASS_MIN_DAYS  0        #账户密码最短有效天数
PASS_MIN_LEN  5         #账户密码的最小长度
PASS_WARN_AGE  7        #账户密码过期前提前警告的天数
UID_MIN 500             #使用 useradd 命令添加账户时自动产生 UID，最小 UID 值
UID_MAX 60000           #使用 useradd 命令添加账户时可以使用的最大的 UID
GID_MIN 500             #使用 groupadd 命令添加账户时自动产生 GID，最小 GID 值
```

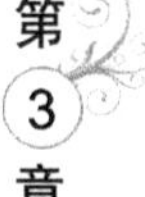

```
GID_MAX 60000                #使用 groupadd 命令添加账户时可以使用的最大的 GID
                             #USERDEL_CMD  /usr/sbin/userdel_local
CREATE_HOME yes              #创建用户账户时是否为用户创建主目录
```

提示：/etc/login.defs 文件中的某些设置不会影响到 root 用户，比如 root 用户在设置自己的密码或其他用户密码时，不受上面密码最小长度的限制。

5. 修改/etc/group 文件管理用户组

/etc/group 文件用于存放用户组的加密密码，每个用户组账户的信息在该文件中占用一行，每行分为 4 个字段，中间用“:”分隔，这 4 个字段从左到右依次是：

```
组名: 加密后的组密码: GID: 组成员列表
```

在/etc/group 文件中，用户的主组并不把该用户作为成员列出，只有用户的附属组才把该用户作为成员列出。

使用文本编辑器打开/etc/group 文件，通过在文本编辑器中修改相关的内容可以达到管理用户组的目的。

6. 修改/etc/gpasswd 文件管理用户组

/etc/gpasswd 文件用于存放组的加密密码，每个组账户在该文件中占用一行，每行分为 4 个字段，中间用“:”分隔，这 4 个字段从左到右依次是：

```
组名: 加密后的组密码: 组的管理员: 组成员列表
```

使用文本编辑器打开/etc/gpasswd 文件，通过在文本编辑器中修改相关的内容可以达到管理用户组的目的。

3.3.4 使用 su 命令实现用户之间切换

在命令提示符下，要实现 root 用户与普通用户的切换，可使用以下命令来实现：

```
$ su 用户名
```

或

```
$ su -r 用户名
```

使用 su –命令可以同时使用该用户的 shell。

如果是从超级用户切换到普通用户，不需要输入该用户的密码；如果是普通用户切换到其他普通用户或超级用户，在输入 su 或 su –命令后将会提示输入密码。

3.3.5 一些用户问题的解决方法

在实际当中，可能会遇到一些具体的情况，例如某个用户的密码已经弃用，需要将其锁住；需要强制某个用户的密码立即过期；给锁住的用户开锁；查看用户账户的身份及组群的身份等，下面将介绍这些问题的解决方法。

（1）如果某个用户的密码已经被弃用，要锁住该用户的密码，可使用以下命令：

```
# usermod -L username
```

用户密码锁住后，当使用原密码登录时，将无法登录。

（2）要强制某个用户密码即刻过期，可使用以下命令：

```
# chage -d 0 username
```

该命令将密码的最后一次改变的日期设置为 epoch（1970 年 1 月 1 日）。这个值会强制密码立刻过期。

（3）如果要给锁住的用户账户开锁，可以为其指派一个初始密码或者空密码。

（4）如果是以 root 身份登录系统后，要查看自己当时的账户身份，可在命令提示符下输入 id 命令并按【Enter】键，id 命令将告诉用户当前的准确身份。

（5）使用 newgrp 命令可以修改当前用户的主组群身份，命令格式如下：

```
# newgrp groupname
```

使用 groups 命令可以查看当前用户所属组群。

3.3.6 用户与用户组的磁盘空间管理

通常为了防止某个用户或组占用过多的磁盘空间，需要对用户或组的可用存储空间进行限制。在 Linux 中可以通过实现磁盘配额（disk quota）来限制磁盘空间，当用户或用户组对磁盘的使用达到限制后，如果继续试图操作，则会失败。

1. 磁盘配额简介

磁盘配额（disk quota）用于限制各用户或用户组所允许使用的磁盘空间的大小。Linux 是一个多用户系统，有必要限制各用户允许使用的磁盘空间，以防止恶意用户用垃圾数据塞满服务器磁盘空间，Linux 操作系统为此提供了磁盘配额管理。

启动磁盘配额后，当某用户使用了过多的磁盘空间或分区，可用空间将尽时，系统管理员就会收到警告信息。磁盘配额可限制用户使用的磁盘空间，也可限制用户可以创建的文件数目。

2. 使 Linux 支持磁盘配额

Linux 系统支持磁盘配额，条件是必须要安装支持配额的 quota 软件包。在安装 Linux 系统时一般都已安装了，可使用以下命令检查是否安装：

```
[root@localhost ~]# rpm -qa|grep quota
quota3-.06-9
```

若未安装，可在网上下载 quota 软件包安装。

3. 配置磁盘配额

（1）修改/etc/fstab 文件，指定要进行磁盘配额管理的文件系统。

对于要启用磁盘配额的文件系统，要在/etc/fstab 配置文件中进行指定，指定方法即是在该文件系统配置行的第 4 列中，添加 usrquota 和 grpquota。其中 usrquota 表示启用用户磁盘配额功能，grpquota 表示启用用户组磁盘功能。

```
# vi /etc/fstab
LABEL=/       /          ext3     defaults,usrquota,grpquota   1  1
LABEL=/boot   /boot      ext3     defaults                     1  2
/dev/sda3     swap       swap     defaults                     0  0
none          /proc      proc     defaults                     0  0
none          /dev/pts   devpts   defaults                     0  0
```

修改后存盘退出。

（2）重新启动 Linux 或者直接执行以下命令，重新挂载根分区，让修改生效。

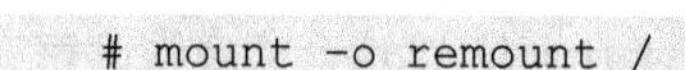

```
# mount -o remount /
```

（3）建立磁盘配额文件。

对文件系统启用磁盘配额后，接下来就可以使用 quotacheck 命令，检查启用了磁盘配额的文件系统，并为每个文件系统建立一个当前磁盘用量表，并创建出磁盘配额文件。quotacheck 命令的语法为：

```
# quotacheck [-fFcvbugm] -a | filesystem
```

参数说明：

```
-c      创建新的磁盘配额文件，对于已存在的磁盘配额文件，将被覆盖重写
-b      在创建磁盘配额文件时，对已存在的配额文件先备份，备份文件名多一个“~”符号
-v      在检查过程中显示检查进度和检查结果等详细信息
-u      创建用户磁盘配额文件（aquota.user），该文件位于根目录下
-g      创建用户组磁盘配额文件（aquota.group），该文件位于根目录下
-m      强行进行检查
-a      对所有启用了磁盘配额的文件系统进行检查
-f      强制检测所有使用配额的文件系统.不推荐使用该选项,因为其配额文件可能会不同步
-F      强制在可读写状态下检测文件系统
filesystem  代表指定要检查的文件系统名，比如根目录文件系统，则表示为“/”
```

要对根目录文件系统进行磁盘配额检查，并生成用户和用户组磁盘配额文件，则实现的操作命令为：

```
# quotacheck -afcugvm
quotacheck: Scanning /dev/sda2 [/] done
quotacheck: Checked 5673 directories and 101540 files
```

命令执行成功后，将在 Linux 的根目录下生成用户磁盘配额文件 aquota.user 和用户组磁盘配额文件 aquota.group。

（4）为用户和用户组设置磁盘配额。

设置磁盘配额使用 edquota 命令，该命令将调用 vi 编辑，来完成用户磁盘配额的显示和设置，其命令语法为：

```
# edquota [-u | -g] [-f 文件系统] 用户名
```

其中，-u 表示编辑用户的磁盘配额，此为默认值，可以省略；-g 代表编辑用户组的磁盘限额；-f 用于指定要进行磁盘配额的文件系统名。

例如，若要对 wl 用户设置磁盘配额限制，则操作命令为：

```
#edquota -u wl
Disk quotas for user wl (uid):
Filesystem     blocks   soft     hard     inodes     soft     hard
  /dev/sda2    12272    0        0        5          0        0
```

执行命令后，系统进入 vi 编辑器，并在编辑器中显示以上内容。其中，第 1 列是启用了磁盘配额的文件系统的设备名；第 2 列显示了该用户当前已使用的磁盘块数；第 3 列和第 4 列分别用来设置用户在该文件系统上的软、硬盘块数限制，0 表示不受限制；第 5 列显示了用户当前已经使用的 i 结点数量；第 6 列和第 7 列分别用来设置用户在该文件系统上的软、硬文件数限制，0 表示不受限制。

（5）设置或修改过渡期。

为软限制设置过渡期，可使用带-t 参数的 edquota 命令来实现，其命令语法为：

```
# edquota -t
```

（6）查看用户或用户组的磁盘配额。

可以使用“repquota -a”或“repquota /”命令，检查并输出所有用户的配额情况，其中参数-a 表示检查并输出所有文件系统的磁盘配额情况；“repquota /”命令表示检查并输出根目录文件系统的磁盘配额情况。可结合管道操作符和 less 命令来查看，具体语法为：

```
# repquota -a | less
```

（7）启用与禁用磁盘配额。

用户或用户组的磁盘配额设置好后，应打开启用，以便让磁盘配额生效。以后一旦用户所占用的磁盘空间超过了硬限制所设定的值，便会得到警告信息，此时仍可继续增加所使用的空间，达到软限制所设定的容量，但不能超过软限制的空间。在过渡期过了后，将被限制在硬限制所允许的空间内。

启用磁盘配额，使用 quotaon 命令，其命令语法为：

```
# quotaon -vug -a | filesystem
```

参数说明：-u 代表启用用户磁盘配额，-g 代表启用用户组磁盘配额。

若要禁用文件系统的磁盘配额，则可使用 quotaoff 命令来实现，其命令语法为：

```
# quotaoff -vug -a | filesystem
```

禁用后，需要时可用 quotaon 再度启用。在启用前，最好先用“quotacheck -auvg”命令，重新检查一下文件系统，以刷新用户和用户组的磁盘用量表。

3.3.7 提高篇：shell 脚本应用实例

公司有 16 个员工，员工名分别是（张三 1、张三 2、张三 3、张三 4，李四 1、李四 2、李四 3、李四 4，王五 1、王五 2、王五 3、王五 4，赵六 1、赵六 2、赵六 3、赵六 4），其中姓名 1 的员工属于业务部，姓名 2 的员工属于销售部，姓名 3 的员工属于开发部，姓名 4 的员工属于后勤部，公司有 3 台 Linux 服务器为各部门提供各种网络服务。

请在每台服务器上为每个人创建用户并将其放在相应的部门组中。

思考：通过运用本章以上所学内容可以完成上述任务。但由于公司有多台服务器，在配置过程中，需要做很多重复的工作，效率极低。作为高级网络技术人员，需要学习如何高效地、自动化地对 Linux 服务器进行管理与配置。Linux 也为高效配置提供了技术手段，即 shell 编程。

下面通过 shell 编程技术，给出对该公司的多台服务器进行高效配置的具体过程。

我们从最简单的命令语句逐步迭代演变成 shell 文件，其步骤分为 3 步，分别是可行性研究、功能实现、代码重构。其具体过程如下：

1. 可行性研究

在终端中，选择合适的语句测试是否可以完成任务。任务中需要添加 4 个部门，16 个成员。选业务部 business 组、人员张三 1 看是否可以通过命令完成添加，具体命令如下：

```
# mkdir  Scripts                        //创建文件夹 Script
# cd     Scripts                        //进入文件夹 Script
```

```
# groupadd  business                    //创建业务部门组
# tail    /etc/group                    //查看是否创建成功
```

使用命令测试是否可以添加人员，具体命令如下：

```
# useradd  -g  business  zhangsan1  //添加张三 1 到业务部门组
# tail  /etc/passwd                 //查看是否添加成功
```

通过以上命令完成了将张三 1 添加到业务部门 business，证明以上命令可以实现部门与人员添加功能，下面进入功能实现阶段。

2. **功能实现**

将实现任务的命令写入 shell 文件中。

将可行性研究的命令写入到 user 文件中，具体命令如下：

```
#echo  groupadd   business  >>  user   //将命令重定向到 user 文件
```

其他命令类似，不再赘述。

```
[root@localhost Scripts]# echo  groupadd   business  >>  user
[root@localhost Scripts]# echo  tail /etc/group  >>  user
[root@localhost Scripts]# echo useradd  -g  business  zhangsan1>>user
[root@localhost Scripts]# echo  tail /etc/passwd  >>  user
[root@localhost Scripts]# ls
User
```

通过命令“vim　user”打开 user 文件:

```
[root@localhost Scripts]# vim  user
groupadd business
tail /etc/group
useradd -g business zhangsan1
tail /etc/passwd
```

将文件保存后，修改其权限使其运行，具体命令如下：

```
[root@localhost Scripts]#chmod   +x   user          //为 user 增加运行权限
[root@localhost Scripts]# ls                        //查看文件
[root@localhost Scripts]# ./user                    //运行 user 文件
```

运行后发现 business 组与 zhangsan1 已存在，原因是最早使用命令添加的 business 组与 zhangsan1 还未删除。因此，为确保 user 能正确运行，需要将原有的 business 组与 zhangsan1 删除，然后运行 user 文件，具体使用命令及过程如下：

```
[root@localhost Scripts]# userdel   zhangsan1
[root@localhost Scripts]# groupdel  business
[root@localhost Scripts]# ./user
```

由上可见，user 文件运行正确，但结果太复杂，下面用“vim　user”命令打开文件，在 tail 命令添加选择项“-1”，使其只显示文件最后一行，具体如下：

```
[root@localhost Scripts]# vim  user
groupadd business
tail -1 /etc/group
```

```
useradd -g business zhangsan1
tail -1 /etc/passwd
```

保存并运行，结果发现，上次创建的 business 组与 zhangsan1 依然存在，这样又要重复一次删除组与用户的命令。为了解决此问题，将删除 business 组与 zhangsan1 的命令放在创建 business 组与 zhangsan1 之前，无论组与用户是否存在，都将其删除，修改后的 user 文件如下：

```
[root@localhost Scripts]# vim  user
#delete zhangsan1 and business
userdel   zhangsan1
groupdel   business
#Add user zhangsan1 and group business
groupadd business
tail -1 /etc/group
useradd -g business zhangsan1
tail -1 /etc/passwd
```

保存并运行。user 文件已实现添加 business 组与 zhangsan1 人员的功能，依此类推，使用相同的命令与逻辑来添加业务部的其他成员，修改后的 user 文件如下：

```
[root@localhost Scripts]# vim  user
#delete users in business and business
userdel   zhangsan1
userdel   lisi1
userdel   wangwu1
userdel   zhaoliu1
groupdel   business
#Add users in business and group business
groupadd business
tail -1 /etc/group
useradd -g business zhangsan1
useradd -g business lisi1
useradd -g business wangwu1
useradd -g business zhaoliu1
tail -4 /etc/passwd
```

保存 user 文件并运行。user 文件已实现添加业务部及其成员的所有功能，可以将添加业务部及其成员的代码复制一份，略微修改以实现添加销售部及其成员的功能，修改的代码如下：

```
[root@localhost Scripts]# vim  user
…
useradd -g business zhaoliu1
tail -4 /etc/passwd
#delete users in sale and sale
userdel   zhangsan2
userdel   lisi2
userdel   wangwu2
userdel   zhaoliu2
groupdel   sale
#Add users in sale and group sale
```

```
groupadd sale
tail -1 /etc/group
useradd -g sale zhangsan2
useradd -g sale lisi2
useradd -g sale wangwu2
useradd -g sale zhaoliu2
tail -4 /etc/passwd
```

可以发现，复制部分的代码修改的地方为："business"替换为"sale"，"1"替换为"2"，保存并运行。同理，复制两份代码，对其修改以完成开发部及后勤部人员的添加功能，开发部的具体代码如下：

```
[root@localhost Scripts]# vim  user
…
#delete users in development and development
userdel   zhangsan3
userdel   lisi3
userdel   wangwu3
userdel   zhaoliu3
groupdel   development
#Add users in development and group development
groupadd development
tail -1 /etc/group
useradd -g development zhangsan3
useradd -g development lisi3
useradd -g development wangwu3
useradd -g development zhaoliu3
tail -4 /etc/passwd
```

后勤部及其人员的添加功能代码如下：

```
[root@localhost Scripts]# vim  user
…
#delete users in logistics and logistics
userdel   zhangsan4
userdel   lisi4
userdel   wangwu4
userdel   zhaoliu4
groupdel   logistics
#Add users in logistics and group logistics
groupadd logistics
tail -1 /etc/group
useradd -g logistics zhangsan4
useradd -g logistics lisi4
useradd -g logistics wangwu4
useradd -g logistics zhaoliu4
tail -4 /etc/passwd
```

保存并运行，user文件完成了对公司的部门及人员的添加功能，但其代码中，重复与相似的语句太多，如多个相似的userdel、useradd、groupadd、groupdel。重复的代码是质量差的表现，重复的代码不利于扩展和维护，下面我们通过重构来消除重复。

3. 代码重构

在不改变代码功能的前提下，对代码进行修改，目的是消除重复代码，提高代码质量。

下面对 user 文件进行重构。代码中有 16 句重复的 userdel 语句，可以用 for 循环对其进行简化，将 userdel 语句进行注释，添加 for 语句，具体代码如下：

```
[root@localhost Scripts]# vim  user
…
#delete users in development and development
#userdel   zhangsan3
#userdel   lisi3
#userdel   wangwu3
#userdel   zhaoliu3
groupdel   development
#delete users in logistics and logistics
#userdel   zhangsan4
#userdel   lisi4
#userdel   wangwu4
#userdel   zhaoliu4
groupdel   logistics
#delete all users
For user in zhangsan1 zhangsan2 zhangsan3 zhangsan4 lisi1 lisi2 lisi3 lisi4
wangwu1 wangwu2 wangwu3 wangwu4 zhaoliu1 zhaoliu2 zhaoliu3 zhaoliu4
do
   userdel $user
done
```

同理，删除各部门的语句 groupdel 也有 4 次重复，添加各部门组的语句 groupadd 及查看语句 tail 也有 4 次重复，添加各部门成员分别有 4 次重复，可以使用 for 循环对其进行重构。重构后的完整代码如下：

```
[root@localhost Scripts]# vim  user
#delete all users if existed in company
For user in zhangsan1 zhangsan2 zhangsan3 zhangsan4 lisi1 lisi2 lisi3 lisi4
wangwu1 wangwu2 wangwu3 wangwu4 zhaoliu1 zhaoliu2 zhaoliu3 zhaoliu4
do
   echo delete $user if $user existed
   userdel $user
done
#delete all departments if existed and add new departments
For group in business sale development logistics
do
   echo delete $group if $group existed
   groupdel $group
done
tail -4 /etc/group
#add users in business
For user in zhangsan1 lisi1 wangwu1 zhaoliu1
do
   useradd -g business $user
done
#add users in sale
For user in zhangsan2 lisi2 wangwu2 zhaoliu1
```

```
do
   useradd -g sale $user
done
#add users in development
For user in zhangsan3 lisi3 wangwu3 zhaoliu3
do
   useradd -g development $user
done
#add users in logistics
For user in zhangsan4 lisi4 wangwu4 zhaoliu4
do
   useradd -g logistics $user
done
tail -16 /etc/passwd
```

至此，使用“可行性研究，功能实现，代码重构”这一开发循环，实现了为公司添加部门及成员的功能。

3.4 任务实施

步骤 1：添加业务部，即添加用户组，组名为 parlor：

```
[root@localhost ~]# groupadd parlor
```

步骤 2：添加业务部成员张三，即添加用户，用户名为 zhangsan，其所属组为 parlor：

```
[root@localhost ~]# useradd -g parlor zhangsan
[root@localhost ~]# passwd zhangsan
```

步骤 3：对业务部启用磁盘限额，在/home 分区的磁盘空间额度为 4 GB，空间用到 3 GB 时进行警告；在/home 分区上文件个数限制在 10 000 之内，9000 时开始提示。

（1）修改文件/etc/fstab，home 分区启用**用户与组**限额并重新挂载 home 分区：

```
[root@localhost ~]# vi /etc/fstab
''…
/dev/mapper/rhel-root   /                    xfs    defaults          1 1
UUID=caf7bfa3-4e1f-4031-a5d4-3f8afca8cfd2 /boot xfs defaults          1 2
/dev/mapper/rhel-swap   swap                 swap   defaults          0 0
/dev/sda3              /home  ext4  defaults,usrquota,grpquota       1 2
[root@localhost ~]# mount -o remount /home
[root@localhost ~]# mount
…
/dev/sda3 on /home type ext4 (rw,relatime,seclabel,quota,usrquota,grpquota,
data=ordered)
/dev/sda1 on /boot type xfs (rw,relatime,seclabel,attr2,inode64,noquota)
…
```

（2）生成 aquota.group 文件：

```
[root@localhost ~]# cd /home
[root@localhost home]# touch aquota.group
[root@localhost home]# quotacheck -F vfsv0 -afcvgm
…
quotacheck: Scanning /dev/sda3 [/home] done
quotacheck: Checked 10 directories and 8 files
```

```
[root@localhost home]# ll
总用量 40
-rw-r--r--. 1 root  root  7168  8月  27 13:38 aquota.group
drwx------. 2 root  root 16384  8月  26 13:08 lost+found
drwx------. 3 ww    ww    4096  8月  27 13:16 ww
…
```

（3）编辑业务部 parlor 的空间限额。

```
[root@localhost home]# edquota -g parlor
Disk quotas for group parlor (gid 1003):
  Filesystem       blocks     soft        hard      inodes    soft     hard
  /dev/sda3        0          3000000     4000000   0         10000    9000
```

（4）启动组限额，并检查业务部的限额表。

```
[root@localhost home]# quotaon -ag
[root@localhost home]# repquota -ag
*** Report for group quotas on device /dev/sda3
Block grace time: 7days; Inode grace time: 7days
                       Block limits                File limits
Group              used    soft    hard  grace    used  soft  hard  grace
------------------------------------------------------------------------------
root     --        20      0       0              2  0      0
…
parlor   --        28      3000000  4000000       7  9000   10000
```

步骤 4：对业务部张三启用磁盘限额，在/home 分区的磁盘空间额度为 1 GB，空间用到 0.8 GB 时进行警告；在/home 分区上文件个数限制在 2000 之内，1900 时开始提示。

（1）修改文件/etc/fstab，home 分区启用用户限额（略，见组限额 fstab 的修改）。

（2）生成 aquota.user 文件。

```
[root@localhost ~]# cd /home
[root@localhost home]# touch aquota.user
[root@localhost home]# quotacheck -F vfsv0 -afcvm
…
quotacheck: Scanning /dev/sda3 [/home] done
quotacheck: Checked 10 directories and 8 files
[root@localhost home]# ll
总用量 40
-rw-r--r--. 1 root  root  7168  8月  27 13:38 aquota.group
-rw-r--r--. 1 root  root  7168  8月  27 13:38 aquota.user
drwx------. 2 root  root 16384  8月  26 13:08 lost+found
…
```

（3）编辑业务部员工张三的空间限额。

```
[root@localhost home]# edquota zhangsan
Disk quotas for user zhangsan (uid 1005):
  Filesystem      blocks      soft        hard      inodes    soft     hard
  /dev/sda3       0           900000   1000000      0         1900     2000
```

（4）用户张三的限额表。

```
[root@localhost home]# repquota -au
*** Report for user quotas on device /dev/sda3
Block grace time: 7days; Inode grace time: 7days
```

```
                    Block limits                    File limits
User                used    soft     hard    grace    used  soft  hard  grace
------------------------------------------------------------------------------
root        --       20      0        0                 2      0     0
…
zhangsan    --       28     900000   1000000            7     1900  2000
```

【实践与练习】

（1）参照上述步骤完成业务部门其他员工的添加和磁盘限额。

（2）参照上述步骤完成计算机部的用户和用户组管理。

阅读与思考：信息安全技术正从被动转向主动

传统的信息安全技术如同防御的城墙，是静态的、被动的。著名信息安全专家亚瑟·科维洛介绍说，面对信息数据的爆炸性增长和网络犯罪越来越多的情况，“信息安全技术正向动态的、主动的方向转变”。

身为 RSA 信息安全技术公司总裁的科维洛，是一些信息安全业内组织的领导者，同时在多个国家的网络安全项目中担当要职。科维洛在北京举行的一个信息安全研讨会上说，传统的信息安全技术致力于提供一个将信息数据全面纳入安全管理的基础框架，但在目前全球信息呈现爆炸性增长的情况下，信息安全技术应该用来保障最具价值、最重要的信息数据。

> RSA：EMC 的安全产品分公司（EMC，易安信，是全球外部存储系统、整体存储软件和虚拟化软件市场的市场领导者，在企业内容管理、中端企业磁盘阵列、存储资源管理、安全性、信息和事件管理、Web 访问管理和存储服务领域，处于业界领先地位），是帮助实现业务加速的安全解决方案的首要提供商。
>
> 作为财富 500 强中 90%以上的企业选定的安全保护合作伙伴，RSA 为这些世界上最大的企业解决最复杂、最敏感的安全难题，帮助他们获得成功。
>
> RSA 以信息为中心的安全保护做法能够在信息的整个生命周期中保护其完整性和机密性，不管信息移动到哪里，被谁访问，如何使用。RSA 在以下领域中提供了业界领先的解决方案：身份保证和访问控制、加密和密钥管理、法规遵从性和安全信息管理，以及欺诈防护。这些解决方案确保了数百万用户的身份、他们执行的交易以及生成的数据的可信性。
>
> RSA 让客户确信他们的信息资产受到了保护，并且随时可以实现新的业务可能性。

科维洛指出，另一方面，全球网络犯罪正呈现出有计划、有组织和专业化的特点。这就需要人们基于各自需求对信息数据主动进行风险评估，有针对性、更加高效地保护数据安全。

“信息是流动的，它处在不断被使用、编辑、转换、分享并再次存储的过程中，不停地流动在各种 IT 设备中。”科维洛认为，对信息的安全保护因此也应该转向动态的防护和保障，“用‘以信息为中心的风险管理’替代传统的‘边界安全’”。

物理安全很容易被忽略，尤其是在小企业或家庭中工作时。但一旦黑客进入你的机器，那么几分钟内就会受到安全威胁。

资料来源：新华网北京 2008 年 1 月 29 日电，此处有删改。

作业

1. 以下文件中，只有 root 用户才有权存取的是（　　）。

A. passwd　　B. shadow　　C. group　　D. password

2. 以下对 Linux 用户账户的描述，正确的是（　　）。

A. Linux 的用户账户和对应密码，均是存放在 password 文件夹中的

B. Password 文件只有系统管理员才有权存取

C. Linux 的用户账户必须设置了密码后，才能登录系统

D. Linux 的用户密码存放在 shadow 文件中，每个用户对它有读的权限

3. 若要创建一个 webadmin 用户，该用户属于 ftpusers 用户组的成员，不允许该用户登录 Linux 系统，以下创建方法中，正确的是（　　）。

A. useradd　–g　ftpusers　webadmin

B. useradd　–G ftpuser　webadmin

C. useradd　–g ftpusers　-s　/sbin/nologin　webadmin

D. useradd　–G ftpusers　-s　/bin/nologin　webadmin

4. usermod 命令无法实现的操作是（　　）。

A. 账户重命名　　B. 删除指定的账户和对应的主目录

C. 加锁与解锁用户账户　　D. 对用户密码进行加锁与解锁

5. 对用户组进行重命名，应使用（　　）命令来实现。

A. -n　　B. –l　　C. -L　　D. -r

6. 要将用户添加到指定的用户组，应使用（　　）命令来实现

A. groupadd　　B. groupmod　　C. gpasswd　　D. groupuser

7. 以下关于用户组的描述，不正确的是（　　）。

A. 要删除一个用户的私有用户组（primary group），必须先删除该用户账户

B. 可以将用户添加到指定的用户，也可以将用户从某用户组中移除

C. 用户组管理员可以进行用户账户的创建、设置或修改账户密码等一切与用户和组相关的操作

D. 只有 root 用户才有权创建用户和用户组

8. 如果需要新建一个目录 blue，但其他密码由该客户第一次登录进系统后修改，可使用（　　）命令。

A. # useradd -p "" blue　　B. # useradd -R " " blue

C. # adduser -o " " blue　　D. # adduser -u " " blue

9. 现在进行 Linux 系统维护，所以暂时不允许用户登录系统，该怎么做？

10. 添加用户组 wl08。

11. 用 useradd 命令添加用户 wl0813。用 tail 命令看文件/etc/passwd 的最后一行，并记录下来。

12. 用 useradd 命令添加用户 wl0814，要求其有效期为 06 月 30 日。用 tail 命令看文件/etc/shadow 的最后一行，并记录下来。用 wl0814 登录，看是否可以；修改日期为 07 月 01

日，看 wl0814 是否可以登录。最后将系统时间调回到现在。

13. 通过修改配置文件/etc/passwd 和/etc/shadow 文件来添加用户 wl081401，其用户的主目录分别为/home/wl0814，密码为空。

14. 用 useradd 命令添加用户 wl081301，要求其工作组为 wl0813。用 tail 命令看文件/etc/passwd 的最后一行，并记录下来。

15. 用 usermod 命令修改用户 wl081301，要求将其工作组改为 wl08。用 tail 命令看文件/etc/passwd 的最后一行，并记录下来。

16. 将用户 wl081401 改名为 wl081411。用 tail 命令看文件/etc/passwd 的最后一行，并记录下来。

17. 将用户 wl081301 的工作目录改为/home/wl0813。用 tail 命令看文件/etc/passwd 的最后一行，并记录下来。

18. 分别用 passwd 和 usermod 锁定用户 wl081301，看是否能登录。再解锁，看是否能登录。请查看用户 wl081301 的密码状态。

19. 修改用户 wl081301 的密码的使用的最长期限为 10 天，密码预警时间为 7 天，修改系统时间为 2 月 25 号，用用户 wl081301 登录，看系统是否给出警告，再修改系统时间为 3 月 10 号，看用户 wl081301 是否能登录。最后将系统时间调回到现在。

20. 删除用户 wl081301 的密码，查看用户 wl081301 登录时还需要密码吗？

21. 现在要注销用户 wl081301，并将该用户的主目录也删除，该如何做？

22. 创建新用户，用户名为同组同学名字拼音，属于 wl08 组，不允许登录 Linux 系统，对这些用户启用磁盘限额，软限制块数 150 000，硬限制块数 130 000，文件数都限制在 5000 内；对用户组 wl08 启用组限额，软限制块数 10*140 000，硬限制块数 10*160 000，i 结点数不受限制。

系统启动与运行级别

了解和掌握 RedHat Enterprise Linux 操作系统初始化与服务启动流程，对于日后的故障排查有较大帮助。RedHat Enterprise Linux 的启动主要顺序是 bios、grub2（lilo）、kernel、/usr/lib/system/systemd。其中 systemd 替代之前版本的 init 完成操作系统的初始化工作。

4.1 企业需求

公司目前安装有 RHEL 7 的服务器，开机引导程序可以直接编辑进入单用户模式，系统安全性存有隐患。希望能设置密码，防止恶意用户非法修改内核参数登录系统。

系统启动后直接进入图形界面，每次操作时都需进入终端模式，很不方便，希望可以在开机时能直接进入多用户命令界面。

4.2 任务分析

Linux 服务器安装时选用了图形模式，且未设置 GRUB2 的密码，按公司需求，进行如下的更改：

（1）为这台 RHEL 7 的启动引导程序 GRUB2 设置密码，禁止单用户模式，增强系统安全性。

（2）修改 target，让系统开机后直接进入多用户命令模式。

4.3 知识背景

4.3.1 引导顺序概述

从计算机打开电源到用户登录，在这段时间里，系统经历了以下几个启动阶段：

1. BIOS 自检

计算机在接通电源之后首先由 BIOS 进行 POST 自检，然后依据 BIOS 内设置的引导顺序从硬盘、USB 或 CDROM 中读入引导块。如果 BIOS 中将硬盘设为第一引导设备，那么就把第一个硬盘的 MBR 读入内存，然后跳到那里开始执行。MBR 是一个 512 B 大小的扇区，位于磁盘上的第一个扇区（0 道 0 柱面 1 扇区）。当 MBR 被加载到 RAM 中之后，BIOS 就会将控制权交给 MBR，加载 GRUB2 引导程序。

2. 引导程序

因为不同的操作系统，其文件格式不相同，因此需要一个开机管理程序来处理内核文件的加载问题，这个开机管理程序被称为 BootLoader，安装在 MBR 中。

在 RHEL 7 中，引导程序用的是 GRUB2。GRUB2 的 boot.img 在 MBR 或启动分区中，boot.img 将读取 core.img 的第一个扇区以用来读取 core.img 后面的部分，一旦读取完成，core.img 会读取默认的配置文件和其他需要的模块，然后将控制权交给内核。

3. **启动内核**

接下来的步骤就是加载内核映像到内存中，内核映像并不是一个可执行的内核，而是一个压缩过的内核映像。在这个内核映像前面是一个例程，它实现少量硬件设置，并对内核映像中包含的内核进行解压缩，然后将其放入高端内存中。如果有初始 RAM 磁盘映像，系统就会将它移动到内存中，并标明以后使用。然后该例程会调用内核，并开始启动内核引导的过程。内核的初始化过程结束后，将根分区以只读方式挂载，然后载入初始进程 systemd（/usr/lib/system/systemd）。

4. **执行 systemd 进程**

在内核加载完毕、进行完硬件检测与驱动程序加载后，此时主机硬件已经准备就绪，这时候内核就会启动系统一号进程 systemd。systemd 进程是系统所有进程的起点，它的进程号是 1，是所有进程的发起者和控制者。

RHEL 7 用 systemd 替代了传统的 SysV init，因此/etc/inittab 文件不再使用。

5. **执行/bin/login 程序**

login 程序会提示使用者输入账户及密码，接着编码并确认密码的正确性，如果账户与密码相符，则为用户初始化环境，并将控制权交给 shell，即等待用户登录。

4.3.2 配置引导程序

GRUB2 是 GNU GRUB（GRand Unified Bootloader）的最新版本。GRUB2 已经取代之前的 GRUB（即 0.9x 版本），使 GRUB 成为 GRUB Legacy。

1. **GRUB2 与 GRUB 的区别**

当安装 Linux 时，系统会为用户配置好一个引导程序。RedHat Linux 的安装程序允许用户在引导程序的配置文件中添加其他的操作系统。这样，在双启动系统上安装 Linux 之后，用户仍旧可以启动其他的操作系统。

由安装程序创建的配置文件可以用来查看引导程序是如何工作的。除非安装了其他的操作系统或者创建了新版本的内核，否则不要去更改引导程序的配置文件。

许多版本的 Linux 默认情况下都会安装 GRUB（GRUB2）引导程序或 LILO 引导，RHEL 7 安装的是 GRUB2。如果系统已经使用了另一个引导程序，而用户又希望增加 GRUB 引导程序，这时，应首先创建一个 GRUB 配置文件，然后使用“grub-install”命令将 GRUB 复制到适当的区域。例如，想将 GRUB 复制到第一块 SCSI 硬盘的第一个分区中，需要使用下列命令：

```
# grub-install  /dev/sda1
```

GRUB（Red Hat Linux 的默认引导管理器）的配置文件是/boot/grub/grub.conf。

GRUB2 是新一代的 GRUB，它实现了一些 GRUB 中所没有的功能，特点如下：

（1）支持多种文件系统格式，如 ext4、xfs、ntfs 等。

（2）可访问已经安装的设备上的数据，可以直接从 lvm 和 raid 读取文件。

（3）使用了模块机制，引入很多设备模块，通过动态加载需要的模块来扩展功能，这样允许 core 镜像更小。

（4）支持自动解压。

（5）支持脚本语言，包括简单的语法，例如条件判断、循环、变量和函数。

（6）国际化语言，包括支持非 ASCII 的字符集和类似 gettext 的消息分类、字体、图形控制台等。

（7）支持 rescue 模式，可用于系统无法引导的情况。

（8）有一个灵活的命令行接口。如果没有配置文件存在，GRUB2 会自动进入命令模式。

（9）有更可靠的方法在磁盘上有多系统时发现文件和目标内核，可以用命令发现系统设备号或者 UUID。

（10）在 GRUB2 中的 stage1、stage1_5、stage2 已经被取消。

（11）引导配置文件采用新名字 grub.cfg 和新的语法，配置中加入许多新的命令。引导菜单启动项是从/boot 自动生成的，不是由 menu.lst 手工配置的。

（12）配置文件的不同更为明显：/boot/grub/grub.conf 已经被/boot/grub2/grub.cfg 代替。

① /boot/grub2/grub.cfg：即使是 root 用户，也不要去编辑它,该文件在每次执行 grub2-mkconfig 后自动生成。

② /etc/default/grub：改变引导菜单外观的主要配置文件。

③ /etc/grub.d/*：各种用于生成 grub.cfg 的脚本文件，每次执行 grub2_mkconfig 时，会执行里面的文件。

④ /etc/grub.d/4_Custom：用户自定义的配置文件模板。

注意：执行 grub2-mkconfig，是指执行命令 grub2-mkconng -o/boot/grub2/grub.cfg。

（13）执行 grub2-mkccnfig 之后会自动更新启动项列表，自动添加有效的操作系统项目。grub.cfg 是用 grub2-mkconfig 自动产生的，在执行 grub2-mkconfig 之前修改的配置都不会生效，这样可以很容易地应对内核升级这种情况。

（14）分区编号发生变化：第 1 个分区现在是 1 而不是 0，但第 1 个设备仍然以 0 开始计数，如 hd0。

（15）相关命令：grub2-install [option] <install_device>

例如，下面这条语句可以在设备 sda 上恢复 grub。

```
grub2-install  --root-directory=/mnt  /dev/sda
```

（16）设备的命名：grub2 同样以 fd 表示软盘 hd 表示硬盘（包含 IDE 和 SCSI 硬盘）。设备是从 0 开始编号，分区则是从 1 开始编号，主分区从 1～4 开始编号，逻辑分区从 5 开始编号。示例如下：

```
(fd0): 表示整个软盘
(hd0,1): 表示第 1 个硬盘的第 1 个分区
(hd0,5) /boot/vmlinuz: 表示的第 1 个硬盘的第 5 个逻辑分区中的 boot 目录中的 vmlinuz
文件
```

2. GRUB2 **配置文件**

GRUB2 的配置文件为/boot/grub2/grub.cfg（注意，GRUB2 关键字已经和 GRUB 不一样了，

比如：title 更改为 menuentry；insmod 可以加载所需要的模块；root 更改为 set root=；kernel 更改为 linux 等）。/boot/grub2/grub.cfg 基本内容如下：

```
# DO NOT EDIT THIS FILE
# It is automatically generated by grub2-mkconfig using templates
# from /etc/grub.d and settings from /etc/default/grub
#
### BEGIN /etc/grub.d/00_header ###
set pager=1
if [ -s $prefix/grubenv ]; then
  load_env     //加载变量，如果在grubenv保存变量，则启动时加载
fi
if [ "${next_entry}" ] ; then
   set default="${next_entry}"         //设置默认引导项，默认值为 0
   set next_entry=
   save_env next_entry
   set boot_once=true
else
   set default="${saved_entry}"        //设置默认引导项，默认值为 0
fi

if [ x"${feature_menuentry_id}" = xy ]; then
  menuentry_id_option="--id"
else
  menuentry_id_option=""
fi

export menuentry_id_option

if [ "${prev_saved_entry}" ]; then
  set saved_entry="${prev_saved_entry}"
  save_env saved_entry
  set prev_saved_entry=
  save_env prev_saved_entry
  set boot_once=true
fi

function savedefault {
  if [ -z "${boot_once}" ]; then
    saved_entry="${chosen}"
    save_env saved_entry
  fi
}
function load_video {
  if [ x$feature_all_video_module = xy ]; then
    insmod all_video
  else
    insmod efi_gop
    insmod efi_uga
    insmod ieee1275_fb
```

```
    insmod vbe
    insmod vga
    insmod video_bochs
    insmod video_cirrus
  fi
}
terminal_output console
if [ x$feature_timeout_style = xy ] ; then
  set timeout_style=menu
  set timeout=5                    //设置倒计时5秒
# Fallback normal timeout code in case the timeout_style feature is
# unavailable.
else
  set timeout=5
fi
terminal_output console
if [ x$feature_timeout_style = xy ] ; then
  set timeout_style=menu
  set timeout=5
# Fallback normal timeout code in case the timeout_style feature is
# unavailable.
else
  set timeout=5
fi
### END /etc/grub.d/00_header ###

### BEGIN /etc/grub.d/10_linux ###
#10_linux为系统自动添加的当前root分区Linux引导项
#每个菜单项要包括menuentry双引号""和大括号{}才完整，否则不显示菜单
menuentry 'Red Hat Enterprise Linux Server, with Linux 3.10.0-123.el7.
x86_64' --class red --class gnu-linux --class gnu --class os --unrestricted
$menuentry_id_option 'gnulinux-3.10.0-123.el7.x86_64-advanced-7db602b6-
d88a-4378-a0ca-7270ef9c78cd' {
        load_video
        set gfxpayload=keep
        insmod gzio
        insmod part_msdos
        insmod xfs
        set root='hd0,msdos1'
        if [ x$feature_platform_search_hint = xy ]; then
          search --no-floppy --fs-uuid --set=root --hint-bios=hd0,msdos1
--hint-efi=hd0,msdos1  --hint-baremetal=ahci0,msdos1  --hint='hd0,msdos1'
caf7bfa3-4e1f-4031-a5d4-3f8afca8cfd2
        else
          search --no-floppy --fs-uuid --set=root caf7bfa3-4e1f-4031-a5d4-3f8afca8cfd2
        fi
        linux16 /vmlinuz-3.10.0-123.el7.x86_64 root=UUID=7db602b6-d88a-
4378-a0ca-7270ef9c78cd ro rd.lvm.lv=rhel/root crashkernel=auto rd.lvm.lv=
rhel/swap vconsole.font=latarcyrheb-sun16 vconsole.keymap=us rhgb quiet
LANG=zh_CN.UTF-8
```

```
        initrd16 /initramfs-3.10.0-123.el7.x86_64.img
}
menuentry 'Red Hat Enterprise Linux Server, with Linux 0-rescue-
85b81c19886a425b97d7cf7085ae7971' --class red --class gnu-linux --class gnu
--class os --unrestricted $menuentry_id_option 'gnulinux-0-rescue-85b81c
19886a425b97d7cf7085ae7971-advanced-7db602b6-d88a-4378-a0ca-7270ef9c78cd' {
        load_video
        insmod gzio
        insmod part_msdos
        insmod xfs
        set root='hd0,msdos1'
        if [ x$feature_platform_search_hint = xy ]; then
          search --no-floppy --fs-uuid --set=root --hint-bios=hd0,msdos1
--hint-efi=hd0,msdos1  --hint-baremetal=ahci0,msdos1  --hint='hd0,msdos1'
caf7bfa3-4e1f-4031-a5d4-3f8afca8cfd2
        else
          search --no-floppy --fs-uuid --set=root caf7bfa3-4e1f-4031-a5d4-
3f8afca8cfd2
        fi
        linux16 /vmlinuz-0-rescue-85b81c19886a425b97d7cf7085ae7971 root=
UUID=7db602b6-d88a-4378-a0ca-7270ef9c78cd ro rd.lvm.lv=rhel/root crashkernel=
auto  rd.lvm.lv=rhel/swap vconsole.font=latarcyrheb-sun16 vconsole.keymap=us
rhgb quiet
        initrd16 /initramfs-0-rescue-85b81c19886a425b97d7cf7085ae7971.img
}

### END /etc/grub.d/10_linux ###

### BEGIN /etc/grub.d/20_linux_xen ###
### END /etc/grub.d/20_linux_xen ###

### BEGIN /etc/grub.d/20_ppc_terminfo ###
### END /etc/grub.d/20_ppc_terminfo ###

### BEGIN /etc/grub.d/30_os-prober ###
### END /etc/grub.d/30_os-prober ###

### BEGIN /etc/grub.d/40_custom ###
# This file provides an easy way to add custom menu entries.  Simply type the
# menu entries you want to add after this comment.  Be careful not to change
# the 'exec tail' line above.
### END /etc/grub.d/40_custom ###

### BEGIN /etc/grub.d/41_custom ###
if [ -f  ${config_directory}/custom.cfg ]; then
  source ${config_directory}/custom.cfg
elif [ -z "${config_directory}" -a -f  $prefix/custom.cfg ]; then
  source $prefix/custom.cfg;
fi
### END /etc/grub.d/41_custom ###
```

3. GRUB2 脚本修改

系统安装完成后，用户会发现/boot/grub2/grub,cfg 文件只有 root 权限可读，如需要直接修改 grub.cfg 文件，应先修改其权限。grub.cfg 修改之后，系统内核或 grub 升级时，会自动执行 grub2-mkconfig，grub.cfg 文件之前的配置会丢失。为了保证修改后的配置信息能一直保留，其实不用修改 grub.cfg，只要把个性化配置写入/etc/default/grub 和/etc/gurb.d 目录下的脚本文件，以后不管升级内核或者执行 grub2-mkconfig，都会按照要求创建个性化的 grub.cfg。

（1）/etc/default/grub 文件内容

/etc/default/grub 文件控制 grub2-mkconfig 的操作，grub 文件里面是以键值对存在的选项，如果值有空格或其他字符，需要用引号引起来。

```
# If you change this file, run 'update-grub' afterwards to update
# /boot/grub/grub.cfg.
#设置进入默认启动项的等候时间，默认为 10 s，按自己需要修改
GRUB_TIMEOUT=3
#设置默认启动项，按 menuentry 顺序。比如要默认从第 4 个菜单项启动，数字改为 3，若改为
saved，则默认为上次启动项
GRUB_DEFAULT=saved
#隐藏菜单，GRUB2 不再使用
GRUB_HIDDEN_TIMEOUT=0
#黑屏，并且不显示 GRUB_HIDDEN_TIMEOUT 过程中的倒计时
GRUB_HIDDEN_TIMEOUT_QUIET=true
#获得发行版名称
GRUB_DISTRIBUTOR='lsb_release -i -s 2> /dev/null || echo Debian'
#添加内核启动参数，这个为默认
GRUB_CMDLINE_LINUX_DEFAULT="quiet splash"
#手动添加内核启动参数，比如 acpi=off noapic 等可在这里添加
GRUB_CMDLINE_LINUX="noresume"
# Uncomment to disable graphical terminal (grub-pc only)
#设置是否使用图形界面。去除前面的#，仅使用控制台终端，不使用图形界面
# GRUB_TERMINAL=console
# The resolution used on graphical terminal
# note that you can use only modes which your graphic card supports via VBE
# you can see them in real GRUB with the command 'vbeinfo'
#设定图形界面分辨率，如不使用默认，把前面的#去掉，把分辨率改为 800×600 或 1024×768
# GRUB_GFXMODE=640x480
# Uncomment if you don't want GRUB to pass "root=UUID=xxx" parameter to Linux
#设置 grub 命令是否使用 UUID，去掉#，使用 root=/dev/sdax 而不用 root=UUDI=xxx
# GRUB_DISABLE_LINUX_UUID=true
# Uncomment to disable generation of recovery mode menu entrys
# 设定是否创建修复模式菜单项
# GRUB_DISABLE_LINUX_RECOVERY="true"
```

注意：GRUB_DEFAULT 将使用 grub2-set-default 和 grub2-reboot 命令来配置默认启动项。

首先在/etc/default/grub 中设置 GRUB_DEFAULT=saved，然后运行命令 grub2-mkconfig -o /boot/grub2/grub.cfg，最后接着执行下面的命令：

```
# grub2-set-default  0          //将会持续有效，直到下次修改
# grub2-reboot      0           //在下一次启动时生效
# grub2-editenv  list           //查看默认项
```

（2）/etc/grub.d 目录下的脚本

/etc/grub.d 目录下有 00_header、10_linux、20_linux_xen、20_ppc_terminfo、30_os-prober、40_custom、410_custom，这些脚本对应/boot/grub2/grub.cfg 的各个部分，不同的 Linux 发行版会有区别。

00_header：配置初始的显示项目，如默认选项、时间间隔等，由/etc/default/grub 导入，一般不需要配置。

10_linux：定位当前操作系统使用的 root 设备内核的位置。

30_os-prober：用来搜索 Linux 和其他系统，此脚本中的变量用来指定在/boot/gmb2/grub.cfg 和 grub2 菜单中的名称显示方式。

40_custom：用来加入用户自定义的菜单样板，将会在执行 grub2-mkconfig 时更新至 grub.cfg 中。

41_custom：判断 custom.cfg 配置文件是否存在，如果存在就加载它。

为了保证修改这些脚本文件后不会破坏 grub2-mkconfig 的运行，又能让生成的/boot/grub2/grub.cfg 符合自己的要求，可在脚本文件中找到如下内容：


```
cat<<EOF
     ******
     ******
     ******
EOF
```

EOF 中间的文本会直接写入 grub.cfg 中相应位置，所以个性化的语句应添加在这里。

（3）重新生成 grub.cfg

把各项脚本修改保存后，在终端执行命令 grub2-mkconfig -o/boot/grub2/grub.cfg，重新生成/boot/grub2/grub.cfg。

执行命令 vi /boot/grub2/grub.cfg，看看配置文件是否符合自己的要求，如果不符合，重新修改脚本文件，再执行命令 grub2-mkconfig -o/boot/grub2/grub.cfg。

（4）改变系统的排列顺序

在 /etc/grub.d 目录中的脚本文件的文件名都是以数字开头，这确定了在执行 grub2-mkconfig 时各文件内容被执行的顺序，只要把 30_os-prober 这个文件名的数字 30 改为 05～10 之间的数字即可，比如改为 06_os-prober，这样创建出来的 grub.cfg 内的菜单项，Windows 就会自动排序在 RHEL 之前。

4. GRUB2 删除多余引导项

GRUB2 中没有 menu.lst，并且不允许直接编辑/boot/grub2/grub.cfg。删除多余引导菜单项的方法：删除/boot 下的相关内核文件，以及与之相关的模块文件。

```
# cd  /boot
# rm  -rf  *3.11.10-301.fc20*
# cd  /lib/modules/
# rm  -rf  3.11.10-301.fc20
# grub2-mkconfig
```

5. GRUB2 命令行环境的常用命令

下面列出一些 GRUB2 命令行环境或脚本文件中常用的命令。

（1）help

help search：查看 search 命令详细用法。

（2）set

set root=(hd0,3)：设置变量值，需要调用变量 root 的值时，使用$(root)。

（3）default

定义默认引导的操作系统。0 表示第 1 个操作系统，1 表示第 2 个，依此类推。

（4）timeout

定义在指定时间内用户没有做选择，则自动引导 default 指定的操作系统。

（5）root

指定用于启动系统的分区。

（6）insmod 和 rmmod

insmod ntfs：加载某个模块。

rmmod ntfs：移除某个模块。

（7）drivemap

drivemap 兼容 grub 的 map，主要用于只能从第一硬盘（hd0）引导启动的系统，如 Windows。比如要添加第 2 硬盘第 1 分区上的 XP 系统，代码如下：

```
menuentry  "Windows XP"{
    set  root=(hd1,1)
    drivemap -s  (hd0)  ${root}
    chainloader +1
}
```

（8）ls

ls：列出当前的所有设备。

ls l：详细列出当前的所有设备。对于分区，会显示其 label 及 uuid。

ls /：列出当前设为 root 的分区下的文件。

ls (hd1,1)/ ：列出（hd1,1）分区根目录的文件。

（9）search

search –f /ntldr：列出根目录里包含 ntldr 文件的分区，返回分区号。

search –l data：搜索 label 是 data 的分区。

search –set –f /ntldr：搜索根目录包含 ntldr 文件的分区并设为 root。注意，如果多个分区都含有 ntldr 文件，set 会失去作用。

（10）loopback

loopback 命令可用于建立环回设备。

loopback lo0(hd0,8)/fd.iso：可以使用 lo0 设备访问 fd.iso 里的内容。比如，可以从 fd.iso 里的软盘映像中启动，代码如下：

```
Loopback  lo0  (hd0`8)/fd.iso
linux  (lo0)/memdisk
initrd  (lo0)/abc.img
```

loopback –d lo0：使用–d 参数可以删除某一环回设备。

（11）pager

分页显示内容。

set pager=1：显示满一页时暂停，按【Space】键继续。

set pager=0：取消分页显示。

（12）linux

用 linux 命令取代 grub 中的 kernel 命令。

（13）chainloader

调用另一个启动器。

chainloader(hd0,1)+1：调用第一个硬盘第一个分区引导扇区内的启动器，可以是 Windows 或 Linux 的启动器。

6. 应用实例：为 GRUB2 设置密码

在系统启动时，用户可以随意修改系统内核启动参数，这样就显得不安全了，因此为 GRUB2 设置密码，可以防止恶意用户非法修改内核参数来登录系统。

在 RHEL 7 终端中执行命令：

```
# grub2-mkpasswd-pbkdf2，然后输入密码，得到加密后的字符串，假如是“×××××”
```

然后向/etc/grub.d/00_header 末尾追加如下内容：

```
cat<<EOF
set  superusers="zs"
password_pbkdf2  zs   ×××××
EOF
```

接着，执行命令：

```
#grub2-mkconfig  -o  /boot/grub2/grub.cfg
```

重启计算机，再次登录到 GRUB2 菜单模式，此时如果按【e】键编辑菜单，则会要求输入正确的用户名（zs）和密码。

4.3.3 systemd

1. SysV init、Upstart init、systemd

SysV init 是最早的解决方案，依靠划分不同的运行级别，启动不同的服务集，服务依靠脚本控制，并且是顺序执行的。

SysV init 方案的优点：

（1）原理简单，易于理解。

（2）依靠 shell 脚本控制，编写服务脚本门槛比较低。

SysV init 方案的缺点：

（1）服务顺序启动，启动过程比较慢。

（2）不能做到根据需要来启动服务，比如通常希望插入 U 盘的时候，再启动 USB 控制的服务，这样可以更好地节省系统资源。

UpStart 是第一个被广泛应用的新一代 init 系统。Upstart 解决了之前提到的 sysvinit 的缺点。Upstart 的基本概念和设计清晰明确。UpStart 主要的概念是 job 和 event，采用事件驱动模型。UpStart 可以：

（1）更快地启动系统。

（2）当新硬件被发现时动态启动服务。

（3）硬件被拔除时动态停止服务。

这些特点使得 UpStart 可以很好地应用在桌面或者便携式系统中，处理这些系统中的动态硬件插拔特性。

Systemd 是 Linux 系统中最新的初始化系统（init），由 Lennart Poettering 带头开发并在 LGP L2.1 及后续版本许可证下开源发布。其开发目标是提供更优秀的框架以表示系统服务间的依赖关系，并依此实现系统初始化时服务的并行启动，同时达到降低 shell 的系统开销的效果，最终代替现在常用的 System V 与 BSD 风格 init 程序。

2. unit

systemd 开启和监督整个系统是基于 unit（单元）的概念。unit 是由一个与配置文件对应的名字和类型组成的（例如，avahi.service unit 有一个具有相同名字的配置文件，是守护进程 Avahi 的一个封装单元）。unit 有以下 7 种类型。

（1）service：守护进程的启动、停止、重启和重载，是此类 unit 中最为明显的几个类型。

（2）socke：此类 unit 封装系统和互联网中的一个 socket。当下 systemd 支持流式、数据报和连续包的 AF _INET、AF_INET6、AF_UNIX socket。也支持传统的 FIFOs 传输模式。每一个 socket unit 都有一个相应的服务 unit，相应的服务在第一个“连接”进入 sockect 或 FIFO 时就会启动，如 nscd.socket 在有新连接后便启动 nscd.service。

（3）device：此类 unit 封装一个存在于 Linux 设备树中的设备。每一个使用 udev 规则标记的设备都将会在 systemd 中作为一个设备 unit 出现。udev 的属性设置可以作配置设备 unit 依赖关系的配置源。

（4）mount：此类 unit 封装系统结构层次中的一个挂载点。

（5）automount：此类 unit 封装系统结构层次中的一个自挂载点。每一个自挂载 unit 对应一个已挂载的挂载 unit。

（6）target：此类 unit 为其他 unit 进行逻辑分组。它们本身实际上并不做什么，只是引用其他 unit 而已。这样便可以对 unit 做一个统一的控制（例如，multi-user.target 相当于在传统使用 SysV 的系统中运行级别 5；bluetooth.target 只有在蓝牙适配器可用的情况下才调用与蓝牙相关的服务，如 bluetooth 守护进程、obex 守护进程等）。

（7）snapshot：与 target unit 相似，本身不做什么，其唯一的目的就是引用其他 unit。

3. systemd 主要性能

（1）使用 socket 的前卫的并行性能。为了加速整个系统启动和并行启动更多的进程，systemd 在实际启动守护进程之前创建监听 socket，然后传递 socket 给守护进程。在系统初始化时，首先为所有守护进程创建 socket，然后再启动所有的守护进程。如果一个服务因为需要另一个服务的支持而没有完全启动，而这个连接可能正在提供服务的队列中排队，那么这个客户端进程在这次请求中就处于阻塞状态。不过只会有这一个客户端进程会被阻塞，而且仅是在这一次请求中被阻塞。服务间的依赖关系也不再需要通过配置来实现真正的并行启动，因为一次开启了所有的 socket，如果一个服务需要其他的服务，它显然可以连接到相应的 socket。

（2）D-Bus 激活策略启动服务。通过使用总线激活策略，服务可以在接入时马上启动。

同时总线激活策略使得系统可以用微小的消耗实现D-Bus服务的提供者与消费者的同步开启请求，即同时开启多个服务，如果一个比总线激活策略中其他服务快就在D-Bus中排队其请求，直到其他管理确定自己的服务信息为止。

（3）提供守护进程的按需启动策略。

（4）保留了使用 Linux cgroups 进程的追踪功能。一个执行了的进程获得它自己的一个cgroup，配置 sysytemd 使其可以存放在 cgroup 中已经经过外部配置的服务非常简单。

（5）支持快照和系统状态恢复。快照可以用来保存/恢复系统初始化时所有的服务和 unit 的状态。它有两种主要的使用情况：一是允许用户暂时进入一个像 Emergency Shell 的特殊状态，终止当前的服务；二是提供一个回到先前状态的简单方法，重新启动先前暂时终止的服务。

（6）维护挂载和自挂载点。systemd 监视所有的挂载点的进出情况，也可以用来挂载或卸载挂载点。/etc/fstab 也可以作为这些挂载点的一个附加配置源。通过使用 comment=fstab 选项甚至可以标记/etc/fstab 条目使其成为由 systemd 控制的自挂载点。

（7）实现了各服务间基于依赖关系的一个精细的逻辑控制。systemd 支持服务或 unit 间的多种依赖关系。在 unit 配置文件中使用 After/Before、Requires 和 Wants 选项可以固定 unit 激活的顺序。Requires 和 Wants 表示一个正向的需求和依赖关系，Conflicts 表示一个负向的需求和依赖关系。其他选项较少用到。如果一个 unit 需要启动或关闭，systemd 就把它们之间的依赖关系添加到临时执行列表，然后确认它们的相互关系是否一致或所有 unit 的先后顺序是否含有循环。如果答案是否定的，systemd 将尝试修复它，删除可以消除循环的无用工作。

4. sysytemd 工具

（1）systemctl 命令：用作内省和控制 systemd 系统和服务管理器的状态。

（2）systemd-cgls 命令：以树形递归显示选中的 Linux 控制组结构层次。

（3）systemadm 命令：一个 systemd 系统和服务管理器的图形化前端，是 systemd-gtk 软件包的一部分。

（4）journalctl 命令：查询系统的日志。

4.3.4 监视和控制 systemd 的命令

监视和控制 systemd，systemctl 是最主要的工具。它融 service 和 chkconfig 的功能于一体。可以使用它永久性或只在当前会话中启用/禁用服务。如要列出正在运行的服务或其他信息，可以使用如下命令：

```
# systemctl
```

常用服务信息关键词解释：

```
Loaded      服务已经被加载，显示单元文件绝对路径，标志单元文件可用
Active      服务已经被运行，并且有启动时间信息
Main PID    与进程名字一致的 PID，主进程 PID
Status      服务的附件信息
Process     相关进程的附件信息
CGroup      进程的 CGroup 信息
```

使用 systemctl 命令的时候，服务名字的扩展名可以写全，例如：

```
# systemctl stop bluuetooth.service
```

也可以忽略，例如：

```
# systemctl stop Bluetooth
```

1. 常用的 systemctl 命令

（1）启动服务：

```
# systemctl start name.service
```

（2）关闭服务：

```
# systemctl stop name.service
```

（3）重启服务：

```
# systemctl restart name.service
```

（4）仅当服务运行的时候，重启服务：

```
# systemctl try-restart name.service
```

（5）重新加载服务配置：

```
#systemctl relaod name.service
```

（6）检查服务运作状态：

```
# systemctl status name.service
```

或者

```
# systemctl is-active\ name.service
```

（7）展示所有服务状态详细信息：

```
# systemctl list-units--type service -all
```

（8）允许服务开机启动：

```
# systemctl enable name.service
```

（9）禁止服务开机启动：

```
# systemclt disable name.service
```

（10）检查服务开机启动状态：

```
# systemctl status name.service
```

或者

```
# systemctl is-enabled name.service
```

（11）列出所有服务并且检查是否开机启动：

```
# systemctl list-unit-files  --type service
```

（12）列出所有已安装的服务：

```
# systemctl list-unit-files
```

或者：

```
# systemctl list-unit-files  --type service
```

（13）只列出处于激活状态的服务的详细信息：

```
# systemctl list-units --type service
```

（14）查看所有的服务的详细信息，使用--all 或-a 参数：

```
# systemctl list-units --type service --all
```

（15）查看所有运行失败的服务：

```
# systemctl  --failed
```

所有可用的单元文件存放在/usr/lib/systemd/system/和/etc/systemd/system/目录下，后者优先级更高。

2. **使用 systemctl 进行电源管理**

安装 polkit 后才可使用电源管理。如果正登录在一个本地的 system-logind 用户会话，且当前没有其他活动的会话，那么以下命令无须 root 权限即可执行。否则（例如，当前有另一个用户登录在某个 tty）systemd 将会自动请求输入 root 密码。

（1）重新启动：

```
$ systemctl  reboot
```

（2）退出系统并停止电源：

```
$ systemctl  poweroff
```

（3）待机：

```
$ systemctl  suspend
```

（4）休眠：

```
$ systemctl  hibernate
```

（5）混合休眠模式（同时休眠到硬盘并待机）：

```
$ systemctl  hybrid-sleep
```

3. **救援模式与紧急模式**

使用 systemctl rescue 进入救援模式。

```
# systtmctl emergency
```

在救援模式，执行如下命令可以返回桌面系统：

```
# systtmctl default
```

如果连救援模式都进入不了，可以使用如下命令进入紧急模式：

```
# systtmctl emergency
```

紧急模式进入最小的系统环境，以便于修复系统。紧急模式根目录以只读方式挂载，不激活网络，只启动很少的服务。进入紧急模式需要 root 密码。

4. **预读功能**

systemd 有内置的预读功能（默认升级时未启用），它可以提高开机速度，但具体提高幅度视个人硬件而定。要使用它，需使用如下命令：

```
# systtmctl  enable  systemd-readahead-collect.service
# systtmctl  enable  systemd-readahead-replay.service
```

4.3.5　改变目标（运行级别）

运行级别（runlevel）是一个旧的概念。systemd 引入了一个和运行级别功能类似但不同的概念——目标（target）。与数字表示的运行级别不同，每个目标都有名字和独特的功能，并且能同时启用多个。一些目标继承其他目标的服务，并启动新服务。

1. 运行级别与目标

RHEL 7 预定义了一些 target 和之前的运行级别或多或少有些不同。为了兼容，systemd 也提供一些 target 映射为 SysV init 的运行级别，具体的对应信息如下：

0runlevel0.target ->poweroff.target 关闭系统。

1runlevel1.target ->rescue.target 进入救援模式。

2runlevel2.target ->multi-user.target 进入非图形界面的多用户方式。

3runlevel3.target ->multi-user.target 进入非图形界面的多用户方式。

4runlevel4.target ->multi-user.target 进入非图形界面的多用户方式。

5runlevel5.target ->graphical.target 进入图形界面的多用户方式。

6runlevel6.target ->reboot.target 重启系统。

注意：runlevel 还是可以使用，但是 systemd 不使用/etc/inittab 文件，修改/etc/inittab 文件不会更改默认运行级别，所以严格来说不再有运行级别了。所谓默认的运行级别指的就是/etc/systemd/system/default.target 文件，而查看这个文件会发现它是一个软链接：

```
# ll /etc/systemd/system/default.target
lrwxrwxrwx. 1 root root 36 12月 29 2014 /etc/systemd/system/default.target
-> /lib/systemd/system/graphical.target
```

所以，在修改默认运行级别的时候，不能再使用修改/etc/inittab 文件的方法了，而是要使用创建软链接的方法。/lib/systemd/system/目录下的运行级别目标内容如下：

```
# ll /lib/systemd/system/runlevel*.target
lrwxrwxrwx. 1 root root 15 12 月 29 2014 /lib/systemd/system/runlevel0.
target -> poweroff.target
lrwxrwxrwx. 1 root root 13 12 月 29 2014 /lib/systemd/system/runlevel1.
target -> rescue.target
lrwxrwxrwx. 1 root root 17 12 月 29 2014 /lib/systemd/system/runlevel2.
target -> multi-user.target
lrwxrwxrwx. 1 root root 17 12 月 29 2014 /lib/systemd/system/runlevel3.
target -> multi-user.target
lrwxrwxrwx. 1 root root 17 12 月 29 2014 /lib/systemd/system/runlevel4.
target -> multi-user.target
lrwxrwxrwx. 1 root root 16 12 月 29 2014 /lib/systemd/system/runlevel5.
target -> graphical.target
lrwxrwxrwx. 1 root root 13 12 月 29 2014 /lib/systemd/system/runlevel6.target
-> reboot.target
```

虽然还可以看到 runlevel5 这样的字样，但实际上是指向 graphical.target 的一个软链接。

2. 查看当前目标

使用 systemctl 命令可以获取当前目标。

```
# systemctl  list-units  --type=target
UNIT              LOAD   ACTIVE SUB    DESCRIPTION
basic.target        loaded   active    active   Basic System
bluetooth.target    loaded   active    active   Bluetooth
```

```
cryptsetup.target   loaded   active   active   Encrypted Volumes
getty.target        loaded   active   active   Login Prompts
graphical.target    loaded   active   active   Graphical Interface
local-fs-pre.target loaded   active   active   Local File Systems (Pre)
local-fs.target     loaded   active   active   Local File Systems
multi-user.target   loaded   active   active   Multi-User System
network.target      loaded   active   active   Network
nfs.target          loaded   active   active   Network File System Server
nss-lookup.target   loaded   active active   Host and Network Name Lookups
paths.target        loaded   active   active   Paths
remote-fs.target    loaded   active   active   Remote File Systems
slices.target       loaded   active   active   Slices
sockets.target      loaded   active   active   Sockets
sound.target        loaded   active   active   Sound Card
swap.target         loaded   active   active   Swap
sysinit.target      loaded   active   active   System Initialization
timers.target       loaded   active   active   Timers
LOAD   = Reflects whether the unit definition was properly loaded.
ACTIVE = The high-level unit activation state, i.e. generalization of SUB.
SUB    = The low-level unit activation state, values depend on unit type.

19 loaded units listed. Pass --all to see loaded but inactive units, too.
To show all installed unit files use 'systemctl list-unit-files'.
```

查看运行级别：

```
# runlevel
N 5
```

3. 创建新目标

在 RHEL 7 中，运行级别 0、1、3、5、6 都被赋予特定用途，并且都对应一个 systemd 的目标。但是，运行级别 2、4 为用户自定义级别，默认为运行级别 3。如果要实现自定义功能，可以在原有的运行级别的基础上，创建一个新的目标/ctc/systtemd/system/<新目标>（可以参考/usr/lib/systemd/system/graphical.target），创建/etc/systemd/system/<新目标>.wants 目录，向其中加入额外服务的链接，即指向/usr/lib/systemd/systcm/中的单元文件。

4. 使用命令切换运行级别

可以执行 systemctl 命令切换运行级别/目标。

（1）切换至运行级别 3，该命令对下次启动无影响，等价于 telinit 3（或 init 3）：

```
# systemctl isolate multi-user.target
```

或

```
# systemctl isolate runlevel3.target
```

（2）切换至运行级别 5，该命令对下次启动无影响，等价于 telinit 5（或 init 5）

```
# systemctl isolate graphical.target
```

或

```
# systemctl isolate runlevel5.target
```

5. **修改默认模式**

可以执行下面命令，设置启动时默认进入字符模式或图形模式。

（1）字符模式

```
# ln -sf /lib/systemd/system/multi-user.target /etc/systemd/system/default.target
```

（2）图形模式

```
# ln -sf /lib/systemd/system/graphical.target /etc/systemd/system/default.target
```

开机启动进的目标是 default.target，默认链接到 graphica1.target（大致相当于原来的运行级别 5）。可以通过内核参数更改默认运行级别。

也可以执行 systemctl 命令，设置启动时默认进入字符模式或图形模式。

（1）字符模式

```
# systemctl enable mu1ti-user.target
```

（2）图形模式

```
# systemctl enable graphical.target
```

命令执行情况由 systemcd 显示：链接/etc/systemd/system/default.target 被创建，指向新的默认运行级别。该方法当且仅当目标配置文件中有以下内容时有效：

```
[install]
alias=default.target
```

默认情况下/lib/systemd/system/mu1ti-user.target 和/lib/systemd/system/graphical.target 都包含这段内容。

4.3.6 自定义开机脚本

Linux 系统允许安装其他的软件来提供服务，如果自装的服务需要在开机时启动，可以由/etc/rc.d/rc.loca1 文件来实现。只要把想启动的脚本写到该文件中，开机就能启动了。

注意：写在/etc/rc.d/rc.local 文件里面的脚本要使用绝对路径。

系统默认已经生成/lib/system/system/rc-local.scrvice 文件，文件内容如下：

```
# This file is part of systemd.#
# systemd is free software; you can redistribute it and/or modify it
# under the terms of the GNU Lesser General Public License as published by
# the Free Software Foundation; either version 2.1 of the License, or
# (at your option) any later version.
# This unit gets pulled automatically into multi-user.target by
# systemd-rc-local-generator if /etc/rc.d/rc.local is executable.
[Unit]
Description=/etc/rc.d/rc.local Compatibility
ConditionFileIsExecutable=/etc/rc.d/rc.local
After=network.target
[Service]
Type=forking
ExecStart=/etc/rc.d/rc.local start
TimeoutSec=0
```

```
RemainAfterExit=yes
SysVStartPriority=99
```

用户希望在系统启动时自动启动一些脚本或命令，可以修改/etc/rc.d/rc.local 文件，然后给该文件添加执行权限：

```
# chmod  a+x  /etc/rc.d/rc.local
```

接着启用脚本：

```
# systemctl  enable  rc-local.service  &&  reboot
```

4.3.7 日志

systemd 提供了自己的日志系统 journal。使用 systemd 日志无须额外安装日志服务（syslog）。读取日志的命令如下：

```
# journalctl
```

默认情况下，即当 Storage=在文件/etc/systemd/journald.conf 中被设置为 auto 时，日志记录将被写入/var/log/journal/。该目录是 systemd 软件包的一部分。若被删除，systemd 不会自动创建它，直到下次升级软件包时重建该目录。如果该目录缺失，systemd 会将日志记录写入/run/system/journal。这意味着，系统重启后日志将丢失。

示例 1：显示本次启动后的所有日志，可以用如下命令：

```
# journalctl -b
```

示例 2：动态跟踪最新信息，可以用如下命令：

```
# journalctl -f
```

示例 3：显示指定程序/usr/lib/systemd/system 的所有信息，可以用如下命令：

```
# journalctl  /usr/lib/systemd/systemd
```

示例 4：显示指定进程 PID=1 的所有信息，可以用如下命令：

```
# journalctl  _PID=1
```

示例 5：显示指定单元 netcfg 的所有信息，可以用如下命令：

```
# journalctl  -u  netcfg
```

如果按上面的操作保留日志，默认日志最大限制为所在文件系统容量的 10%。如果/var/log/journal 存储在 50 GB 的根分区中，那么日志最多存储 5 GB 数据。可以通过修改/etc/system/journal.conf 中的 SystemMaxUse 来指定该最大限制。如限制日志最大 50 MB：

```
SystemMaxUse=50M
```

4.4 任务实施

步骤 1：获取 GRUB2 所要设密码加密后的密文，操作如下：

```
[root@Localhost ~]# grub2-mkpasswd-pbkdf2
输入口令:                         //在这里输入 GRUB2 的密码
Reenter password:                 //在这里再次输入刚才输入的 GRUB2 密码
PBKDF2 hash of your password is
grub.pbkdf2.sha512.10000.80BA6649249262FACB006725EF587F2A5C8E40314CF704879
```

```
5F242913FA42E65CF1FCC60D1B6459173F597A70135C8E64320759BFFC322893475A9B14E1
74C67.D2861990D53761C3029191274D5E532DCE748D457F7870ABF15A71086A7B66878C3A
62998E44190C6DCDE9D8043BCF0298BA2C04813576B246D8E70F51B23F67
```

注意：因为生成的密文没有规律，而且很长，所以可以借助重定向把上面命令的内容保存到临时文件里，操作命令为：

```
[root@Localhost ~]# grub2-mkpasswd-pbkdf2 > grubpbkdf2
```

步骤 2：编辑/etc/grub.d/00_header 文件，操作如下：

```
[root@Localhost ~]# vi /etc/grub.d/00_header
```

在文件的末尾添加如下内容：

```
cat<<EOF
set superusers="zs"
grub.pbkdf2.sha512.10000.80BA6649249262FACB006725EF587F2A5C8E40314CF704
8795F242913FA42E65CF1FCC60D1B6459173F597A70135C8E64320759BFFC322893475A9B1
4E174C67.D2861990D53761C3029191274D5E532DCE748D457F7870ABF15A71086A7B66878
C3A62998E44190C6DCDE9D8043BCF0298BA2C04813576B246D8E70F51B23F67
EOF
```

注意：其中的 superusers="zs"是设置的 GRUB2 用户名，password_pbkdf2 zs 后面跟的就是步骤 1 生成的 grub2 密码的密文。如果完全手工输入，会有困难，可以通过 vi 编辑器的附加文件功能，将步骤 1 生成的文件 grubpbkdf2 追加到/etc/grub.d/00_header 文件后，进行更新操作会更简单。

步骤 3：重新生成 GRUB2 的配置文件/boot/grub2//grub.cfg，操作如下：

```
[root@localhost ~]# grub2-mkconfig -o /boot/grub2/grub.cfg
Generating grub configuration file ...
Found linux image: /boot/vmlinuz-3.10.0-123.el7.x86_64
Found initrd image: /boot/initramfs-3.10.0-123.el7.x86_64.img
Found linux image: /boot/vmlinuz-0-rescue-85b81c19886a425b97d7cf7085ae7971
Found initrd image: /boot/initramfs-0-rescue-85b81c19886a425b97d7cf7085ae7971.img
done
```

步骤 4：重启 Linux 操作系统，操作如下：

```
[root@Localhost ~]# reboot
```

步骤 5：开机登录到 GRUB2 菜单模式，输入字母“e”编辑菜单，此时会要求输入正确的用户名（zs）和密码。

步骤 6：更改开机的默认运行级别为多用户模式，将多用户命令模式目标设置为默认目录，操作如下：

```
[root@Localhost ~]# ln -sf /lib/systemd/system/multi-user.target
/etc/systemd/system/default.target
```

步骤 7：重启计算机，将直接进入多用户命令模式，如图 4-1 所示。

```
Red Hat Enterprise Linux Server 7.0 (Maipo)
Kernel 3.10.0-123.el7.x86_64 on an x86_64

MyLinux login: root
Password:
```

图 4-1　多用户命令模式

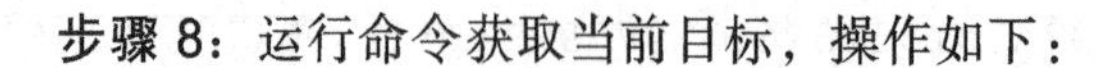

步骤 8：运行命令获取当前目标，操作如下：

```
[root@Localhost ~]# systemctl  list-units  --type=target
```

结果如图 4-2 所示。

```
[root@MyLinux ~]# systemctl list-units  --type=target
UNIT                   LOAD   ACTIVE SUB    DESCRIPTION
basic.target           loaded active active Basic System
bluetooth.target       loaded active active Bluetooth
cryptsetup.target      loaded active active Encrypted Volumes
getty.target           loaded active active Login Prompts
local-fs-pre.target    loaded active active Local File Systems (Pre)
local-fs.target        loaded active active Local File Systems
multi-user.target      loaded active active Multi-User System
network.target         loaded active active Network
nfs.target             loaded active active Network File System Server
nss-lookup.target      loaded active active Host and Network Name Lookups
paths.target           loaded active active Paths
remote-fs.target       loaded active active Remote File Systems
slices.target          loaded active active Slices
sockets.target         loaded active active Sockets
sound.target           loaded active active Sound Card
swap.target            loaded active active Swap
sysinit.target         loaded active active System Initialization
timers.target          loaded active active Timers

LOAD   = Reflects whether the unit definition was properly loaded.
ACTIVE = The high-level unit activation state, i.e. generalization of SUB
SUB    = The low-level unit activation state, values depend on unit type.

18 loaded units listed. Pass --all to see loaded but inactive units, too.
To show all installed unit files use 'systemctl list-unit-files'.
[root@MyLinux ~]#
```

图 4-2　当前目标

阅读与思考：网络管理技术的亮点与发展

网络技术的深层次发展使得整个网络的结构变得复杂，网络的不断升级改造又让不同时代、不同厂商、不同档次、不同性能的设备同场竞技，网络的维护和管理由此变得复杂起来。今天，在包含有数以十计、数以百计服务器的大型企业网络内，不仅 UNIX、Linux 和 Windows Server 等多种服务器平台共存，而且需要部署 Oracle、Sybase、SQL Server 等多种类型的数据库及应用。这类网络在部署新型应用时，需要在每台服务器或 PC 上进行软件分发和安装，网络日常维护与管理的工作量和难度非常大。网络管理人员迫切需要实现快速，轻松的网络管理。

以智能化为引擎

网络管理软件一个发展方向是进一步实现智能化，从而大幅度降低网管人员的工作压力，提高工作效率，真正体现网管软件的作用。智能化的网管软件应该能够自动获得网络中各种设备的技术参数，进而智能分析、诊断，以至预警。

很多传统的网络管理软件的处理方式是在网络故障或事故发生后，才能被网管人员发现，然后才是去寻找解决方案，这显然使处理滞后且效率降低。虽然各种网络设备都有一些相应的流量统计或日志记录功能，但都必须是由操作者去索要，而且所提供的内容也都是非常底层、非常技术型的数据包文或协议列表，要求有一定程度技术背景人员才能看明白，没有智能地提前报警的能力，因此对于网络故障或事故的控制也难以达到及时和准确。目前，对网管系统的需求最为强烈的用户一般都是网络规模比较大或者核心业务建立在网络上的企业，一旦网络出现故障，对他们的影响和损失是非常大的。所以，网管系统如果仅仅达到"出现问题后及时发现并通知网管员"的程度是远远不够的，智能化的网络管理系统具有强大的预故障处理功能，并且能够自动进行故障恢复，尽一切可能把故障发生的可能性降到最低。

靠自动化拉动系统

自动化的网络管理，能大幅度地减少网络管理人员的工作量，让他们从繁杂的事物性工作中解脱出来，有时间和精力来思考和实施网络的性能提速等疑难问题。而从网管软件的发展历史来看，也显现出这个趋势。网管软件在发展中，依据其配置设备的方式不同大致可以分为三代。

第一代网管，就是最常用的命令行（CLI）方式，它不仅要求使用者精通网络的原理及概念，还要求用户了解不同厂商的不同网络设备的配置方法。当然，这种方式可以带来很大的灵活性，因此深受一些资深网络工程师的喜爱，但对于一般用户而言，这并不是一种最好的方式。至少配置起来很不"轻松"。

第二代网管有着很好的图形化界面，对于此类网管软件，用户无须过多了解不同设备间的不同配置方法，就能图形化地对多台设备同时进行配置，这大大缩短了工作时间，但依然要求用户精通网络原理。换句话说，在这种方式中，仍然存在由于人为因素造成网络设备功能使用不全面或不正确的问题。

第三代网管对用户而言，是一种真正的"自动配置"的网管软件，网管软件管理的已不是一个具体的配置，而仅仅是一个关系。对网管人员来说，只要把人员情况、机器情况，以及人员与网络资源之间的分配关系告诉网管软件，网管软件能自动地建立图形化的人员与网络的配置关系，不论用户在何处，只要他一登录，便能立刻识别用户身份，而且还可以自动接入用户所需的企业重要资源（如电子邮件、Web、电视会议、ERP 以及 CRM 应用等）；而且该网络还可以为那些对企业来说至关重要的应用分配优先权，同时，整个企业的网络安全可得以保证。

在大型网络中心内，系统的异构化增加了网络管理的复杂性。而且，在分支机构遍布的大型企业中，受到时空限制使得实时网络设备操作很难实现。而且，现场作业势必造成巨大的人员、资源浪费，系统恢复时耗较长。另外，每个企业的专家资源有限，每当设备出现故障均选派专家亲赴现场维护网络，这对企业来说很不现实。因此，如何维护大型机构中分布于各地的网络设备，这是企业面临的网络管理难点所在，由此可见，加强网络管理系统的易用性迫在眉睫。

集中式远程管理是以加强网络管理系统的易用性为根本出发点，企业可以通过一个统一平台掌控远隔千里的网络设备、服务器甚至 PC，达到简化网络管理的目的。在大型网络应用环境下，所有服务器和网络设备都可达到网络运行中心，将设备维护及故障排除集中于网络操作中心平台上，简化运维、提高效率。在跨地区多中心的网络应用环境下，通过相对集中的控制、处理系统可实现关键设备的异地远程管理，尽可能压缩现场作业，降低设备运维成本。另一方面，对企业来说，集中化的操控平台能够实现在线调集不同地区专家资源，谋策解决设备处理问题，达到增加设备可持续运营时间的最终效果。而且还能够带来物理安全性的提高，避免了网管人员来回奔波的传统作业模式，大大增强了网络管理系统的易用性。

"Z"字头网管系统

快捷的网络管理系统降低了网管的门槛，使得网络内各种不同的设备都统归到一个系统平台上体现监控，并以直观简单的方式呈现给用户，使操作快捷明了。而且还在节约人力及各项资源成本的前提下，保证网络的通畅使用。这类网管系统的整体界面通过一个非常直观的物理拓扑图表现，并用普通大众非常容易接受的多种颜色表示设备的不同状态或不同故障等级的描述，还可以对收集到的各种数据流量进行分析，并寻找发生异常的源头机器，一旦颜色显示非正常，有可能导致网络故障，网管人员就可以根据分析所得，去源头机器那里查找具体的原因。在直观的多颜色状态显示下，经过事前的统一监控，并对监控结果检测分析，最终确认引发异常的源头。看起来就像一条工序的流水线作业，非常流畅和快捷，而且协调有秩序，当网管人员从容自如地查看监控界面时，无论是接受综合管理平台得出的异常状态显示还是最终的源头排障，都让网络在不知不觉中提升了整体运行维护的效率和效果。

当乱不乱的安全管理

随着网络安全在网络中重要性地不断提升，安全管理被提到了议事日程上。今后一个重要的趋势是，安全管理与传统的网络管理逐渐融合。网络安全管理指保障合法用户对资源安全访问，防止并杜绝黑客蓄意攻击和破坏。它包括授权设施、访问控制、加密及密钥管理、认证和安全日志记录等功能。传统的网管产品更关注对设备、对系统、对各种数据的管理，管理系统是不是在工作，网络设备中的通信、通信量、路由等等是不是正确，数据库是不是占用了合理的资源等；但没有关注人们的行为，上网行为是否合法，哪些是正常或异常的行为，安全管理中就增加了这些内容。

轻松网管的工作内容

（1）网络系统管理。网管系统主要是针对网络设备进行监测、配置和故障诊断。主要功能有自动拓扑发现、远程配置、性能参数监测、故障诊断。目前网管系统解决的问题各不相同，一个企业很可能会购买多种网管系统，这样导致一个企业内部网中也会有多套网管系统共存，如果没有开放接口，管理人员就不得不通过不同的操作台管理不同系统。未来的趋势是逐步走向统一，在一个开放的标准下实现各种设备的统一管理。

（2）应用性能管理。这是一个新的网络管理方向，主要指对企业的关键业务应用进行监测、优化，提高企业应用的可靠性和质量，保证用户得到良好的服务。监测企业关键应用性能，快速定位应用系统性能故障，优化系统性能，精确分析系统各个组件占用系统资源情况，中间件、数据库执行效率，根据应用系统性能要求提出专家建议，保证应用在整个寿命周期内使用的系统资源要求最少。

（3）桌面管理。实际上是指对桌面计算机等设备的管理，包括支持和维护公司的桌面计算机设备和应用软件，它的一个基石就是对用户、软件和桌面计算机的支持。桌面管理也包括对旅行中的行政人员所使用的间断连接设备的支持，它正在变得明显和重要。

目前桌面管理主要关注在资产管理、软件派送和远程控制。桌面管理系统通过以上功能，一方面减少了网管员的劳动强度，另一方面增加了系统维护的准确性、及时性。

（4）安全管理。指保障合法用户对资源的安全访问，防止并杜绝黑客蓄意攻击和破坏。它包括授权设施、访问控制、加密及密钥管理、认证和安全日志记录等功能。今后一个重要的趋势是，安全管理与传统的网络管理逐渐融合。

（5）Web管理。Web技术具有灵活、方便的特点，适合人们浏览网页、获取信息的习惯。

基于 Web 的网络管理模式的实现有代理式和嵌入式两种方式。

大型企业通过代理来进行网络监视与管理，而且代理方案也能充分管理大型机构的纯 SNMP 设备；内嵌 Web 服务器的方式对于小型办公室网络则是理想的管理。

网管软件的发展

网管软件的一个奋斗目标就是进一步实现高度智能，大幅度降低网络运维人员的工作压力，提高他们的工作效率，真正体现运维管理工具的作用。现在的网管软件虽然在一定程度上达到了自动化、智能化，但是从应用的灵活性、简便性、人性化等各个方面来讲，在很大程度上都还有进一步提升的空间，这些也正是各网管厂商进一步努力的方向。

现在各企业的网络管理软件比较混乱，有专门的服务器网管软件，也有不同的网络设备厂商提供的设备管理系统，还有加强对应用系统管理的软件。随着应用的增添和网络布局的变化等，网管软件必须可灵活定制和快速开发。个性化管理指管理形式的多样性，包括界面的灵活定制、模块的灵活选择、监测对象和管理对象形式的多样性等。个性化既和用户所在行业的特殊应用有关，也和用户的使用习惯、管理方式等有关系。

不少网络网络管理人员都经历了早期用手工配置和查看的管理手段就可以应付网络管理的初级阶段，逐渐过渡到用一些小工具来管理和维护网络，然后再升级发展到用专用网管软件来管理网络的高级阶段。网管软件的种类纷繁众多，既有著名的 IBM Tivoli、HP OpenView、CA Unicenter 等网管平台软件，也有 CiscoWorks、HammerView、QuidView、LinkManager 等设备厂商提供的网管软件，更有其他一些小厂商的针对个别功能的网管软件以及免费软件。随着网络基础设施建设的日趋加快和完善，网管软件的发展历经了面向简单设备维护、网络环境管理和企业经营管理等 3 个阶段。同时，智能化、自动化、易用化、快捷性、协同性、扩展性、安全性，也成为网管软件的发展趋势关键词。

有了网管软件的帮助，网管人员终于可以告别了整日埋头在设备和线缆中查故障的苦日子，开始“轻松网管，快意网络”的幸福时光。

资料来源：巧巧读书（http://www.qqread.com），此处有删改。

作业

1. 下列哪一项控制了引导顺序的第一部分？（　　）

   A. BIOS　　B. Linux 内核　　C. /sbin/init　　D. 引导程序

2. RHEL 7 内核启动的第一个进程是什么？（　　）

   A. /sbin/init　　B. BIOS　　C. systemd　　D. /sbin/login

3. GRUB/GRUB2 的命令行模式的命令提示符是（　　）。

   A. C:\>　　B. #　　C. $　　D. grub>

4. GRUB2 的菜单定义在（　　）文件中。

   A. lilo.conf　　B. vsftpd.conf　　C. httpd.conf　　D. grub.cfg

5. Systemctl enable httpd.service 命令的作用是（　　）。

   A. 启动 httpd 服务　　B. 开机时自动激活 httpd 服务

   C. 禁用 httpd 服务　　D. 立即激活 httpd 服务

6. 若要重新启动 Linux 操作系统，以下操作命令中，不正确的是（　　）。

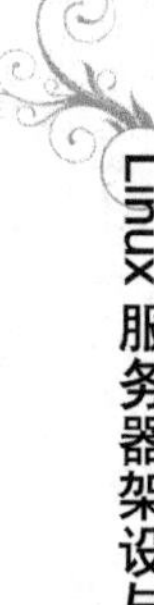

A. Reboot　　B. restart　　C. init 6　　D. shutdown –r now

7. GRUB2 是什么？作用是什么？
8. 简述 Linux 系统启动的过程。
9. 监视和控制 systemd 的命令是什么？
10. 什么是 systemd？有哪些特性？
11. 给 grub 加上密码。
12. 实现将默认的启动级别从 5 改为 3。

第5章 系统监视与进程管理

进程是 Linux 系统中一个非常重要的概念，需要掌握如何控制这些进程，包括查看、启动、关闭设置优先级等。同时作为一个系统管理员，也应该时时关心系统的性能，关注用户的行为，了解系统的资源，做好系统的监视和管理。

5.1 企业需求

公司 RHEL 7 服务器上运行了 Web、DNS、FTP 等服务器软件，还有一些公司的应用程序，因此特别需要关注服务器的性能和安全性，需要知道用户的行为、监控系统、管理进程、调度作业、性能监管并根据需要进行优先级的调整。

5.2 任务分析

作为公司的系统管理员，应时刻关注系统性能、用户行为，了解系统的资源，做好系统的监视与管理，具体任务如下：

（1）查看用户信息和用户行为，动态观察进程的变化。

（2）进行作业的管理，包括作业的后台管理、脱机管理。

（3）进行进程管理，包括查看进程、进程优先级管理。

（4）查看管理系统资源。

5.3 知识背景

5.3.1 用户查看

/var/run/utmp 文件中保存的是当前正在本系统中的用户的信息。

/var/log/wtmp 文件中保存的是登录过本系统的用户的信息。

/var/run/utmp 和/var/log/wtmp 文件是二进制文件，用户不能通过 cat 或 tail 等命令查看，需要使用 who、w、users、last、lastlog 和 ac 等命令来查看这两个文件的信息。

1. who 命令

who 命令可以得知目前有哪些用户登录系统，单独执行 who 命令会列出登录账户、使用终端、登录时间和从哪里登录等信息，其命令用法为：

```
# who  [option]
```

常用参数选项：

```
-a    显示所有用户的所有信息
-m    显示运行该程序的用户名，和"who am I"的作用一样
-q    只显示登录的用户账户和用户数量，该选项优先级高于其他任何选项
-u    在登录用户后面显示该用户最后一次对系统进行操作距今的时间
-H    显示列标题
-r    列出系统出初始化进程的当前运行级别
-b    显示系统上一次重新启动的时间和日期
```

示例 1：只显示当前终端的相关信息，操作命令为：

```
[root@localhost ~]# who  -m
```

示例 2：对当前系统登录的用户进行统计，操作命令为：

```
[root@localhost ~]# who  -q
```

2. w 命令

w 命令也用于显示登录到系统的用户情况，但是与 who 不同的是，w 命令功能更加强大，它不但可以显示有谁登录到系统，还可以显示出这些用户当前正在进行的工作。w 命令用法为：

```
# w  [option]   [user]
```

常用参数选项：

```
-h       不显示标题
-u       当列出当前进程和 CPU 时间时忽略用户名。主要是用于执行 su 命令后的情况
-s       使用短模式。不显示登录时间、JCPU 和 PCPU 时间
-f       切换显示 FROM 项，也就是远程主机名项。默认值是不显示远程主机名，当然
         系统管理员可以对源文件作一些修改使得显示该项成为默认值
user     只显示指定用户的相关情况
```

示例 3：查看登录系统的用户，则操作命令为：

```
[root@localhost ~]# w
```

该命令执行的结果如下所示：

```
[root@localhost ~]# w
 15:39:36 up  9:03,  2 users,  load average: 0.00, 0.04, 0.19
USER   TTY    LOGIN@   IDLE   JCPU   PCPU WHAT
root  pts/0  15:17    0.00s  0.19s  0.06s w
root  tty1   15:16    23:12  0.00s  xinit  /etc/x11/xinit/xinitrc  --
```

w 命令的显示项目按以下顺序排列：当前时间，系统启动到现在的时间，登录用户的数目，系统在最近 1 s、5 s 和 15 s 的平均负载。

然后是每个用户的各项数据，项目显示顺序如下：登录账户、终端名称、远程主机名、登录时间、空闲时间、JCPU、PCPU、当前正在运行进程的命令行。

其中，JCPU 是指和该终端（tty）连接的所有进程占用的时间，这个时间里并不包括过去的后台作业时间，但却包括当前正在运行的后台作业所占用的时间。而 PCPU 则指当前进程（即在 WHAT 项中显示的进程）所占用的时间。

3. whoami 命令

whoami 命令显示当前终端（或控制台）上的用户名，其命令用法为：

```
# whoami  [option]
```

注意：whoami 显示的是当前“操作用户”的用户名，与“who am i”命令不同。“who am i”命令显示的是该终端登录的用户名。

4. last 命令

last 命令的作用是显示近期用户或终端的登录情况，它的使用权限是所有用户。通过 last 命令查看该程序的 log，管理员可以获知谁曾经或企图连接系统。Last 命令用法为：

```
# last  [option]
```

常用参数选项：

```
-a            把从何处登入系统的主机名称或 IP 地址，显示在最后一行
-d            将 IP 地址转换成主机名称
-R            不显示登录的主机名或 IP 地址
-n            指设定输出记录的条数。
-f  file      指定用文件 file 作为查询用的 log 文件
-t tty        只显示指定的虚拟控制台上登录情况
-x            显示系统关机，重新开机，以及执行等级的改变等信息
```

单独执行 last 指令，它会读取位于/var/log 目录下，名称为 wtmp 的文件，并把该给文件的内容记录的登入系统的用户名单全部显示出来。

示例 4：使用/var/log/btmp 文件作为 log 文件，查看近期用户登录情况，显示 15 条记录，操作命令为：

```
[root@localhost ~]# last  -n  15  -f  /var/log/btmp
```

示例 5：使用/var/log/btmp 文件作为 log 文件，显示特定 ip 登录的情况，显示 15 条记录，操作命令为：

```
[root@localhost ~]# last  -n  15  -i  192.168.0.10  -f  /var/log/btmp
```

5. lastlog 命令

lastlog 命令用于显示系统中所有用户最近一次登录信息或检查某特定用户上次登录的信息，并格式化输出上次登录日志/var/log/lastlog 的内容。它根据用户 id（UID）排序显示登录名、端口号（tty）和上次登录时间。如果一个用户从未登录过，lastlog 显示**Never logged**。lastlog 命令用法为：

```
#lastlog  [option]
```

常用参数选项：

```
-b<天数>        显示指定天数前的登录信息
-h              显示召集令的帮助信息
-t<天数>        显示指定天数以来的登录信息
-u<用户名>      显示指定用户的最近登录信息
```

示例 6：显示 5 天前的登录信息，操作命令为：

```
[root@localhost ~]# lastlog  -b  5
```

注意：需要以 root 身份运行该命令。

6. id 命令

id 命令显示用户以及所属群组的实际与有效 ID。若两个 ID 相同，则仅显示实际 ID。若

仅指定用户名称，则显示目前用户的 ID。id 命令用法为：

```
# id  [option]
```

常用参数选项：

```
-g 或--group          显示用户所属群组的 ID
-G 或--groups         显示用户所属附加群组的 ID
-n 或--name           显示用户，所属群组或附加群组的名称
-r 或--real           显示实际 ID
-u 或--user           显示用户 ID
```

5.3.2 进程概述

进程是程序在计算机上的一次执行过程，是程序的运行实例，是一个动态的过程。当用户运行一个程序后，就启动了一个进程。显然，程序是静态的，进程是动态的。进程可以分为系统进程和用户进程。凡是用于完成操作系统各种功能的进程就是系统进程，它们是处于运行状态下的操作系统本身。用户进程就是所有由用户启动的进程。进程是操作系统进行资源分配的单位。

1. Linux 进程

Linux 进程就是运行在 Linux 系统之上的一个程序。它可以通过命令行、图形界面、系统内核或者是其他进程启动。系统维护一组关于该程序的信息，包括这些程序最近执行的部分、存放数据的位置、将要使用的资源等。通过维护这些信息，内核可以维持系统的效率及安全性。

Linux 操作系统支持多进程处理，这些进程可以接受操作系统的调度，所以说每个进程都是操作系统进行资源调度和分配的一个独立单位。

2. 进程的状态

进程不会仅仅因为其存在就自动地具有获得 CPU 时间的资格。进程有 4 种基本的状态，如表 5-1 所示。

表 5-1 进程的状态

状　态	含　义
Runnable （可运行状态）	程序可以被执行
Sleeping （睡眠状态）	进程正在等待某些资源
Stopped （停止状态）	进程被挂起（不允许执行）
Zombie （僵化状态）	进程试图消亡

处于可执行状态的进程只要有 CPU 时间可用，就准备执行。只有在该状态的进程才可能在 CPU 上运行。而同一时刻可能有多个进程处于可执行状态，这些进程的 task_struct 结构（进程控制块）被放入对应 CPU 的可执行队列中（一个进程最多只能出现在一个 CPU 的可执行队列中）。进程调度器的任务就是从各个 CPU 的可执行队列中分别选择一个进程在该 CPU 上运行。一旦进程执行了一个不能够立即完成的系统调用（如请求读取文件的一部分），Linux 将把这个进程转入睡眠状态。

处于睡眠状态的进程等待特定的事件发生。处于这个状态的进程因为等待某事件的发生

（比如等待 socket 连接、等待信号量），而被挂起。这些进程的 task_struct 结构被放入对应事件的等待队列中。当这些事件发生时（由外部中断触发，或由其他进程触发），对应的等待队列中的一个或多个进程将被唤醒。

处于停止状态的进程从管理上来说是被禁止运行的。进程一旦接收到 SIGSTOP、SIGSTP、SIGTIN、SIGTOU 信号，就进入停止状态，可以使用 CONT 信号来重新启动处于停止状态的进程。处于停止状态与睡眠状态类似，但除了让另外某个进程来唤醒（或者终止）进程以外，它是不能够脱离停止状态的。

僵尸进程是非常特殊的一种，它是已经结束了的进程，但是没有从进程表中删除。僵尸进程已经放弃了几乎所有内存空间，没有任何可执行代码，也不能被调度，仅仅在进程列表中保留一个位置，记载该进程的退出状态等信息供其他进程收集，除此之外，僵尸进程不再占有任何内存空间。僵尸进程太多会导致进程表里面条目过多，进而导致系统崩溃。

5.3.3 管理 Linux 进程

Linux 是一个多用户、多任务的操作系统，可以同时高效地运行多个进程，为了更好地协调这些进程的执行，需要对进程进行相应的管理。

1. ps 命令

ps 是系统管理员监视进程的主要工具。用户可以用它显示进程的 PID、USER、优先级和控制终端。它还给出了有关一个进程正在使用多少内存、已经消耗了多少 CPU，以及它的当前状态等信息。ps 命令用法为：

```
# ps  [option]
```

主要参数选项：

```
a          显示所有进程
-a         显示同一终端下的所有程序
-A         显示所有进程
c          显示进程的真实名称
-N         反向选择
-e         显示所有进程
e          显示环境变量
f          显示进程的父进程
-H         以树形结构的方式显示
r          显示当前终端的进程
T          显示当前终端的所有程序
u          指定用户的所有进程
x          显示所有包括不连接终端的进程（如守护进程）
-l         以长列表的方式显示进程信息
-o         显示定制的信息：pid、comm、%cpu、%mem、state、tty…
-C<命令>   列出指定命令的状况
```

示例 7：以翻页方式列出所有目前正在内存中的程序，操作命令为：

```
[root@localhost ~]# ps  aux |more
```

结果如下：

```
[root@localhost ~]# ps -aux|more
USER       PID %CPU %MEM   VSZ   RSS TTY  STAT START   TIME COMMAND
```

```
root         1  0.0  0.4  53792  7768 ?  Ss   14:00   0:02 /usr/lib/system
d/systemd --switched-root --system --deserialize 23
root         2  0.0  0.0      0     0 ?  S    14:00   0:00 [kthreadd]
root         3  0.0  0.0      0     0 ?  S    14:00   0:00 [ksoftirqd/0]
root         5  0.0  0.0      0     0 ?  S<   14:00   0:00 [kworker/0:0H]
root         6  0.0  0.0      0     0 ?  S    14:00   0:00 [kworker/u128:0]
root         7  0.0  0.0      0     0 ?  S    14:00   0:00 [migration/0]
root         8  0.0  0.0      0     0 ?  S    14:00   0:00 [rcu_bh]
root         9  0.0  0.0      0     0 ?  S    14:00   0:00 [rcuob/0]
root        10  0.0  0.0      0     0 ?  S    14:00   0:00 [rcuob/1]
…
--More--
```

命令输出字段含义为：

```
USER        进程拥有者
PID         进程 ID
%CPU        CPU 使用的百分比
%MEM        内存使用的百分比
VSZ         占用的虚拟内存的大小
RSS         占用的内存大小
TTY         终端机位置，？表示在后台执行（如守护进程）
STAT        进程状态，D 不中断，R 执行，S 睡眠，T 停止，Z 僵尸，N 低优先级等
START       进程开始时间
TIME        执行时间。
COMMAND     所执行的命令
```

示例 8：显示所有的进程信息，连同命令行，操作命令为：

```
[root@localhost ~]# ps  -ef
```

示例 9：列出用户 root 的进程，操作命令为：

```
[root@localhost ~]# ps  -u  root
```

示例 10：按 pid、ppid、pgrp、stat、pri、comm 输出进程，操作命令为：

```
[root@localhost ~]# ps  -o  pid、ppid、pgrp、stat、pri、comm
```

2. pstree **命令**

Linux 中的进程，也可以表示成一种树形结构，通过 pstree 来查看进程树，可以清晰看到进程之间的父子关系。pstree 命令用法为：

```
# pstree  [option]
```

主要参数选项：

```
-a        显示执行程序的命令与完整参数
-c        取消同名程序，合并显示
-n        以 PID 大小排序
-p        显示 PID
-u        显示 UID 信息
-h        突出显示当前进程的父进程并高亮显示出来
-H        突出显示出指定进程的父进程信息并高亮显示出来
-l        显示长格式命令选项
-n        基于进程相同的祖先来进行排序，可以命名 pid 来代替进程名称
```

示例 11：以树状方式显示系统第一个进程，则操作命令为：

```
[root@localhost ~]# pstree  -p  1
```

结果如下：

```
[root@localhost ~]# pstree -p 1
stemd(1)─┬─ModemManager(806)─┬─{ModemManager}(829)
         │                   └─{ModemManager}(860)
         ├─NetworkManager(986)─┬─{NetworkManager}(1001)
         │                     └─{NetworkManager}(1010)
         ├─abrt-watch-log(794)
         ├─abrt-watch-log(800)
         ├─abrtd(792)
         ├─accounts-daemon(825)─┬─{accounts-daemon}(834)
         │                      └─{accounts-daemon}(861)
         ├─alsactl(773)
         ├─anacron(6952)
         ├─at-spi-bus-laun(2967)─┬─dbus-daemon(2971)───{dbus-daemon}(2972)
...
         ├─vmtoolsd(785)
         └─vmtoolsd(3184)
```

3. top 命令

top 命令是 Linux 下常用的性能分析工具，能够实时显示系统中各个进程的资源占用状况。top 命令提供了对系统处理器实时的状态监视，显示系统中活跃的进程列表，可以按 CPU、内存及进程执行时间等对进程进行排序，且会随着进程状态的变化而不断更新。可以通过按键来不断刷新当前状态，也可以通过交互命令进行相应的操作。top 命令用法为：

```
# top  [option]
```

主要参数选项：

```
-d        指定每两次屏幕信息刷新之间的时间间隔。也可以使用 s 交互命令来改变
-p        通过指定监控进程 ID 来仅仅监控某个进程的状态
-q        使 top 没有任何延迟的进行刷新。如果调用程序有超级用户权限，那么 top
          将以尽可能高的优先级运行
-S        指定累计模式
-s        使 top 命令在安全模式中运行。这将去除交互命令所带来的潜在危险
-i        使 top 不显示任何闲置或者僵尸进程
-b        批处理
-c        显示整个命令行而不只是显示命令名
```

示例 12：实时显示系统中各进程的资源占用情况，操作命令为：

```
[root@localhost ~]# top
```

结果如下：

```
[root@localhost ~]# top

top - 15:46:26 up  1 day, 1:45,  2 users,  load average: 0.03, 0.06, 0.06
Tasks: 292 total,   5 running, 287 sleeping,   0 stopped,   0 zombie
%Cpu(s):56.5 us,3.7 sy, 0.0 ni, 39.5 id, 0.0 wa, 0.0 hi, 0.3 si, 0.0 st
KiB Mem:   1878192 total,  1195136 used,   683056 free,    12604 buffers
```

```
KiB Swap:  3096568 total,   0 used,  3096568 free.   296656 cached Mem

  PID USER  PR NI    VIRT    RES    SHR  S %CPU %MEM    TIME+ COMMAND
 3046 root  20  0 1530576 233040 41980 R 52.0 12.4   4:05.77 gnome-shell
  889 root  20  0  180224  27960  7556 R  6.3  1.5   0:24.76 Xorg
 3525 root  20  0  795944  22312 14368 R  1.3  1.2   0:04.80 gnome-termi+
  785 root  20  0  193620   4304  3472 S  0.3  0.2   0:08.18 vmtoolsd
 3074 root  20  0  461552   5648  3512 S  0.3  0.3   0:01.33 ibus-daemon
48831 root  20  0  123760   1756  1156 R  0.3  0.1   0:00.05 top
    1 root  20  0   53792   7768  2540 S  0.0  0.4   0:02.42 systemd
    2 root  20  0       0      0     0 S  0.0  0.0   0:00.01 kthreadd
…
```

top 命令输出分析：

前 5 行驶统计信息去，显示了系统整体的统计信息。

第 1 行：第一行是任务队列信息，同 uptime 命令的执行结果，其内容如下：

```
15:46:26                        当前时间
up 1 day,1:45                   系统运行时间，格式为：天，时:分
2 user                          当前登录用户数
load average:0.03,0.06,0.06     系统负载，即任务队列的平均长度。三个数值分别为 1 min、
                                5 min、15 min 到现在的平均值
```

第 2 行为进程信息，其内容如下：

```
Tasks:
total          进程总数
running        正在运行的进程数
sleeping       睡眠的进程数
stopped        停止的进程数
zombie         僵尸进程数
```

第 3 行为 CPU 的信息，其内容如下：

```
%Cpu(s):
56.5 us        用户空间占用 CPU 百分比
3.7 sy         内核空间占用 CPU 百分比
0.0 ni         用户进程空间内改变过优先级的进程占用 CPU 百分比
39.5 id        空闲 CPU 百分比
0.0 wa         等待输入/输出的 CPU 时间百分比
0.0 hi         硬件 CPU 中断占用百分比
0.3 si         软中断占用百分比
0.0 st         虚拟机占用百分比
```

第 4、5 两行为内存信息。内容如下：

```
KiB Mem:
1878192 total     物理内存总量
1195136 used      使用的物理内存总量
683056 free       空闲内存总量
12604 buffers     用作内核缓存的内存量
KiB Swap:
3096568 total     交换区总量
0 used            使用的交换区总量
```

```
3096568 free      空闲交换区总量
296656 cached     缓冲的交换区总量，内存中的内容被换出到交换区，而后又
                  被换入到内存，但使用过的交换区尚未被覆盖，该数值即为
                  这些内容已存在于内存中的交换区的大小，相应的内存再次
                  被换出时可不必再对交换区写入
```

进程信息区统计信息区域的下方显示了各个进程的详细信息：

```
PID        进程 id
PPID       父进程 id
UID        进程所有者的用户 id
USER       进程所有者的用户名
TTY        启动进程的终端名。不是从终端启动的进程则显示为？
PR         优先级
NI         nice 值。负值表示高优先级，正值表示低优先级
VIRT       进程使用的虚拟内存总量，单位 KB。VIRT=SWAP+RES
RES        进程使用的、未被换出的物理内存大小，单位 KB。RES=CODE+DATA
SHR        共享内存大小，单位 KB
S          进程状态(D 不可中断睡眠状态，R 运行，S 睡眠，T 跟踪/停止，Z 僵尸进程)
P          最后使用的 CPU，仅在多 CPU 环境下有意义
%CPU       上次更新到现在的 CPU 时间占用百分比
%MEM       进程使用的物理内存百分比
SHR        共享内存大小，单位 KB
SWAP       进程使用的虚拟内存中，被换出的大小，单位 KB
TIME+      进程使用的 CPU 时间总计，单位 1/100 s
TIME       进程使用的 CPU 时间总计，单位 s
COMMAND    命令名/命令行
```

默认进入 top 时，各进程是按照 CPU 的占用量来排序的，可通过键盘指令来改变排序字段，比如想监控哪个进程占用 MEM 最多，也可以通过键盘指令来结束进程、退出 top 等操作。常用的交互命令有：

（1）h 或者?：显示帮助画面，给出一些简短的命令总结说明。

（2）k：终止一个进程。系统将提示用户输入需要终止的进程 PID，以及需要发送给该进程什么样的信号。一般的终止进程可以使用 15 信号；如果不能正常结束那就使用信号 9 强制结束该进程。默认值是信号 15。在安全模式中此命令被屏蔽。

（3）i：忽略闲置和僵尸进程。这是一个开关式命令。

（4）q：退出程序。

（5）r：重新安排一个进程的优先级别。系统提示用户输入需要改变的进程 PID 以及需要设置的进程优先级值。输入一个正值将使优先级降低，反之则可以使该进程拥有更高的优先权。默认值是 10。

（6）S：切换到累计模式。

（7）s：改变两次刷新之间的延迟时间。系统将提示用户输入新的时间，单位为 s。如果有小数，就换算成 ms。输入 0 值则系统将不断刷新，默认值是 5 s。需要注意的是如果设置太小的时间，很可能会引起不断刷新，从而根本来不及看清显示的情况，而且系统负载也会大大增加。

（8）f 或者 F：从当前显示中添加或者删除项目。

（9）o 或者 O：改变显示项目的顺序。

（10）l：切换显示平均负载和启动时间信息。

（11）m：切换显示内存信息。

（12）t：切换显示进程和 CPU 状态信息。

（13）c：切换显示命令名称和完整命令行。

（14）M：根据驻留内存大小进行排序。

（15）P：根据 CPU 使用百分比大小进行排序。

（16）T：根据时间/累计时间进行排序。

4. kill 命令

当需要中断一个前台进程的时候，通常是使用【Ctrl+C】组合键。但是对于一个后台进程恐怕就不是一个组合键所能解决的了，这时就必须求助于 kill 命令。kill 命令最常见的用法是终止一个进程，kill 能够发送任何信号，但在默认情况下，它发送一个 TERM 信号。kill 可以被普通用户用在自己的进程上，或者被超级用户用在任何进程上。kill 命令用法为：


```
# kill [信号代码 ] pid
```

或

```
# kill -l [信号代码]
```

常用参数或信号有：

```
-s    指定需要送出的信号。既可以是信号名也可以对应数字
-p    指定 kill 命令只是显示进程的 pid，并不真正送出结束信号
-l    显示信号名称列表，这也可以在/usr/include/linux/signal.h 文件中找到
-u    指定用户
-0    给所有在当前进程组中的进程发送信号
-1    给所有进程号大于 1 的进程发送信号
-9    强行终止进程
-15   终止进程（默认的）
-17   将进程挂起
-19   将挂起的进程激活
-a    终止所有进程
```

示例 13：查看系统的信号信息，操作命令为：

```
[root@localhost ~]# tkill -l
```

示例 14：终止进程号为 4579 的进程，操作命令为：

```
[root@localhost ~]# tkill 4579
```

或

```
[root@localhost ~]# tkill -9 4579
```

示例 15：杀死用户 zhangsan 的所有进程，操作命令为：

```
[root@localhost ~]# tkill -u zhangsan
```

注意：kill 命令通常跟 ps 或 pgrep 命令结合在一起使用，通过这两个命令找到指定进程的 pid，然后执行 kill 命令。

如果需要杀死指定名字的进程，则需要使用 killall 命令，其命令用法为：

```
# killall [信号代码 ] <进程名>
```

示例 16：把所有的登录后的 shell 给杀掉，需要重新连接并登录，则操作命令为：

```
[root@localhost ~]# killall  -9  bash
```

5．nice、renice 命令

优先权高的进程有优先执行权利。配置进程优先权对多任务环境的 Linux 很有用，可以改善系统性能。Linux 使用 nice 命令可以调整程序运行的优先级，让用户在执行程序时指定一个优先级。其命令的用法为：

```
# nice   [-n  ADJUST]  [--adjustment = ADJUST]  [command]
```

进程的优先级用 nice 值（ADJUST）来表示，范围从-20（最高优先级）到 19（最低优先级）共 40 个等级，数值越小等级越高，默认的 ADJUST 为 10。只有超级用户 root 有权使用负值，一般用户只能往低优先级调整。如果 nice 命令没有后没有 command 参数，那么就显示目前的执行的等级，如果指定的 ADJUST 值小于-20，系统将按优先级-20 来执行命令；如果指定的 ADJUST 值大于 19，则按优先级 19 来执行命令如果 nice 命令没有指定优先级的调整值，那么就按默认值 10 来调整运行程序的优先级，也就是在原优先级的基础上加 10。

示例 17：使用 nice 命令不带 nice 值看优先级的变化：

```
[root@localhost ~]# nice
0
[root@localhost ~]# nice  nice
10
[root@localhost ~]# nice  nice  nice
19
[root@localhost ~]# nice  nice  nice  nice
19
```

思考：为什么“nice nice nice”命令执行的结果不是 20?

示例 18：使用 nice 命令带-n 和--adjustment 参数看优先级的变化：

```
root@localhost ~]# nice  nice  nice  nice
19
[root@localhost ~]# nice -n 20 nice
19
[root@localhost ~]# nice --adjustment 25 nice
19
[root@localhost ~]# nice -n -5 nice
-5
[root@localhost ~]# nice --adjustment -10 nice
-10
[root@localhost ~]# nice --adjustment 10  -5  -n  2  nice
2
```

renice 命令可重新调整一个正在运行的进程的优先权等级。可以通过进程号来调整其优先权，亦可以通过进程拥有者或群组调整优先权等级。其命令用法为：

```
#renice  priority  [-p  <pid>] [-g  <pgrps> ] [-u  <users>]
```

参数选项：

```
-g < pgrps >        使用程序群组名称，修改所有隶属于该程序群组的程序的优先权
```

```
  -p <pid>                  改变该程序的优先权等级，此参数为预设值
 -u < users >               指定用户名称，修改所有隶属于该用户的程序的优先权
```

一开始执行程序就立即给予一个特定的 nice 值用 nice 命令；调整某个已经存在的 PID 的 nice 值，用 renice 命令。

示例 19：将 pid 为 123 的进程的优先级加 1，可以使用如下命令实现：

```
[root@localhost ~]# renice  +1  -p  123
```

6. 前台进程与后台进程

默认情况下，一个程序执行后，此进程将独占 shell，并拒绝其他输入，这称为前台进程，反之则成为后台进程。对于每一个终端，都允许有多个后台进程。

通过组合键【Ctrl+Z】或命令末尾加“&”符号可以很方便地将一个前台进程放入后台执行。命令“fg　%作业号”可以很方便地将后台作业恢复到前台运行。作业号可以用命令“jobs”查看，用命令“kill”杀死。

示例 20：列出系统作业号和名称，可以使用如下命令实现：

```
[root@localhost ~]# jobs
```


示例 21：将作业 3 在前台恢复运行，可以使用如下命令实现：

```
[root@localhost ~]# fg  %3
```

示例 22：杀死作业 2，可以使用如下命令实现：

```
[root@localhost ~]# fg  %2
```

5.3.4　Linux 内存管理

Linux 内核以及 Linux 程序只能够同存储在 RAM 中的信息进行交互。存储在硬盘上的信息在它能够为用户使用或者展现给用户之前都必须加载到 RAM 中。内存管理要注意如何使得在 Linux 系统上运行的众多程序可以共享内存，这样可以更加有效地使用这个有限的资源。

1. 跟踪内存利用率：free

free 命令可以显示 Linux 系统中空闲的、已用的物理内存及 swap 内存，及被内核使用的 buffer。在 Linux 系统监控的工具中，free 命令是最经常使用的命令之一，其命令用法为：

```
# free  [options]
```

常用参数选项：

```
-b                  以 B 为单位显示内存使用情况
-k                  以 KB 为单位显示内存使用情况
-m                  以 MB 为单位显示内存使用情况
-g                  以 GB 为单位显示内存使用情况
-o                  不显示缓冲区调节列
-s<间隔秒数>         持续观察内存使用状况
-t                  显示内存总和列
```

使用 free 命令，显示结果如下：

```
[root@localhost ~]# free
            total       used       free     shared    buffers     cached
Mem:      1878192    1195428     682764       9964      12604     297040
```

```
-/+ buffers/cache:      885784      992408
Swap:       3096568          0     3096568
```

free 显示的所有信息都以 KB 为单位。可以使用命令行选项转换到以 B 或者 MB 为单位显示。free 命令输出中的各列的含义描述如下：

Mem 行指示 RAM。

－/＋buffer/cache 行指示分配给程序保存数据的 RAM 或者从硬盘上缓存的数据。

Swap 行指示交换分区（磁盘交换分区）。

total 列指明 Linux 系统可用的内存总量。

used 列指明 RAM 和虚拟内存目前使用的空间大小。

free 列指明 RAM 和虚拟内存中空闲的空间大小。

shared 列已经不再被 Linux 内核所使用了，但是为了和先前的程序兼容被继续保留了下来，某些程序希望内核可以提供这个信息。用户可以忽略这个数值。

buffers 列指明有多少内存用作缓冲区。缓冲区是应用程序用于存储数据的内存（如一些类似于表格处理的应用程序使用缓冲区来保留正在编辑的文档）。

cached 列指明用于存储硬盘数据的物理内存，假设这些数据将被一个程序使用。如果只有很少的程序在运行，Linux 将大部分可用的 RAM 作为一个磁盘缓存来改善运算性能。当有更多的程序启动时，用作磁盘缓存的内存会变少。

最初查看 free 命令的输出时，那些数字没有太大的意义，而随着经验的增加，通过审查这些数字，用户就会渐渐理解 Linux 正在做什么。

2. 查看虚拟内存信息：vmstat

系统上交换分区（虚拟内存）的一般状态可以用 free 命令查看。用户也可以使用 vmstat 命令来查看交换分区使用状况的详细信息。vmstat 命令的输出结果是难于理解的，除非熟悉了它显示各字段的缩写标记。当把 vmstat 当成一个普通命令执行的时候，它的输出是基于自系统启动以来的时间进行平均后所得的信息。用户可以像运行 top 那样运行 vmstat ，使输出每几秒更新一次。这种情况下，信息是从上次更新后开始计算的，而不是从系统启动时开始计算。若以一个普通命令方式运行 vmstat ，只需要输入 vmstat 命令，输出如下：

```
[root@localhost ~]# vmstat
procs -------memory------------swap-------io-----system--------cpu-----
r  b   swpd  free    buff  cache     si  so  bi  bo  in   cs  us sy id wa st
2  0      0  682764  12604 297060    0   0   903 42  130  223  5  1 94 0  0
```

vmstat 命令输出的字段解析如下：

（1）在 procs 主标题下：

r：等候运行时间的进程数目。

b：不可中断睡眠状态的进程数。

（2）在 memory 主标题下：

swpd：虚拟内存的使用数目（单位：KB）。

free：自由 RAM （也叫空闲内存）的数目（单位：KB）。

buff：作为缓冲区的物理内存的数目（单位：KB）。

cache：用作缓存硬盘数据的物理内存的数目（单位：KB）。

（3）在 swap 主标题下：

si：数据从磁盘交换入内存的速度（平均值，单位：KB/s）。

so：数据从内存交换出到磁盘的速度（平均值，单位：KB/s）。

（4）在 io 主标题下：

bi：数据传送人块设备（如硬盘）的速度（单位：块/s）。

bo：从块设备读取数据的速度（单位：块/s）。

（5）在 system 主标题下：

in：每秒中断的数 S，包括时钟中断。

cs：每秒上下文开关（活动进程的变化）的数目。

（6）在 cpu 主标题下，从四个方面指示总 CPU 时间的百分比：

us：用户时间，指用于非内核的功能函数。

sy：系统时间，指用于内核的功能函数。

wa：空闲时间，等待 I/O（如一个来自硬盘的信息）。

id：空闲时间，CPU 等待去做一些事情。

为了像使用 top 那样在一个交互模式下运行 vmstat 命令，以便它的输出会周期性的更新，可以在该命令后跟上一个数值来指示两次更新之间的时间间隔。如下面这个命令显示每 3 s 更新一次的信息：

```
[root@localhost ~]# vmstat  3
```

vmstat 命令提供的信息对定位系统瓶颈很有帮助，这些瓶颈包括硬盘性能低下、物理内存不足、特定程序故障等。

5.3.5 Linux 系统状况查询

1. uname 命令

使用 uname 命令可查询 Linux 主机所用的操作系统版本、硬件的名称等基本信息，其命令用法为：

```
# uname  [options]
```

常用参数选项：

```
-a 或-all              输出所有信息，依次为内核名称、主机名、内核版本号、内核版本、硬
                       件名、处理器类型、硬件平台类型、操作系统名称
-s 或-sysname          显示 Linux 内核名称
-n 或--nodename        显示主机在网络结点上的名称或主机名称
-r 或--release         显示 Linux 操作系统内核版本号
-v                     显示显示操作系统是第几个 version 版本
-m 或--machine         显示主机的硬件(CPU)名
-p                     显示处理器类型或 unknown
-I                     显示硬件平台类型或 unknown
```

示例 23：显示主机的硬件（CPU）信息，可以使用如下命令实现：

```
[root@localhost ~]# uname  -m
```

2. uptime 命令

可以使用 uptime 命令来查询 linux 系统负载等信息，其命令用法为：

```
# uptime  [-V]
```

其中，-V 参数是用来查询版本的。

使用 uptime 命令查看系统负载信息，输出如下：

```
[root@localhost ~]# uptime
 16:09:08 up  2 days,  2:08,  2 users,  load average: 0.17, 0.16, 0.14
```

其中，

```
当前时间            16:09:48
系统已运行的时间    2 days, 2:08
当前在线用户        2 users
平均负载            0.17,0.16,0.14
```

3. dmidecode 命令

dmidecode 命令允许在 Linux 系统下获取有关硬件方面的信息。dmidecode 遵循 SMBIOS/DMI 标准，其输出的信息包括 BIOS、系统、主板、处理器、内存、缓存等。其命令用法为：

```
# dmidecode  [options]
```

常用命令参数：

```
-q              不显示未知设备
-s keyword      查看指定的关键字的信息
-t type         只显示指定类型的信息
```

示例 24：输出所有的硬件信息，可以使用如下命令实现：

```
[root@localhost ~]# dmidecode
```

示例 25：输出处理器的信息，可以使用如下命令实现：

```
[root@localhost ~]# dmidecode  -t processor
```

示例 26：查看系统序列号，可以使用如下命令实现：

```
[root@localhost ~]# dmidecode  -s system-serial-number
```

5.3.6 Linux 系统日志和 dmesg 命令

系统日志记录着系统运行中的信息，在服务或系统发生故障时，通过查询系统日志，有助于进行故障诊断。系统日志可以预警安全问题。

系统日志一般存放在/var/log 目录下，常用的系统日志有/var/log/messages、/var/log/secure。

1. /var/log/messages

/var/log/messages 是核心系统日志文件，是系统报错日志。它包含了系统启动时的引导消息，以及系统运行时的其他状态消息。IO 错误、网络错误和其他系统错误都会记录到这个文件中。其他信息，比如某个人的身份切换为 root，也会在这里列出。如果服务正在运行，比如 DHCP 服务器，则可以在 messages 文件中观察它的活动。通常，/var/log/messages 是在做故障诊断时首先要查看的文件。

2. /var/log/secure

/var/log/secure 日志记录了安全相关的信息、系统登录信息与网络连接的信息。例如，POP3、SSH、Telnet、FTP 等都会被记录，可以利用此文件找出不安全的登录 IP。

3. dmesg 命令

kernel 会将开机信息存储在 ring buffer 中。若是开机时来不及查看信息，则可利用 dmesg 命令来查看。开机信息亦保存在/var/log/dmesg 文件里。dmesg 命令用法为：

```
# dmesg  [options]
```

常用参数选项：

```
-c                    显示信息后，清除 ring buffer 中的内容
-s<缓冲区大小>         预设置为 8196，刚好等于 ring buffer 的大小
-n                    设置记录信息的层级
```

mesg 用来显示内核环缓冲区（kernel-ring buffer）内容，内核将各种消息存放在这里。在系统引导时，内核将与硬件和模块初始化相关的信息填到这个缓冲区中。内核环缓冲区中的消息对于诊断系统问题 通常非常有用。在运行 dmesg 时，它显示大量信息。通常通过 less 或 grep 使用管道查看 dmesg 的输出，这样可以更容易找到待查信息。例如，如果发现硬盘性能低下，可以使用 dmesg | grep DMA 来检查它们是否运行在 DMA 模式。

5.3.7 /proc 目录

1. /proc 目录

Linux 内核提供了一种通过 /proc 文件系统，在运行时访问内核内部数据结构、改变内核设置的机制。proc 文件系统是一个伪文件系统（即虚拟文件系统），它只存在内存当中，而不占用外存空间。它以文件系统的方式为访问系统内核数据的操作提供接口。

用户和应用程序可以通过 proc 得到系统的信息，并可以改变内核的某些参数。由于系统的信息，如进程，是动态改变的，所以用户或应用程序读取 proc 文件时，proc 文件系统是动态从系统内核读出所需信息并提交的。下面列出的文件或子文件夹，并不是都是在系统中存在，这取决于内核配置和装载的模块。另外，在/proc 下还有 3 个很重要的目录：net、scsi 和 sys。sys 目录是可写的，系统管理员可以通过它来访问或修改内核的参数，而 net 和 scsi 则依赖于内核配置。例如，如果系统不支持 scsi，则 scsi 目录不存在。

除了以上介绍的这些，还有的是一些以数字命名的目录，它们是进程目录。系统中当前运行的每一个进程都有对应的一个目录在/proc 下，以进程的 PID 号为目录名，它们是读取进程信息的接口。而 self 目录则是读取进程本身的信息接口，是一个 link。

2. /proc 目录下的文件与子目录

/proc/buddyinfo：每个内存区中的每个 order 有多少块可用，和内存碎片问题有关。

/proc/cmdline：启动时传递给 kernel 的参数信息。

/proc/cpuinfo：CPU 的信息。

/proc/crypto：内核使用的所有已安装的加密密码及细节。

/proc/devices：已经加载的设备并分类。

/proc/dma：已注册使用的 ISA DMA 频道列表。

/proc/execdomains：Linux 内核当前支持的 execution domains。

/proc/fb：帧缓冲设备列表，包括数量和控制它的驱动。

/proc/filesystems：内核当前支持的文件系统类型。

/proc/interrupts：x86 架构中的每个 IRQ 中断数。

/proc/iomem：每个物理设备当前在系统内存中的映射。

/proc/ioports：一个设备的输入/输出所使用的注册端口范围。

/proc/kcore：代表系统的物理内存，存储为核心文件格式，里边显示的是字节数，等于 RAM 大小加上 4 KB。

/proc/kmsg：记录内核生成的信息，可以通过/sbin/klogd 或/bin/dmesg 来处理。

/proc/loadavg：根据过去一段时间内 CPU 和 IO 的状态得出的负载状态，与 uptime 命令有关。

/proc/locks：内核锁住的文件列表。

/proc/mdstat：多硬盘，RAID 配置信息（md=multiple disks）。

/proc/meminfo：RAM 使用的相关信息。

/proc/misc：其他的主要设备（设备号为 10）上注册的驱动。

/proc/modules：所有加载到内核的模块列表。

/proc/mounts：系统中使用的所有挂载。

/proc/mtrr：系统使用的 Memory Type Range Registers（MTRRs）。

/proc/partitions：分区中的块分配信息。

/proc/pci：系统中的 PCI 设备列表。

/proc/slabinfo：系统中所有活动的 slab 缓存信息。

/proc/stat：所有的 CPU 活动信息。

/proc/sysrq-trigger：使用 echo 命令来写这个文件的时候，远程 root 用户可以执行大多数的系统请求关键命令，就好像在本地终端执行一样。要写入这个文件，需要把/proc /sys/kernel /sysrq 不能设置为 0。这个文件对 root 也是不可读的。

/proc/uptime：系统已经运行了多久。

/proc/swaps：交换空间的使用情况。

/proc/version：Linux 内核版本和 gcc 版本。

/proc/bus：系统总线（Bus）信息，例如 pci/usb 等。

/proc/driver：驱动信息。

/proc/fs：文件系统信息。

/proc/ide：IDE 设备信息。

/proc/irq：中断请求设备信息。

/proc/net：网卡设备信息。

/proc/scsi：scsi 设备信息。

/proc/tty：tty 设备信息。

/proc/net/dev：显示网络适配器及统计信息。

/proc/vmstat：虚拟内存统计信息。

/proc/vmcore：内核 panic 时的内存映像。

/proc/diskstats：取得磁盘信息。

/proc/schedstat：kernel 调度器的统计信息。

/proc/zoneinfo：显示内存空间的统计信息，对分析虚拟内存行为很有用。

以下是/proc 目录中进程 N 的信息：

/proc/N：pid 为 N 的进程信息。

/proc/N/cmdline：进程启动命令。

/proc/N/cwd：链接到进程当前工作目录。

/proc/N/environ：进程环境变量列表。

/proc/N/exe：链接到进程的执行命令文件。

/proc/N/fd：包含进程相关的所有的文件描述符。

/proc/N/maps：与进程相关的内存映射信息。

/proc/N/mem：指代进程持有的内存，不可读。

/proc/N/root：链接到进程的根目录。

/proc/N/stat：进程的状态。

/proc/N/statm：进程使用的内存的状态。

/proc/N/status：进程状态信息，比 stat/statm 更具可读性。

/proc/self：链接到当前正在运行的进程。

5.3.8 sysctl 命令

1. sysctl 命令

sysctl 命令用来配置与显示在/proc/sys 目录中的内核参数. 如果想使参数长期保存，可以通过编辑/etc/sysctl.conf 文件来实现。sysctl 命令用法为：

```
# sysctl [-n] [-e] -w variable=value
# sysctl [-n] [-e] -p (default /etc/sysctl.conf)
# sysctl [-n] [-e] -a
```

常用参数选项：

```
  -w         临时改变某个指定参数的值
  -a         显示所有的系统参数
  -p         从指定的文件加载系统参数，默认从/etc/sysctl.conf 文件中加载
```

2. Linux 内核参数调整

Linux 内核参数调整有两种方式：

（1）修改/proc 下内核参数文件内容，不能使用编辑器来修改内核参数文件，理由是由于内核随时可能更改这些文件中的任意一个，另外，这些内核参数文件都是虚拟文件，实际中不存在，因此不能使用编辑器进行编辑，而是使用 echo 命令，然后从命令行将输出重定向至/proc 下所选定的文件中。例如，将 timeout_timewait 参数设置为 30 s：

```
# echo 30 > /proc/sys/net/ipv4/tcp_fin_timeout
```

参数修改后立即生效，但是重启系统后，该参数又恢复成默认值。因此，想永久更改内核参数，需要修改/etc/sysctl.conf 文件

（2）修改/etc/sysctl.conf 文件。检查 sysctl.conf 文件，如果已经包含需要修改的参数，则修改该参数的值，如果没有需要修改的参数，在 sysctl.conf 文件中添加参数。例如：

```
net.ipv4.tcp_fin_timeout=30
```

保存退出后，可以重启机器使参数生效，如果想使参数马上生效，也可以执行如下命令：

```
# sysctl  -p
```

5.4 任务实施

步骤 1：查看用户信息和用户行为，动态观察进程的变化。

（1）查看登录到系统的用户情况，操作命令如下：

```
[root@localhost ~]# w
 16:17:27 up  2:16,  4 users,  load average: 0.50, 0.29, 0.19
USER     TTY      LOGIN@   IDLE   JCPU   PCPU  WHAT
root     :0       14:03    ?xdm?  7:01   0.24s gdm-session-worker [pam/gdm-pas
root     pts/0    14:04    7.00s  0.37s  0.05s w
zhangsan tty5     16:16    ?      0.04s  0.04s -bash
root     tty4     16:16    ?      0.04s  0.04s -bash
```

也可以使用“who”命令查看登录系统的用户信息。

（2）查看目前与过去登录到系统的用户相关信息，操作命令如下：

```
[root@localhost ~]# last
root     tty4                         Wed Aug 26 16:16   still logged in
zhangsan tty5                         Wed Aug 26 16:16   still logged in
root     pts/0        :0              Wed Aug 26 14:04   still logged in
root     :0           :0              Wed Aug 26 14:03   still logged in
(unknown :0           :0              Wed Aug 26 14:01 - 14:03  (00:02)
reboot   system boot  3.10.0-123.el7.x Wed Aug 26 22:00 - 16:19  (-5:-41)
reboot   system boot  3.10.0-123.el7.x Wed Aug 26 21:44 - 22:00  (00:16)
(unknown :0           :0              Wed Aug 26 13:06 - 13:06  (00:00)
reboot   system boot  3.10.0-123.el7.x Wed Aug 26 21:06 - 13:44  (-7:-21)
zhangsan pts/0        :0              Wed Aug 26 12:51 - 13:06  (00:14)
zhangsan :0           :0              Wed Aug 26 12:51 - 13:06  (00:14)
…
wtmp begins Mon Dec 29 06:25:31 2014
```

（3）动态观察进程，实时监看系统资源，包括内存、交换分区、CPU 等信息，操作命令如下：

```
[root@localhost ~]# top
top - 16:23:31 up  2:22,  4 users,  load average: 0.37, 0.17, 0.16
Tasks: 299 total,   2 running, 297 sleeping,   0 stopped,   0 zombie
%Cpu(s): 46.0 us,  3.4 sy,  0.0 ni, 50.7 id,  0.0 wa,  0.0 hi,  0.0 si,  0.0 st
KiB Mem:   1878192 total,  1249780 used,   628412 free,    12604 buffers
KiB Swap:  3096568 total,        0 used,  3096568 free.   331684 cached Mem

  PID USER   PR NI  VIRT     RES    SHR   S  %CPU  %MEM  TIME+    COMMAND
 3046 root   20 0  1534548  237524 42204  S  41.2  12.6  6:15.46  gnome-shell
  889 root   20 0   183420   31184  7584  S   6.0   1.7  0:39.40  Xorg
 3525 root   20 0   796280   22964 14548  S   1.3   1.2  0:08.47  gnome-termi+
50229 root   20 0        0       0     0  S   0.3   0.0  0:00.67  kworker/0:0
    1 root   20 0    53792    7776  2540  S   0.0   0.4  0:02.66  systemd
    2 root   20 0        0       0     0  S   0.0   0.0  0:00.01  kthreadd
…
```

注意：在此按【空格】键可以实时刷新，按【P】键根据 CPU 使用量大小排序，按【T】键根据时间、累计时间排序，按【M】键根据内存使用量排序，按【k】键可以给进程发信号，按【r】键可以给某个进程重新制定一个新的 nice 值，按【d】键可以定制刷新时间间隔，等等。

步骤 2：进行作业的管理，包括作业的后台管理、脱机管理。

（1）让 tar 打包压缩命令在后台运行，操作命令如下：

```
[root@localhost ~]# tar -zpcf  /tmp/etc.tar.gz  /etc  &
[1] 51397
tar: 从成员名中删除开头的“/”
```

（2）查看当前的后台工作状态，操作命令如下：

```
[root@localhost ~]# jobs
[1]+  已停止                 vi aa
[2]-  完成                   tar -zpcf /tmp/etc.tar.gz /etc
```

（3）将后台作业拿到前台执行，操作命令如下：

```
[root@localhost ~]# fg 1
vi aa
```


（4）找出目前的 bash 环境下的后台作业，并将该作业删除，操作命令如下：

```
[root@localhost ~]# jobs
[1]+  已停止                 vi aa
[root@localhost ~]# kill -9 %1;jobs
[1]+  已停止                 vi aa
[1]+  已杀死                 vi aa
```

（5）让用户的程序在脱机或注销系统后还可以继续运行，操作命令如下：

① 编辑一个会睡眠 600 s 的程序：

```
[root@localhost ~]# vi sleep600.sh
#!/bin/bash
/bin/sleep 600s
/bin/echo  "I have slept 600 seconds."
```

② 将程序放后台运行：

```
[root@localhost ~]# chmd a+x sleep.sh
[root@localhost ~]# nohup  ./sleep.sh  &
[2] 18265
nohup: ignoring input and appending output to 'nohup.out'
```

步骤 3：进行进程管理，包括查看进程、进程优先级管理。

（1）查看系统所有的进程信息，操作命令如下：

```
 [root@localhost ~]# ps aux|more
USER PID  %CPU %MEM VSZ   RSS  TTY  STAT START TIME COMMAND
root 1    0.0  0.4  53792 7780 ?    Ss   14:00 0:02 /usr/lib/system
d/systemd --switched-root --system --deserialize 23
root 2    0.0  0.0  0     0    ?    S    14:00 0:00 [kthreadd]
root 3    0.0  0.0  0     0    ?    S    14:00 0:00 [ksoftirqd/0]
root 5    0.0  0.0  0     0    ?    S<   14:00 0:00 [kworker/0:0H]
root 6    0.0  0.0  0     0    ?    S    14:00 0:01 [kworker/u128:0]
root 7    0.0  0.0  0     0    ?    S    14:00 0:00 [migration/0]
```

```
root 8      0.0   0.0   0      0     ?     S      14:00 0:00 [rcu_bh]
root 9      0.0   0.0   0      0     ?     S      14:00 0:00 [rcuob/0]
…
```

注意：如果 CMD 后面还跟有<defunct>就代表该进程为僵尸进程，可以使用 kill 命令将进程强制结束。

（2）仅查看自己的 bash 相关的进程信息，操作命令如下：

```
[root@localhost ~]# ps -l
F S  UID   PID   PPID   C  PRI  NI  ADDR SZ    WCHAN  TTY      TIME     CMD
4 S    0  3531   3525   0  80    0 -    29193 wait   pts/0    00:00:00 bash
4 S    0 50110   3531   0  80    0 -    50597 wait   pts/0    00:00:00 su
4 S    0 50157  50111   0  80    0 -    50598 wait   pts/0    00:00:00 su
4 S    0 50163  50157   0  80    0 -    29215 wait   pts/0    00:00:00 bash
0 R    0 51607  50163   0  80    0 -    30315 -      pts/0    00:00:00 ps
```

（3）查看目前系统上面所有的进程树的相关性，操作命令如下：

```
[root@localhost ~]# pstree -A|more
systemd-+-ModemManager---2*[{ModemManager}]
        |-NetworkManager---2*[{NetworkManager}]
        |-2*[abrt-watch-log]
        |-abrtd
        |-accounts-daemon---2*[{accounts-daemon}]
        |-alsactl
        |-at-spi-bus-laun-+-dbus-daemon---{dbus-daemon}
        |                 `-3*[{at-spi-bus-laun}]
        |-at-spi2-registr---{at-spi2-registr}
        |-atd
…
--More--
```

（4）给 syslogd 命令启动的 PID 一个信号，操作命令如下：

```
[root@localhost ~]# killall -1 syslogd
```

（5）强制终止所有以 httpd 启动的程序，操作命令如下：

```
[root@localhost ~]# killall -9  httpd
```

（6）找出自己的 bash PID，并将该 PID 的 nice 调整到 10，操作命令如下：

```
[root@localhost ~]# ps -l
F S   UID   PID  PPID  C  PRI  NI  ADDR SZ     WCHAN   TTY    TIME     CMD
4 S     0  3531  3525  0  80   0    -   29193 wait    pts/0  00:00:00 bash
0 R     0 51695 50163  0  80   0    -   30315 -       pts/0  00:00:00 ps
[root@localhost ~]# renice  10  3531
3531 (进程 ID) 旧优先级为 0，新优先级为 10
[root@localhost ~]# ps -l
F S   UID   PID  PPID  C PRI  NI ADDR  SZ    WCHAN    TTY    TIME     CMD
4 S     0  3531  3525  0  90  10  -    29193 wait     pts/0  00:00:00 bash
0 R     0 51715 50163  0  80   0  -    30315 -        pts/0  00:00:00 ps
```

步骤 4：查看管理系统资源

（1）查看系统内存使用情况，操作命令如下：

```
[root@localhost ~]# free  -m
              total       used        free      shared    buffers     cached
Mem:           1834       1301         532           9         12        335
-/+ buffers/cache:             954          879
Swap:          3023          0        3023
```

（2）查看系统与内核相关的情况，操作命令如下：

```
[root@localhost ~]# uname -a
Linux localhost.localdomain 3.10.0-123.el7.x86_64 #1 SMP Mon May 5 11:16:57
EDT 2014 x86_64 x86_64 x86_64 GNU/Linux
```

（3）查看系统启动时间与作业负载，操作命令如下：

```
[root@localhost ~]# uptime
 16:55:02 up  2:54,  4 users,  load average: 0.04, 0.10, 0.17
```

（4）查看所有的内核启动时的信息，操作命令如下：

```
[root@localhost ~]# dmesg |more
[    0.000000] Initializing cgroup subsys cpuset
[    0.000000] Initializing cgroup subsys cpu
[    0.000000] Initializing cgroup subsys cpuacct
[    0.000000] Linux version 3.10.0-123.el7.x86_64 (mockbuild@x86-017.build.eng.
bos.redhat.com) (gcc version 4.8.2 20140120 (Red Hat 4.8.2-16) (GCC) ) #1
SMP Mo
n May 5 11:16:57 EDT 2014
[    0.000000] Command line: BOOT_IMAGE=/vmlinuz-3.10.0-123.el7.x86_64 root=UUID
=7db602b6-d88a-4378-a0ca-7270ef9c78cd ro rd.lvm.lv=rhel/root crashkernel=
auto rd
.lvm.lv=rhel/swap  vconsole.font=latarcyrheb-sun16  vconsole.keymap=us
rhgb quiet
LANG=zh_CN.UTF-8
[    0.000000] Disabled fast string operations
[    0.000000] e820: BIOS-provided physical RAM map:
[    0.000000] BIOS-e820: [mem 0x0000000000000000-0x000000000009efff] usable
…
```

（5）搜寻硬盘启动时的相关的信息，操作命令如下：

```
[root@localhost ~]# dmesg |grep -i sd|more
[    0.000000] ACPI: RSDP 00000000000f6ac0 00024 (v02 PTLTD )
[    0.000000] ACPI: XSDT 000000007feeda33 0005C (v01 INTEL 440BX   06040000 V
MW  01324272)
[    0.000000] ACPI: DSDT 000000007feee82f 10644 (v01 PTLTD Custom  06040000 M
SFT 03000001)
[    0.171024] ACPI: EC: Look up EC in DSDT
[    1.611999] sd 0:0:0:0: [sda] 62914560 512-byte logical blocks: (32.2 GB/30.0
 GiB)
[    1.612051] sd 0:0:0:0: [sda] Write Protect is off
[    1.612053] sd 0:0:0:0: [sda] Mode Sense: 61 00 00 00
…
```

（6）统计目前主机 CPU 状态信息，每秒 1 次，共计 5 次，操作命令如下：

```
[root@localhost ~]# vmstat 1 5
```

```
procs -----------memory---------- ---swap-- -----io---- -system-- ------cpu-----
 r  b   swpd   free   buff  cache   si   so    bi    bo   in   cs us sy id wa st
 2  0      0 544872  12772 343096    0    0   643    34  142  240  6  1 92  0  0
 0  0      0 544848  12772 343096    0    0     0     0  306  470 24  2 74  0  0
 1  0      0 544848  12772 343096    0    0     0     0  679  783 35  2 63  0  0
 1  0      0 544848  12772 343096    0    0     0    64  622  661 28  2 70  0  0
 2  0      0 544840  12772 343096    0    0     0     0 1028  967 67  5 28  0  0
```

（7）查看系统上面所有磁盘的读写状态，操作命令如下：

```
[root@localhost ~]# vmstat -d
disk- ------------reads------------ ------------writes----------- -----IO------
       total merged sectors      ms  total merged sectors      ms    cur    sec
fd0        3      0      24     132      0      0       0       0      0      0
sda    61232 278326 13638484  39895  10782  40990  732933  22607      0     31
sr0        0      0       0       0      0      0       0       0      0      0
dm-0   35439      0  967160  20968   7990      0  177326  23501      0     22
dm-1     383      0    3064     115      0      0       0       0      0      0
```

阅读与思考：大数据时代的思维

如果说亨利福特开创的汽车制造流水线让大规模制造成为了可能，那么第三次工业革命将是一个从大规模制造向大规模定制演进的过程。定制化服务的关键是数据。《大数据时代》的作者维克托·迈尔·舍恩伯格认为，大量的数据能够让传统行业更好地了解客户需求，提供个性化的服务。舍恩伯格以美国几家创新企业为例，讲述大数据是如何从量变到质变，为服务业带去实质性的变革。

一百多年前，汽车行业是第一个真正引入大规模生产概念的行业。那些以前买不起车的美国工薪阶层，突然承担得起汽车这个富人的专属玩具了。福特 T 型车让成千上万美国家庭拥有了汽车。但大规模制造也有其局限性，福特先生说过，你可以买到各种色彩的车，但红色、绿色都不可能，只能是黑色。大规模生产让数以百计的人买得起商品，但商品本身却是一模一样的。

我们面临这样一个矛盾：手工制作的产品漂亮无比却非常昂贵；与此同时，量产化的商品价格低廉，但无法完全满足消费者的需求。

我认为下一波的改革是大规模定制，为大量客户定制产品和服务，成本低、又兼具个性化。比如消费者希望他买的车有红色、绿色，厂商有能力满足要求，但价格又不至于像手工制作那般让人无法承担。

因此，在厂家可以负担得起大规模定制带来的高成本的前提下，要真正做到个性化产品和服务，就必须对客户需求有很好的了解，这背后就需要依靠大数据技术。

数据能告诉我们，每一个客户的消费倾向，他们想要什么，喜欢什么，每个人的需求有哪些区别，哪些又可以被集合到一起来进行分类。大数据是数据数量上的增加，以至于我们能够实现从量变到质变的过程。举例来说，这里有一张照片，照片里的人在骑马。这张照片每一分钟，每一秒都要拍一张，但随着处理速度越来越快，从 1 分钟一张到 1 秒钟 1 张，突然到 1 秒钟 10 张后，就产生了电影。当数量的增长实现质变时，一张照片就变成了一部电影。

美国有一家创新企业 Decide.com，它可以帮助人们做购买决策，告诉消费者什么时候买

什么产品，什么时候买最便宜。预测产品的价格趋势。这家公司背后的驱动力就是大数据。他们在全球各大网站上搜集数以十亿计的数据，然后帮助数以十万计的用户省钱，为他们的采购找到最好的时间，提高生产率，降低交易成本，为终端的消费者带去更多价值。

在这类模式下，尽管一些零售商的利润会进一步受挤压，但从商业本质上来讲，可以把钱更多地放回到消费者的口袋里，让购物变得更理性。这是依靠大数据催生出的一项全新产业。这家为数以十万计的客户省钱的公司，在几个星期前，被 eBay 以高价收购。

再举一个例子，SWIFT 是全球最大的支付平台，在该平台上的每一笔交易都可以进行大数据的分析。他们可以预测一个经济体的健康性和增长性。比如，该公司现在为全球性客户提供经济指数，这又是一个大数据服务。

大数据有三大特点：更多，更乱，但内部有关系可循。

如果拍一张照片，需要对着某一个人，好比说拍陈部长的照片，如果焦点只对准他，那其他的人物在照片里就会模糊掉。那会得到陈部长的所有信息，但是其他观众的信息就过滤掉了。我们采集信息的时候也要做决策，到底要回答什么问题，采集什么数据，因为一旦数据采集完毕，就无法重新问另外的问题。

但今天我们已经拥有全新的照相技术了，一张照片里可以把对角所有事物，包括所有的数据、光线都会被拍摄进去。这样，任意点一个地方，它都能变得清晰。

为什么要这么做呢？方便决策。

我们可以在照片生成之后再决定我们究竟要什么，因为这些数据包含所有的答案。不要把自己限制于眼前的问题，要为有前瞻性，把其他有可能出现的问题也给囊括进去。这是一个非常创新的办法，同时很清晰地告诉我们大数据能够做什么。

在拥有如此多的数据以后，接下来我们面对的数据质量问题。

为了避免混乱，我们需要找到数据之间的关联性。

举个实际生活中的例子，大约 20 年前，亚马逊刚成立时，杰夫·贝索斯让 50 个书评员来为他卖书，他意识到不仅仅可以请人来写书评，还可以用数据技术来提供图书推荐。起初他使用的是小数据，不是大数据，把客户进行分类，比如说有人对园艺感兴趣，系统会自动提供推荐。他的同事告诉他，刚刚开始使用这个数据推荐时，使用体验并不好；在进一步分析后，亚马逊决定不对人进行分类，而是对用户的需求分类。这个做法非常成功，以至于到今天，推荐系统为亚马逊带去 30%的销售收入。

这就是数据收集和再处理。亚马逊有交易数据，每买一本书就是一个交易，然后对这个数据进行分析。但今天我们已不再满足于交易数据了，转而收集起沟通数据。你看了某一个书评、某一个交流，会给商家更多的信息和细节。

同时，大数据也重构了传统零售业，是未来零售业变革的催化剂。比如使用谷歌眼镜，消费者不需要屏幕了，因为下一代的眼镜会更好地理解消费者看到什么，知道如何更好地抓住人们的视线。对于零售商而言，消费者眼中看到的信息是极具价值的资产。卖家就可以了解大家在看什么样的广告，什么样的产品，在路过橱窗时究竟看了一些什么。

数据的产生和收集本身并没有直接产生服务，最具价值的部分在于：当这些数据在收集以后，会被用于不同的目的，数据被重新再次使用。

大数据的一大优点就是数据可以被重复使用。比方说这家公司实时车辆交通数据采集商 Inrix，该公司目前有 1 亿个手机端用户。Inrix 可以帮助你开车，避开堵车，为司机呈现路的热量图，红的就表明堵车。如果只提供数据，这个产品没什么特色，但值得一提的是，Inrix 并没有用交警的数据，这个软件的每位用户在使用过程中会给服务器发送实时数据，比如走的多快，走到哪里，这样每个客户都是探测器。

这里还有更大的秘密，Inrix 可以重复使用数据。比如它了解到周末堵车时，哪里有堵车、哪里有更好的销售，他们就可以把这样的数据提供给投资公司，投资公司根据这些数据对零售业再投资，这样的服务以前是从来不存在的。

那么，大数据可以如何为创新企业所用？

你觉得之前成立新公司需要大笔资金，但事实并非如此。Inrix 一开始并没有钱，如果你想在大数据时代获得成功，你已经不需要大的生产基地、大的仓库了。你只需数据，只要拥有数据，对其进行分析就可以了。有云存储的话，这个成本就更低。Inrix 在成立之初根本没有服务器和计算机，他们只是租用了云服务，也不需要很多的启动资金，他们只是有这样一个产品想法。

大数据时代的思维方式是：每天早上起来想一下，这么多数据我能用来干什么，这些价值在哪里可以找到，能不能找到一个别人以前都没有做过的事情。你的想法和思路是最重要的资产。

大数据的思维方式也可以帮助政府为大家提供更好更有效的服务，好比说可以通过大数据来确定哪些地方会有火灾。以前防火检查员只有 13%的时间可以准备预测，现在他们找到火灾隐患的概率达到了 70%，比以前提高了 6 倍。将效率提高 6 倍是一个巨大无比的进步，未来的公共服务业可以由此获得更多便利。

大数据的另一个关键点，是要提高客户对你的信任。

举个例子，大数据时代美国运通有这样一个功能，你给他们打电话的话，他们会知道你是谁。如果直接在电话里说：你好吗？维克托先生，我能为你做什么？这会吓着客户，因为他不知道为什么你知道他的名字。营造信任很重要。我相信你的过程中，也希望你们相信我，所以我们做大数据分析的时候，客户需要能够信任服务供应商，而服务供应商也需要表现出来为什么他是值得信任的。

这样一个信任也不应该被打碎，企业应该要知道哪些事情可以做，哪些事情不能做，客户的信任将是最珍贵的资产。

什么样的服务行业会从大数据中获益？

其实所有的服务行业都可能从中获益，即便是你觉得和大数据没有关系的也可以从中获益，好比说医疗服务、教育、学习。

资料来源：福布斯中文网，2013 年 11 月 11 日，此处有删改。

作业

1. （　　）命令可以查看曾经登录到此系统的用户清单。

   A. ps　　B. last　　C. lastcomm　　D. accton

2. 终止一个前台进程可能用到的命令和操作是（　　）。

   A. kill　　B. Ctrl+C　　C. shut down　　D. halt

3. 在 DNS 系统测试时，设 named 进程号是 63，（　　）命令是通知进程重读配置文件。

   A. kill -USR2 63　　B. kill -USR1 63

   C. kill -INT 63　　D. kill -HUP 63

4. 以下（　　）不是进程和程序的区别。
   A. 程序是一组有序的静态指令，进程是一次程序的执行过程
   B. 程序只能在前台运行，而进程可以在前台或后台运行
   C. 程序可以长期保存，进程是暂时的
   D. 程序没有状态，而进程是有状态的
5. Linux 系统中，程序运行有若干优先级，最低的优先级是（　　）
   A. 0　　B. -5　　C. 10　　D. 19
6. kill 向指定的进程发出特定的信号，信号（　　）强制杀死进程。
   A. 9　　B. TERM　　C. 6　　D. 14
7. 使用 PS 获取当前运行进程的信息时，内容 PPID 的含义是（　　）。
   A. 进程用户的 ID　　B. 进程调度的级别
   C. 进程 ID　　D. 父进程 ID
8. 系统默认的进程启动的 nice 值为（　　）。
   A. 0　　B. 1　　C. 5　　D. 10
9. 通过程序的名字，直接杀死所有进程的命令是什么？
10. 根据确切的程序名称，查找 ige 正在运行的进程的 PID 的命令是什么。
11. 简述进程与程序的区别。
12. 如何查看 Linux 系统中正在运行的进程？
13. 列出与终端无关的进程。
14. 显示登录到系统的用户情况。
15. 显示关于谁正在使用本地系统结点的信息。
16. 要显示登录、注销、系统启动和系统关闭的历史记录。
17. 显示两次系统重新引导间的时间。

任务调度和备份管理

Linux 系统是一个稳定而可靠的系统，但是任何计算机都有无法预料的事，如硬件故障，拥有关键配置信息的可靠备份是任何负责任的管理计划的组成部分。在 Linux 中可以通过各种各样的方法来执行备份，可以通过脚本实现，也可以通过任务定制周期性调度来实现。

6.1 企业需求

公司存放在服务器上的数据可能因为天灾、硬盘故障等而丢失。这就需要平时定期将硬盘的数据备份起来，存放在安全的地方，当发生意外时，能够利用这些备份数据将服务器的数据还原，使公司的业务能正常运转。

公司的防火墙规则是工作日的上午 8:00～12:00、下午 13:30～15:30 对工作人员上网有限制，其他时间不做限制。

6.2 任务分析

通过对公司需求的分析，需要在 Linux 服务器上完成如下任务：

（1）根据公司服务器系统运行状况，定制服务器的备份方案。

① 每年的 1 月 1 日凌晨 2 点执行一次完全 Linux 备份，备份到 SCSI 磁带设备（/dev/st0）。

② 每月 1 日凌晨 3、4、5 点备份/etc、/var、/home 目录到 U 盘（/dev/st0）。

（2）定制任务，工作时间运行限制上网的防火墙规则文件 firewall_work.sh，其余时间运行 firewall_rest.sh。

6.3 知识背景

6.3.1 cron 任务调度

循环运行的例行性计划任务，Linux 系统则是由 cron（crond）这个系统服务来控制的。Linux 系统上原本就有非常多的计划性工作，因此这个系统服务是默认启动的。另外，由于用户也可以设置计划任务，所以 Linux 系统也提供了用户控制计划任务的命令 crontab。

1. crond 简介

crond 是 Linux 下用来周期性地执行某种任务的一个守护进程，当安装完成操作系统后，默认会安装此服务工具，并且会自动启动 crond 进程，crond 进程每分钟会定期检查是否有要执行的任务，如果有要执行的任务，则自动执行该任务。

查看 crontab 服务状态：

```
# service crond status
```

手动启动 crontab 服务：

```
# service crond start
```

查看 crontab 服务是否已设置为开机启动，执行命令：

```
# ntsysv
```

Linux 下的任务调度分为两类：系统任务调度和用户任务调度。

系统任务调度：系统周期性所要执行的工作，比如写缓存数据到硬盘、日志清理等。在 /etc 目录下有一个 crontab 文件，这个就是系统任务调度的配置文件。

用户任务调度：用户定期要执行的工作，比如用户数据备份、定时邮件提醒等。用户可以使用 crontab 工具来定制自己的计划任务。所有用户定义的 crontab 文件都被保存在 /var/spool/cron 目录中。其文件名与用户名一致。

2. crontab 命令

通过 crontab 命令，可以在固定的时间执行指定的指令或 shell 脚本。时间单位可以是分钟、小时、日、月、周及以上的任意组合。这个命令非常适合周期性的日志分析或数据备份等工作。crontab 命令的用法：

```
# crontab [crontabfile] [-u user] [-l|-r|-e]
```

常用参数选项：

```
-u user         用来设定某个用户的 crontab 服务
crontabfile     用指定的文件 crontabfile 替代目前的 crontab 文件
-e              编辑某个用户的 crontab 文件内容
-l              显示某个用户的 crontab 文件内容
-r              从/var/spool/cron 目录中删除某个用户的 crontab 文件
```

注意：如果不指定用户，则默认为当前用户。

crontab 命令涉及的文件如下：

/etc/crontab 文件：系统（用户）任务调度的配置文件。

/var/spool/cron 目录：存放所有用户自定义的 crontab 文件，以用户名命名。

用户所建立的 crontab 文件中，每一行都代表一项任务，每行的每个字段代表一项设置，它的格式共分为 6 个字段，前 5 段是时间设定段，第 6 段是要执行的命令段，格式如下：

```
minute   hour   day   month   week   command
```

其中各字段含义如下：

```
minute     表示分钟，可以是从 0~59 之间的任何整数
hour       表示小时，可以是从 0~23 之间的任何整数
day        表示日期，可以是从 1~31 之间的任何整数
month      表示月份，可以是从 1~12 之间的任何整数
week       表示星期几，可以是从 0~7 之间的任何整数，这里的 0 或 7 代表星期日
command    要执行的命令，可以是系统命令，也可以是自己编写的脚本文件
```

如果希望添加、删除或编辑 crontab 文件中的条目，可以使用“crontab –e”命令进行编

辑。该命令可以像使用 vi 编辑其他任何文件那样修改 crontab 文件并退出。如果修改了某些条目或添加了新的条目，那么在保存该文件时，cron 会对其进行必要的完整性检查。如果其中的某个域出现了超出允许范围的值，它会提示你。

示例 1： 编辑 crontab 文件，希望可以实现“每天 7:50 开启 ssh 服务，每天 22:50 关闭 ssh 服务”，则操作命令如下：

```
[root@localhost ~]# crontab -e
50  7    *  *  *   /sbin/service sshd start
50  22   *  *  *   /sbin/service sshd stop
```

提示： 系统默认的编辑器是 vi，如果不是，请在用户目录下的.profile 文件中，加入这样一行：

```
EDITOR=vim; export EDITOR
```

然后保存并退出。

此外，crontab 命令的执行还与两个用户权限文件有关：

/etc/cron.deny：该文件中所列用户不允许使用 crontab 命令。

/etc/cron.allow：该文件中所列用户允许使用 crontab 命令。

如果文件/etc/cron.allow 存在，那么只有在/etc/cron.allow 文件中列出的非 root 用户才能使用 cron 服务。如果/etc/cron.allow 不存在，但是/etc/cron.deny 文件存在，那么在/etc/cron.deny 中列出的非 root 用户不能使用 cron 服务，如果/etc/cron.deny 文件为空，那么所有用户都可以使用 cron 服务。如果两个文件都不存在，那么只允许 root 用户使用 cron 服务。Root 用户可以来编辑这两个文件来允许或限制某个普通用户使用 cron 定制任务。

示例 2： 查看用户定制的任务，则操作命令如下：

```
[root@localhost ~]# crontab -l
```

如果要删除 crontab 文件，可以用：

```
# crontab -r
```

注意： 该命令会将用户自己的定制任务全部删除。

6.3.2 at 任务调度

有时希望在未来某时刻系统自动运行一个作业。例如：

（1）当所有员工晚上下班后启动一个备份操作。

（2）希望在午餐时启动一个较大的数据库查询，而需要早些离开办公室。

（3）需要提醒网络上的若干用户（包括自己）15 : 00 有会议。

在这些情况下都可以使用 at 命令来调度作业在未来执行。

为了使用 at 命令使一个作业自动化，用户可以直接在命令行上输入命令，也可以将其保存在文件中。因为复杂的作业需要若干命令来完成，所以最好将它们都列在一个文件里，这样可以在使用 at 命令进行调度之前再仔细审阅它们。

at 命令的用法为：

```
# at  [-f file] [-mldv]  TIME
```

常用参数选项：

```
-f file    读入预先写好的命令文件。用户可以不使用交互模式来输入，可
           以先将所有的命令先写入文件后再一次读入
-m         定时任务执行完成结果通过邮件发给用户，哪怕没有输出
-l         列出所有的定时任务（也可以直接使用 atq 命令而不用 at -l）
-d         删除定时任务（也可以直接使用 atrm 命令而不用 at -d）
-v         列出所有已经完成但尚未删除的指定
```

TIME 为时间，这里可以定义出什么时候要进行 at 这项任务的时间，格式有：

HH:MM，在今日的 HH:MM（时:分）时刻进行，若该时刻已超过，则明天的 HH:MM 进行此任务。

HH:MM YYYY-MM-DD，强制规定在某年某月的某一天的特殊时刻进行该项任务。

HH:MM[am|pm][Month][Date]，强制在某年某月某日的某时刻进行该项任务。

HH:MM[am|pm] + number [minutes|hours|days|weeks]，在某个时间点再加几个时间后才进行该项任务。

在执行 at 命令后，就进入了 at 命令的交互模式，这时可以输入在指定时间要执行的命令后按【Enter】键，如果需要退出 at 交互模式则按组合键【Ctrl+D】。

示例 3：2 天后的下午 5:30 分执行“将/etc 目录下的所有文件复制到/etcbak 目录下”，操作命令如下：

```
[root@localhost ~]# at 17:30+2 days
at> cp -r /etc  /tmp/etcbak
at> <EOT>
job 1 at Fri Aug 28 17:30:00 2015
```

示例 4：当日晚 11 点执行 clear 命令，操作命令如下：

```
[root@localhost ~]# at 23:00 today
at> clear
at> <EOT>
job 2 at Wed Aug 26 23:00:00 2015
```

示例 5：查看 at 任务，可以使用如下命令操作：

```
[root@localhost ~]# atq
```

或

```
[root@localhost ~]# at -l
```

atd 守护进程将会每分钟检查一次，看是否有使用 at 命令调度的作业。在晚上 23:00 时，将会执行由上面的命令调度的作业。该命令的任何输出（即通常写到屏幕上的文本）会以电子邮件的方式发送到调度该 at 命令的用户邮箱里。

at 命令的执行还与两个用户权限文件有关：

/etc/at.deny：该文件中所列用户不允许使用 at 命令。

/etc/at.allow：该文件中所列用户允许使用 at 命令。

如果文件/etc/at.allow 存在，那么只有在/etc/at.allow 文件中列出的非 root 用户才能使用 at 服务。如果/etc/at.allow 不存在，但是/etc/at.deny 文件存在，那么在/etc/at.deny 中列出的非 root 用户不能使用 at 服务，如果/etc/at.deny 文件为空，那么所有用户都可以使用 at 服务。如果两

个文件都不存在，那么只允许 root 用户使用 at 服务。root 用户可以来编辑这两个文件来允许或限制某个普通用户使用 at 定制任务。

示例 6：删除今夜 11 点的任务，可以使用如下操作：

```
[root@localhost ~]# atrm 2
```

或

```
[root@localhost ~]# at -d 2
```

如果是复杂的作业需要若干命令来完成，那么最好将它们都列在一个文件里，这样可以在使用 at 命令进行调度之前再仔细审阅它们。在文件中创建好用于执行的命令列表后，可以按照下面的语法来调度进程执行：

```
# at -f 文件名 TIME
```

6.3.3 数据备份恢复

Linux 是一个稳定而可靠的环境，但是任何计算系统都有无法预料的事件，比如硬件故障，拥有关键配置信息的可靠备份是任何负责任的管理计划的组成部分。在 Linux 中可以通过各种的方法来执行备份，所涉及的技术从非常简单的脚本驱动的方法到精心设计的商业化软件。备份可以保存到远程网络设备、磁带驱动器和其他可移动媒体上。备份可以是基于文件的，也可以是基于驱动器映像的。可用的选项很多，可以混合搭配这些技术以制定备份计划。

对系统管理员而言，经常备份重要的文件是应该养成的良好习惯，这样可以将各种不可预料的损失减小到最少。

6.3.4 备份恢复策略

1. 备份前需考虑的因素

在对系统进行备份或者恢复之前，必须首先考虑几个因素。备份操作的一个最佳时机就是安装 Linux 操作系统，并确信所有的设备（如声卡、显卡或者磁带机等）都能够正常工作。必须清楚备份文件归档之间的区别，备份是定期的操作，用来保存重要的文档、文件或者整个系统；而文件归档则是为了长期保存重要的文档、文件或者整个系统。要进行成功的备份，必须首先考虑所有的因素并设计一个操作的策略，例如如下方面。

（1）可移植性（在 Red Hat Linux 系统下执行的备份在另外一个系统上恢复的能力）。

（2）是否自动备份。

（3）执行备份的周期。

（4）需要把归档的备份保存多长时间。

（5）用户界面的友好性（决定是否需要选择基于 GUI 界面的，还是基于文本的工具）。

（6）是否需要使用压缩技术、直接复制或者加密技术。

（7）备份介质（需要从价格、性能及存储能力上考虑）。

（8）是否远程备份或网络备份。

（9）保存一个文件、一个子目录，还是整个系统。

2. 选择备份介质

在这里所讲的数据备份按照设备所用存储介质的不同，主要分为下面 3 种形式。

（1）硬盘介质存储

它主要包括两种存储技术，即内部的磁盘机制（硬盘）和外部系统（磁盘阵列等)。在速度方面硬盘无疑是存取速度最快的，因此它是备份实时存储和快速读取数据最理想的介质。但是，与其他存储技术相比，硬盘存储所需费用是昂贵的。因此，在大容量数据备份方面，所讲的备份只是作为后备数据的保存，并不需要实时的数据存储，不能只考虑存取的速度而不考虑到投入的成本。所以，硬盘存储更适合容量小但备份数据需读取的系统。采用硬盘作为备份的介质并不是大容量数据备份最佳的选择。

（2）光学介质备份

主要包括 CD-ROM、DVD-ROM、WORM、可擦写光盘等。光学存储设备具有可持久地存储和便于携带数据等特点。与硬盘备份相比较，光盘提供了比较经济的存储解决方案，但是它们的访问时间比硬盘要长 2～6 倍，并且容量相对较小，备份大容量数据时，所需数量极大，虽然保存的持久性较长，但相对整体可靠性要低。所以，光学介质的存储更适合于数据的永久性归档和小容量数据的备份。采用光学材料作为备份的介质也并不是大容量数据备份最佳的选择。

（3）磁带存储技术

磁带存储技术是一种安全的、可靠的、易使用和相对投资较小的备份方式。磁带和光盘一样是易于转移的，但单体容量却是光盘的成百上千倍。在绝大多数的系统下都可以使用，也允许用户在无人干涉的情况下进行备份与管理。磁带备份的容量要设计得与系统容量相匹配，自动加载磁带机设备对于扩大容量和实现磁带转换是非常有效的。在磁带读取速度没有快到像光盘和硬盘一样时，它可以在相对比较短的时间内（典型是在夜间自动备份）备份大容量的数据，并可十分简单地对原有系统进行恢复。磁带备份包括硬件介质和软件管理，目前它是用电子方法存储大容量数据最经济的方法。磁带系统提供了广泛的备份方案，并且它允许备份系统按用户数据的增长而随时的扩容。因此，它应该是备份大量后台非实时处理的数据的最佳备份方案。

总之，选择备份介质要根据自己系统的实际需求出发，并留有良好的升级、扩容的余地，在合理的投入内，使用户的宝贵数据做到万无一失。

3. 备份种类

总的来说，在 Linux 操作系统中将备份分为两类：系统备份，实现对操作系统和应用程序的备份；用户备份，实现对用户文件的备份。

（1）系统备份

系统备份就是对操作系统和应用程序的备份，进行系统备份的原因是尽量在系统崩溃以后能快速简单完全地恢复系统的运行。进行备份的最有效方法是仅仅备份那些对于系统崩溃后恢复所必需的数据。例如，Linux 系统中很多重要的文件位于/etc 目录之下，这些重要的配置文件都需要定期进行备份。

（2）用户备份

用户备份不同于系统备份，因为用户的数据变动更加频繁一些。当备份用户数据时，只是为用户提供一个虚拟的安全网络空间，合理的放置最近用户数据文件的备份，当出现任何问题，例如，误删除某些文件或者硬盘发生故障时，用户可以恢复自己的数据。

用户备份应该比系统备份更加频繁，也许每天都需要进行备份，或使用 cron 程序自动定期运行某个程序的方法来备份数据。

4. Linux **备份策略**

选择存储备份软件及存储备份技术（包括备份硬件及备份介质）后，首先需要确定数据备份的策略，即确定需备份的内容、备份时间及备份方式。各个单位要根据自己的实际情况来制定不同的备份策略，目前采用最多的备份策略主要有以下 3 种。

（1）完全备份（full backup）

每隔一定时间就对系统进行一次全面的备份，这样在备份间隔期间出现数据丢失等问题，可以使用上一次的备份数据恢复到前次备份时数据状况。这是最基本的备份方式，但是每次都需要备份所有的数据，并且每次备份的工作量也很大，需要大量的备份介质，因此这种备份不能进行的太频繁，只能每隔一段较长时间才进行一次完整的备份。但是这样一旦发生数据丢失，只能恢复到上次备份的数据，这期间内更新的数据就有可能丢失。

优点：备份的数据最全面、最完整。恢复快，当发生数据丢失的灾难时，只要用一盘磁带就可以恢复全部的数据。

缺点：数据量非常大，占用备份的磁带设备比较多，备份时间比较长。

（2）增量备份（incremental backup）

首先进行一次完全备份，然后每隔一个较短时间进行一次备份，但仅仅备份在这个期间更改的内容。当经过一个较长的时间后再重新进行一次完全备份，开始前面的循环过程。由于只有每个备份周期进行一次完全备份，其他只进行更新数据的备份，因此工作量小，可以进行频繁的备份。例如，以一个月为一个周期，一个月进行一次完全备份，每天晚上零点进行这一天改变的数据备份。这样一旦发生数据丢失，首先恢复到前一个完全备份，然后按日期一个一个恢复每天的备份，就能恢复到前一天的情况。这种备份方法比较经济。

优点：备份速度快，没有重复的备份数据，节省磁带空间并缩短了备份时间。

缺点：恢复时间长，如果系统在星期四的早晨发生故障，管理员需要找出从星期一到星期三的备份磁带进行系统恢复。各磁带间的关系就像链子一样，一环套一环。其中任何一盘磁带出了问题，都会导致整条链子脱节。

（3）累计备份（cumulative backup）

这种备份方法与增量备份相似，首先每月进行一次完全备份，然后每天进行一次更新数据的备份。但不同在于，增量备份是备份该天更改的数据，而累计备份是备份从上次进行完全备份后更改的全部数据文件。一旦发生数据丢失，可以使用前一个完全备份恢复到前一个月的状态，再使用前一个累计备份恢复到前一天的情况。这样做的缺点是每次做累计备份工作的任务比增量备份的工作量要大，但好处在于，增量备份每天都备份，因此要保存数据备份数量太多，而累计备份则不然，只需保存一个完全备份和一个累计备份就可以恢复故障以前的状态。另外在进行恢复工作时，增量备份要顺序进行多次备份的恢复，而累计备份只需两次恢复，因此它的恢复工作相对简单。

优点：吸取了完全备份以及增量备份的优点，克服了两者的缺点。

缺点：工作量比较大。

增量备份和累计备份都能以比较经济的方式对系统进行备份，在这些不同的策略之间进

行选择不但与系统数据更新的方式相关，也依赖于管理员的习惯。通常系统数据更新不是太频繁的话，可以选用更新备份的方式。但是如果系统数据更新太快，使每个备份周期后的几次累计备份的数据量相当大，这时候可以考虑增量备份或混用累计备份和增量备份的方式，或者缩短备份周期。

5. **确定要备份的内容**

在备份和还原系统时，Linux 基于文件的性质成了一个极大的优点。配置文件是基于文本的，并且除了直接处理硬件时以外。它们在很大程度上是与系统无关的。硬件驱动程序的现代方法是，使它们以动态加载的模块的形式可用，这样内核就变得更加与系统无关。不同于让备份必须处理操作系统如何安装到系统和硬件上的复杂细节，Linux 备份处理的是文件的打包和解包。

一般情况下，以下这些目录是需要备份的。

（1）/etc：包含所有核心配置文件。这其中包括网络配置、系统名称、防火墙规则、用户、组以及其他全局系统项。

（2）/var：包含系统守护进程（服务）所使用的信息，包括 DNS 配置、DHCP 租期、邮件缓冲文件、HTTP 服务器文件、DBZ 实例配置等。

（3）/home：包含所有用户默认用户主目录。这包括他们的个人设置、已下载的文件和用户不希望失去的其他信息。

（4）/root：是根（root）用户的主目录。

（5）/opt：是安装许多非系统文件的地方。如 IBM 软件就安装在这里。Openoffioe、JDK 和其他软件在默认情况下也这里。

有些目录是应该考虑不备份的：

（1）/proc：应该永远不要备份这个目录。它不是一个真实的文件系统，而是运行内核和环境的虚拟化试图。它包括诸如/proc/kcore 这样的文件，这个文件是整个运行内存的虚拟视图。备份这些文件只是在浪费资源。

（2）/dev：包含硬件设备的文件表示。如果计划还原到一个空白的系统，那就可以备份/dev。然而，如果计划还原到一个已安装的 Linux 系统，那么备份/dev 是没有必要的。

其他目录包含系统文件已安装的包。在服务器环境中，这其中的许多信息都不是自定义的。大多数自定义都发生在/etc/和 / home 目录中。

在 Linux 系统中，大部分系统配置文件位于 / etc 目录中。但是应该考虑备份所有可能的文件及其位置，具体包括如下内容：

（1）DNS 域信息。

（2）NIS/NIS+文件和配置。

（3）Apache 或其他 Web 服务器配置。

（4）邮件文件或文件夹。

（5）Lightweight Directory Access Protocol（LDAP）服务器数据。

（6）安全证书。

（7）自定义内核驱动程序。

（8）内核配置或构建配置和参数。

（9）许可密钥和序列号。

（10）自定义脚本和应用程序。

（11）用户 root 登录脚本。

（12）邮件配置。

6.3.5 常用备份恢复命令

1. tar 命令

tar 是以前备份文件的可靠命令，几乎可以工作在任何环境中。Linux 中以.tar 结尾的文件都是用它创建的，其使用超出了单纯的备份，可用来把许多不同文件放到一起组成一个易于分开的文件。tar 是从 Tape ARchiver 备份工具起步的，作为一个基于文件的命令，它本质上是连续且首尾相连地堆放文件。使用 tar 可以打包整个目录树，使其特别适合用于备份。归档文件可以全部还原，或从中展开单独的文件和目录，备份可以保存到基于文件的设备或磁带设备中。

文件可以在还原时重定向，以将其重新放到一个与所在目录（或系统）不同的目录（或系统）中。tar 与文件系统无关，它可以使用在 ext2、ext3、ext4、xfs、jfs、Reiser 和其他文件系统中。tar 命令的用法如下：

备份：

```
# tar <选项><-cf 备份文件或设备> <备份路径>
```

恢复：

```
# tar <选项><-xf 备份文件或设备> [-C 恢复路径]
```

常用参数选项：

```
-M             分卷处理
-p             保留权限
-T filename    指定备份文件列表
-N DATE        备份指定日期之后修改的文件
-z             用 GNU 的 gzip 压缩文件或解压
-J             用 bzip2 压缩文件或解压
```

示例 7：跨越多张软盘备份系统/usr/local 下的所有内容，同时进行写入检验，操作命令为：

```
[root@localhost ~]# tar -cWMf /dev/fd0 /usr/local
```

示例 8：备份目录下自 03/11/2009 改过的文件到磁带设备/dev/st0 中，操作命令为：

```
[root@localhost ~]# tar -cvf /dev/st0 -N 03/11/2009
```

示例 9：保持文件权限备份目录（不包括/proc）到磁带设备/dev/st0 中，操作命令为：

```
[root@localhost ~]# ar -cpvf /dev/st0 / --exclude=/proc
```

示例 10：恢复备份到目录，操作命令为：

```
[root@localhost ~]# tar -xpvf /dev/st0 -C /
```

示例 11：从备份文件恢复指定的文件/etc/passwd，操作命令为：

```
[root@localhost ~]# tar tar xpvf /dev/st0 etc/passwd
```


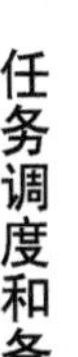

示例 12：做一个完全备份，操作命令为：

```
[root@localhost ~]#tar -zcpvf /backup/bp_full.tar.gz / --exclude=/proc
--exclude=/backup --exclude=/mnt
```

示例 13：每隔 7 天执行一次增量备份，操作命令为：

```
[root@localhost ~]# tar -c -T /tmpfilelist -vf /backup/bp_add.tar.gz
```

2. cpjo 命令工具

GNU cpio 与 tar 一样从命令提示行启动，但更为复杂，也更为可靠。因为如果一个 tar 文件中某处有一个坏块，就不能访问备份文件的其他部分。而使用 cpio，只有坏块不能访问。

cpio 命令是通过重定向的方式将文件进行打包备份、还原恢复的工具，它可以解压以.cpio 或者.tar 为扩展名的文件。cpio 命令的用法如下：

备份：

```
# cpio -ocvB > [file|device]
```

恢复：

```
# cpio -icdvu < [file|device]
```

查看：

```
# cpio -icvt < [file|device]
```

常用的参数选项：

```
-v            详细模式，列出正在处理的文件，以 ls -l 格式给出
-B            使用大块 5120 B，默认为 512 B
-Cn           使用 n 字节的块
-c            使用 ASCII 头（总是使用这个选项）
```

cpio 用下列方式指定 I/O 设备：

```
-O file       当归档时用于更好地处理多卷介质
-I file       当恢复时用于更好地处理多卷介质
```

cpio 的输入（恢复）选项：

```
-t            仅列出文件的内容而不进行恢复文件
-d            如果需要的话创建目录
-u            无条件地恢复文件，替换已存在的文件
-m            保留文件更改次数\时间
```

cpio 的–i、–o 和–p 选项选择要执行的操作，它们是相互排斥的，说明如下：

（1）cpio –o（复制出）

cpio –o 读标准输入以获取路径名列表，并且将这些文件连同路径名和状态信息复制到标准输出上。

（2）cpio –i（复制进）

cpio –i 命令从标准输入读一个归档，这个文档使用 cpio –o 命令创建。并且复制名字匹配 pattern 参数的文件，该参数是以常规 ksh 符号表示法给出的正则表达式。这些文件被复制进当前目录树中，使用 ksh 命令中描述的文件名符号表示法可以使用多个参数。模式可以是特殊字符*（星号）、?（问号）和[...]（方括号和省略号）。模式参数的默认值是一个*，即选择输入中的所有文件。例如，在表达式[a–z]中，减号意味着根据当前的整理序列贯穿。

文件的许可权在先前的 cpio -o 中产生，所有者和组的许可与当前使用者相同。如果这样，所有者和组的许可将和先前 cpio -o 中产生相同的 512 B 的数量报告块。

如果 cpio -i 试图创建一个已经存在的文件并且与其寿命一样或更小（较新），则将输出一个告警消息，并且不替换该文件 c 否则替换该文件，而且命令不提示任何告警消息。

（3）cpio -p（复制传递）

cpio -p 读标准输入以获得文件的路径名列表，并且将其复制进以 directory 参数命名的目录中，指定的目录必须已经存在。如果包含不存在的目录名，必须使用 d 标志来创建指定的目录。默认情况下，仅使用该选项从源文件传送（复制）Access Control List's（ACL）到目标文件。

示例 14：复制当前目录中所有文件到磁带设备/dev/rmt0 中，操作命令为：

```
[root@localhost ~]# find . |cpio -oc >/dev/rmt0
```

示例 15：从 cpio 归档中只换取一个常规文件中的文件列表，操作命令为：

```
[root@localhost ~]# cat ar | cpio -I E Efile
```

示例 16：把 home 目录备份到 SCSI 磁带设备中，操作命令为：

```
[root@localhost ~]# ls /home | cpio -o >/dev/st0
```

3. dump 命令

dump 命令为备份工具程序，可将目录或整个文件系统备份至指定的设备，或备份为一个大文件。它可以执行类似 tar 的功能，但倾向于考虑文件系统，而不是个别文件。dump 支持分卷和增量备份。其命令的用法为：

```
#dump [-cnu] [-0123456789] [-b <区块大小>] [-B <区块数目>] [-d <密度>] [-f <设备名称>] [-h <层级>] [-s <磁带长度>] [-T <日期>] [目录或文件系统]
```

或

```
# dump [-wW]
```

主要选项如下：

```
-0123456789     备份的层级
-b<区块大小>     指定区块的大小，单位为 KB
-B<区块数目>     指定备份卷册的区块数目
-c              修改备份磁带预设的密度与容量
-d<密度>         设置磁带的密度。单位为 BPI
-f<设备名称>     指定备份设备
-h<层级>         当备份层级等于或大雨指定的层级时，将不备份用户标示为
                "nodump"的文件
-n              当备份工作需要管理员介入时，向所有"operator"群组中的使用
                者发出通知
-s<磁带长度>     备份磁带的长度，单位为英尺
-T<日期>         指定开始备份的时间与日期
-u              备份完毕后，在/etc/dumpdates 中记录备份的文件系统，层级，
                日期与时间等
-w              与-W 类似，但仅显示需要备份的文件
-W              显示需要备份的文件及其最后一次备份的层级、时间与日期
```

示例 17：将/home 目录所有内容备份到/tmp/homeback.dump 文件中，备份层级为 0 并在

/etc/dumpdates 中记录相关信息，操作命令为：

```
[root@localhost ~]# dump  -0u  -f  /tmp/homeback.dump  /home
```

通过 dump 命令的备份层级，可实现完全+增量备份和完整+差异备份，在配合 crontab 可以实现无人值守备份。

4. restore **命令**

配合 dump 的命令是 restore，它用于从转储映像还原文件，即执行转储的逆向功能。该命令可以首先还原文件系统的完全备份，而后续的增量备份可以在已还原的完全备份之上覆盖，可以从完全或部分备份中还原单独的文件或者目录树。restore 命令用法：

```
# restore [options]
```

主要参数选项：

```
-b<区块大小>      设置区块大小，单位是 B
-c               不检查倾倒操作的备份格式，仅准许读取使用旧格式的备份文件
-C               使用对比模式，将备份的文件与现行的文件相互对比
-D<文件系统>      允许用户指定文件系统的名称
-f<备份文件>      从指定的文件中读取备份数据，进行还原操作
-h               仅解出目录而不包括与该目录相关的所有文件
-i               使用互动模式，在进行还原操作时，restore 指令将依序询问用户
-m               解开符合指定的 inode 编号的文件或目录而非采用文件名称指定
-r               进行还原操作
-R               全面还原文件系统时，检查应从何处开始进行
-s<文件编号>      当备份数据超过一卷磁带时，可以指定备份文件的编号
-t               指定文件名称，若该文件已存在备份文件中，则列出它们的名称
-v               显示指令执行过程
-x               设置文件名称，且从指定的存储媒体里读入它们，若该文件已存在在
                 备份文件中，则将其还原到文件系统内
-y               不询问任何问题，一律以同意回答并继续执行指令
```

示例 18：查看备份文档/tmp/homeback.dump 中的文件，可使用以下命令：

```
[root@localhost ~]# restore -tf  /tmp/homeback.dump
```

示例 19：还原备份文档/tmp/homeback.dump 中的文件，可使用以下命令：

```
[root@localhost ~]# restore -rf  /tmp/homeback.dump
```

5. dd **命令**

dd 是一个文件系统复制实用命令，用于产生文件系统的二进制副本。它还可用于产生硬盘驱动器的映像，类似于使用诸如 Symantec 的 Ghost 这样的产品。然而该命令不是基于文件的，因此只能用其来将数据还原到完全相同的硬盘驱动器分区。dd 命令的用法如下：

```
# dd [bs=<字节数>] [cbs=<字节数>] [conv=<关键字>] [count=<区块数>] [ibs=<字节数>]
   [if=<文件>] [obs=<字节数>] [of=<文件>] [seek=<区块数>] [skip=<区块数>]
```

主要参数选项：

```
bs=<字节数>        将 ibs(输入)与 obs(输出)设为指定的字节数
cbs=<字节数>       转换时，每次只转换指定的字节数
conv=<关键字>      指定文件转换的方式
count=<区块数>     仅读取指定的区块数
ibs=<字节数>       每次读取的字节数
```

```
if=<文件>           从文件读取
obs=<字节数>        每次输出的字节数
of=<文件>           输出到文件
seek=<区块数>       开始输出时，跳过指定的区块数
skip=<区块数>       开始读取时，跳过指定的区块数
```

示例 20：把第 1 个硬盘的前 512 B 保存为一个文件，可使用以下命令：

```
[root@localhost ~]# dd  if=/dev/sda  of=disk.mbr  bs=512  count=1
```

示例 21：为软盘建立镜像文件，可使用以下命令：

```
[root@localhost ~]# dd  if=/dev/fd0  of=disk.img  bs=1440k
```

6. cp 命令

cp 是 copy 的缩写，用于复制文件或目录，如同时指定两个以上的文件或目录，且最后的目的地是一个已经存在的目录，则它会把前面指定的所有文件或目录复制到此目录中。若同时指定多个文件或目录，而最后的目的地并非一个已存在的目录，则会出现错误信息。

6.4 任务实施

因为所有的任务都是定期执行的，所以采用 cron 任务调度。

步骤 1：启动 crond 服务，操作命令如下：

```
[root@MyLinux ~]# systemctl start crond.service
```

步骤 2：创建 crontab，操作命令如下：

```
[root@MyLinux ~]# crontab -e
```

内容如下：

```
00 8   * * 1,2,3,4,5 service firewalld restart;sh /root/firewall_work.sh
30 13  * * 1,2,3,4,5 service firewalld restart;sh /root/firewall_work.sh
00 12  * * 1-5       service firewalld restart;sh /root/firewall_rest.sh
30 17  * * 1-5       service firewalld restart;sh /root/firewall_rest.sh
00 00  * * 0,6       service firewalld restart;sh /root/firewall_rest.sh

00 02  1 1 *         tar  -cpvf /dev/st0 / --exclude=/proc --exclude=/mnt
00 03  1 * *         tar  -cpvf /dev/st0 /home
00 04  1 * *         ls   /etc|cpio -o> /dev/st0
00 05  1 * *         ls   /var|cpio -o> /dev/st0
```

保存退出。

步骤 3：检查/etc/cron.allow 和/etc/cron.deny 文件是否存在，如果都不存在，就意味着只有 root 用户可以执行 crond；如果只存在/etc/cron.allow 文件，则需在该文件里列出非 root 的用户才能使用 crond 任务调度；如果只存在/etc/cron.deny，则需在该文件里列出不能使用 crond 任务调度的非 root 用户。

```
[root@MyLinux ~]# ll /etc/cron.allow
ls: cannot access /etc/cron.allow: No such file or directory
[root@MyLinux ~]# ll /etc/cron.deny
-rw-------. 1 root root 0 Jan 28  2014 /etc/cron.deny
```

阅读与思考："9·11"事件中的摩根斯坦利证券公司

2001 年 9 月 11 日，一个晴朗的日子。

和往常一样，当 9 点的钟声响过之后，美国纽约恢复了昼间特有的繁华。世贸大厦迎接着忙碌的人们，熙熙攘攘的人群在大楼中穿梭往来。在大厦的 97 层，是美国一家颇有实力的著名财经咨询公司——摩根斯坦利证券公司。这个公司的 3500 名员工大都在大厦中办公。

就在人们专心致志地做着他们的工作时，一件惊心动魄的事情发生了！这就是著名的"9·11"事件。在一声无与伦比的巨大响声中，世贸大厦像打了一个惊天的寒战，所有在场的人员都被这撕心裂肺的声音和山摇地动的震撼惊呆了。继而，许多人像无头苍蝇似的乱蹿起来。大火、浓烟、惊叫，充斥着大楼的上部。

在一片慌乱中，摩根斯坦利公司却表现得格外冷静，该公司虽然距撞机的楼上只有十几米，但他们的人员却在公司总裁的指挥下，有条不紊地按紧急避险方案从各个应急通道迅速向楼下疏散。不到半个小时，3500 人除 6 人外都撤到了安全地点。后来得知，摩根斯坦利公司在"9·11"事件中共有 6 人丧生，其中 3 个是公司的安全人员，他们一直在楼内协助本公司外的其他人员撤离，同时在寻找公司其他 3 人。另外 3 人丧生情况不明。如果没有良好的组织，逃难的人即便是挤、踩，也会造成重大的死伤。据了解，摩根公司是大公司中损失最小的。当然，公司人员没有来得及带走他们的办公资料，在人员离开后不久，世贸大厦全部倒塌，公司所有的文案资料随着双塔的倒塌灰飞烟灭，不复存在。

然而，仅仅过了两天，又一个奇迹在摩根斯坦利公司出现，他们在新泽西州的新办公地点准确无误地全面恢复了营业。原来，危急时刻公司的远程数据防灾系统忠实地工作到大楼倒塌前的最后一秒，他们在新泽西州设有第二套全部股票证券商业文档资料数据和计算机服务器，这使得他们避免了重大的业务损失。是什么原因使摩根斯坦利公司遇险不惊，迅速恢复营业，避免了巨大的经济和人员损失呢？事后人们了解到，摩根斯坦利公司制订了一个科学、细致的风险管理方案，并且，他们居安思危，一丝不苟地执行着这个方案。

如今，"9·11"事件本身已经成为过去，但如何应付此类突发事件，使企业在各种危难面前把损失减小到最低限度，却是一个永久的话题。

据美国的一项研究报告显示，在灾害之后，如果无法在 14 天内恢复业务数据，75%的公司业务会完全停顿，43%的公司再也无法重新开业，20%的企业将在两年之内宣告破产。美国 Minnesota 大学的研究表明，遭遇灾难而又没有恢复计划的企业，60%以上将在两三年后退出市场。而在所有数据安全战略中，数据备份是其中最基础的工作之一。

资料来源：老兵网（http://www.laobing.com.cn/tyjy/lbjy1003.html），此处有删改。

作业

1. 关于进程调度命令，以下（　　）是不正确的。

   A. 当日晚 11 点执行 clear 命令，使用 at 命令：at 23:00 today clear

   B. 每年 1 月 1 日早上 6 点执行 date 命令，使用 at 命令：at 6am Jan 1 date

   C. 每日晚 11 点执行 date 命令，crontab 文件中应为： 0 23 *** date

   D. 每小时执行一次 clear 命令，crontab 文件中应为：0 */1***clear

2. crontab 文件由（　　）6 个域组成，每个域之间用空格分割。

A. min hour day month year command

B. min hour day month dayofweek command

C. command hour day month dayofweek

D. command year month day hour min

3. 假如计划让系统自动在每个月的第一天早上 4 点钟执行一个维护工作，以下（　　）是正确的。

A. 00 4 1 # * /maintenance.pl　　B. 4 1 * * ~/maintenance.pl

C. 0 4 31 /1 * * ~/maintenance.pl　　D. 1 4 00 ~/maintenance.pl

4. 以下的命令将在（　　）自动执行。

```
23  5  01  *  *  root  /etc/monthly  2>&1  |  sendmail  root
```

A. 每月第 23 天的 5:01　　B. 每月第一天 23:05

C. 每月第一天 5:23　　D. 其他时间

5. 若要对 myfile.txt.tar.gz 包进行解压还原，则应使用命令（　　）来实现。

A. tar –xvf myfile.txt.tar.gz　　B. tar –cvf myfile.txt.tar.gz

C. tar –zcvf myfile.txt.tar.gz　　D. tar –zxvf myfile.txt.tar.gz

6. 若要将当前目录中的 myfile.txt 文件压缩成 myfile.txt.tar.gz，应使用命令（　　）。

A. tar –cvf myfile.txt myfile.txt.tar.gz　　B. tar –zcvf myfile.txt myfile.txt.tar.gz

C. tar –zcvf myfile.txt.tar.gz myfile.txt　　D. tar –cvf myfile.txt.tar.gz myfile.txt

7. 现有 httpd-2.0.50.tar.bz2 软件包，现要将其释放到/usr/local/src 目录中，以下释放方法中，正确的是（　　）。

A. tar zxvf httpd-2.0.50.tar.bz2　　B. tar –zxvf httpd-2.0.50.tar.bz2

C. tar –jxvf httpd-2.0.50.tar.bz2　　D. ar jxvf httpd-2.0.50.tar.bz2 –C /usr/local/src

8. 为了将当前目录下所有.TXT 文件打包并压缩归档到文件 this.tar.gz，可以使用（　　）命令。

A. tar czvf　this .tar.gz　./*.txt　　B. tar　./*.txt czvf this .tar.gz

C. tar cxvf　this .tar.gz　./*.txt　　D. tar c xvf this .tar.gz　./*.txt

9. tar 命令的 r 选项命令含义是（　　）。

A. 产生一个归档

B. 向归档文件末尾增加新的文件

C. 将归档内容与文件系统上的文件进行比较

D. 使用 gzip 来压缩归档文件

10. 使用 crontab 命令显示用户 wl060x 的任务调度的工作。

11. 使用 crontab 命令将用户 wl060x crontab 表中的第 4 项工作删除。

12. 限制用户 ww 使用 cron 定制自己的工作任务。

13. 使用 crontab 命令编辑超级用户的 crontab 表，要求：

（1）每隔 30 min 执行命令“ls –al /root”；

（2）每月隔 10 天的 5 点 35 分执行命令“ps -aux”；

（3）每天 1 点至 4 点的第 25 分钟执行命令“pwd”；

（4）每月 1 号下午 6 点执行命令“shutdown –r now”。

14. 新建 1 个主分区，大小为所有剩余的磁盘空间，用于 Linux 的数据分区。将新建的数据分区在 Linux 系统启动时自动挂载到/mydata 目录。

15. 使用 at 命令，过 35 min 自己发一封 E-mail，内容为“This is my mail”，请修改系统时间，确定用户收到了它。

16. 使用 at 命令，2 天后的下午 5:30 执行“将当前目录下的所有文件备份到新建的分区上”。

17. 使用 at 命令，星期五下午 5:30 执行关机命令。

18. 查看 at 队列，并将题目 4 中的作业条目删除。

19. 限制用户 ww 使用 at 定制自己的工作任务。

20. 使用 cpio 命令，将/home 目录下的所有文件备份到新建的分区上。

21. 使用 cpio 命令，从新建的分区上恢复所有的文件。

22. 使用 dd 命令，将任意格式化的软盘文件复制到新建的分区上。

23. 使用 dd 命令，复制一张完整的光盘为映像文件。

24. 使用 tar 命令，对当前 Linux 系统进行完全备份。

25. 以 root 登录，并运行下面的命令：

（1）切换到/usr 目录，使用 tar 备份 dict 目录到新建的分区上；检查备份工作是否完成；恢复备份到/tmp/dict.tar 目录。

（2）使用 cpio，重复上面的备份与恢复（恢复到/tmp/dict.cpio）。

（3）如何查找写到新建的分区上的数据的格式？

26. 根据所学知识，为自己的系统量身定制一套完整的数据备份方案，并在 Linux 系统上实现备份和恢复。

软件包管理

在对系统的使用和维护过程中，安装和卸载软件是必须掌握的操作。Red Hat Linux 为便于软件包的安装、更新和卸载，提供了 RPM 软件包。本章将详细介绍 rpm 命令、Linux/UNIX 系统中标准的 tar 包管理命令和 yum 命令。

7.1 企业需求

公司计划在 Linux 机器上架设 Web 服务器，但不知道这台计算机上是否安装了 Web 服务器的软件，如果没安装的话希望能进行 Web 的软件包安装，有的话想验证一下该软件是否存在问题。

7.2 任务分析

根据公司业务的需要，在 Linux 服务器上查询、安装、卸载、更新和验证软件是必须熟练掌握的操作。现假设 Web 服务软件包使用 apache，已经下载并保存在 U 盘，按上述的需求，应完成如下的任务：

（1）查询是否安装了 Apache 软件。

（2）使用 rpm 安装 Apache 软件。

（3）使用 yum 安装 Apache 软件。

（4）验证 Apache 软件。

7.3 知识背景

7.3.1 RPM 软件包管理

RPM（Redhat package manager）是由 RedHat 公司提出的一种软件包管理标准，可用于软件包的安装、查询、更新升级、检验、卸载已安装的软件包，以及生成.rpm 格式的软件包等，其功能均是通过 rpm 命令结合使用不同的命令参数来实现的。由于功能十分强大，RPM 已经成为目前 Linux 各发行版本中应用最广泛的软件包格式之一。

1. RPM 软件包

RPM 软件包可以使用以下 3 种命名方式。

（1）典型的命名格式（常用）

其格式为：

```
软件名称 版本号(包括主版本号和发行序号).体系号.rpm
```

其中，体系号指的是执行程序适用的处理器体系，如：

```
i386        适用于任何 Intel 80386 以上的 x86 架构的计算机
i686        适用于任何 Intel 80686 的 x86 架构的计算机。i686 软件包的程序
            通常针对 CPU 进行了优化
x86_64      适用 64 位计算机
Ppc         适用于 PowerPC 或 Apple Power Macintosh
noarch      没有架构要求。指这个软件包与硬件架构无关，可以通用。有些脚本
            (比如 shell 脚本)被打包进独立于架构的 RPM 包，就是 noarch 包
```

如果体系号为 src，则表明为源代码包，否则为执行程序包。例如，bind-9.2.1-16.i386.rpm 是一个二进制 RPM 包，平台为 x86，软件名称 bind，版本编号 9.2.1，发行序号 16（打补丁时，发行序号会增加 1），而 xyz-5.6. 3-7.src.rpm 则为源代码包。在 Internet 上，用户经常会看到这样的目录 RPMS/和 SRPMS/。目录 RPMS/下面存放的就是一般的 RPM 软件包，这些软件包是由软件的源代码编译成的可执行文件，再包装成 RPM 软件包。而 SRPMS/目录下存放的都是以.src.rpm 结尾的文件，这些文件是由软件的源代码包装成的。

（2）URL 方式的命名格式（较常用）

FTP 方式的命名格式：

```
ftp://[用户名[: 密码]@]主机[:端口]/包文件
```

其中，[]括住的内容表示可选，主机可以是主机名，也可是 IP 地址。包文件可含目录信息。如未指定用户名，则 RPM 采用匿名方式传输数据（用户名为 anonymous）。如未指定密码，则 RPM 会根据实际情况提示用户输入密码。如未指定端口，则 RPM 使用默认端口（一般为 21）。例如，ftp://ftp.szy.com/qq.rpm，表示使用匿名传输，主机 ftp.szy.com ，包文件 qq.rpm。

HTTP 方式的命名格式：

```
http://主机[:端口]/包文件
```

其中，[]括住的内容可选。主机可以是主机名，也可是 IP 地址。包文件可含目录信息。如未指定端口，则 RPM 默认使用 80 端口。如 http://www.szy.com/qq.rpm，表示用 HTTP 获取 www.szy.com 主机上的 qq.rpm 文件。

（3）其他格式（很少使用）

```
命名格式: 任意
```

如将 xyz-5.6-7.i1386 .rpm 改名为 xyz.txt ，用 rpm 安装也会安装成功，其根本原因是 rpm 判定一个文件是否是 RPM 格式，不是看名字，而是看内容，看其是否符合特定的格式。

Red Hat Linux 使用 rpm 命令实现对 RPM 软件包进行维护和管理。由于 rpm 命令功能十分强大，因此 rpm 命令的参数选项也特别多，通过 rpm –help 可以查看其用法提示。当命令中同时选用多个参数时，这些参数可合并在一起表达。

2. 查询（Query）RPM 软件包

查询 RPM 软件包使用-q 参数，要进一步查询软件包中的其他方面的信息，可结合使用一些相关的参数，其命令用法为：

```
# rpm  -q  [options]  [软件包名|软件名|文件名]
```

注意：可以用--query 替代-q。

常用选项参数：

```
-c           显示配置文件列表
-d           显示文档文件列表
-i           显示软件包的概要信息
-l           显示软件包中的文件列表
-s           显示软件包中文件列表显示每个文件的状态
<null>       显示软件包的全部标识
--dump       显示每个文件的所有已检验信息
--provides   显示软件包提供的功能
--qf         以用户指定的方式显示查询信息
-R           显示软件包所需的功能
--scripts    显示安装、卸载、检验脚本
-a           查询所有安装的软件包
-f <file>    查询<file>属于哪个软件包
-g <group>   查询属于<group>组的软件包
-p <file>    查询软件包的文件
```

注意：“软件包名”和“软件名”是不同的，例如，webmin-1.650-1.noarch.rpm 是“软件包名”，而 webmin 是“软件名”。

（1）查询系统中已安装的全部 RPM 软件包

命令用法：

```
rpm -qa
```

一般系统安装的软件包较多，为便于分屏浏览，可结合管道操作符和 less 命令来实现，其命令用法为：

```
[root@localhost ~]# rpm -qa|less
```

若要查询包含某关键字的软件包是否已安装，可结合管道操作符和 grep 命令来实现。比如，若要在已安装的软件包中，查询包含 ftp 关键字的软件包的名称，则实现的命令为：

```
[root@localhost ~]# rpm -qa |grep ftp
```

（2）查询指定的软件包是否安装

命令用法：

```
rpm -q 软件包名称列表
```

该命令可同时查询多个软件包，各软件包名称之间用空格分隔，若指定的软件包已安装，将显示该软件包的完整名称（包含有版本号信息）；若没有安装，则会提示该软件包没有安装。

比如，若要查询 vsftpd 软件包是否已安装，则操作命令为：

```
[root@localhost ~]# rpm -q vsftpd
vsftpd-1.1.3-8
```

若要查询 telnet-server 服务的软件包是否安装，则操作命令为：

```
[root@localhost ~]# rpm -q telnet-server
package telnet-server is not installed
```

根据输出的提示信息，说明该软件包还没有被安装。

（3）查询软件包的描述信息

命令用法：

```
rpm -qi 软件包名称
```

例如，若要查看 vsftpd 软件包的描述信息，则实现命令为：

```
[root@localhost ~]# rpm -qi vsftpd
```

（4）查询软件包中的文件列表

命令用法：

```
rpm -ql 软件包名称
```

命令中的 l 参数是 list 的缩写，可用于查询显示已安装软件包中所包含文件的文件名以及安装位置。

例如，若要查询 vsftpd 软件包包含哪些文件，以及这些文件都安装在什么位置，则实现的命令为：

```
[root@localhost ~]# rpm -ql vsftpd
```

（5）查询某文件所属的软件包

命令用法：


```
rpm -qf 文件或目录的全路径名
```

利用该命令，可以查询显示某个文件或目录是通过安装哪一个软件包产生的，但要注意并不是系统中的每一个文件都一定属于某个软件包，比如用户自己创建的文件，就不属于任何一个软件包。

例如，若要查询显示/etc/mail 目录是安装哪一个软件包产生的，则实现的命令为：

```
[root@localhost ~]# rpm -qf  /etc/mail
Sendmail-8.12.8-4
```

（6）查询未安装的软件包信息

在安装一个软件包前，通常需要了解有关该软件包的相关信息，比如该软件包的描述信息、文件列表等，此时可使用 p 参数来实现。

查询软件包的描述信息，命令用法：

```
rpm -qpi 软件包名
```

查询软件包的文件列表，命令用法：

```
rpm -qpl 软件包名
```

查询软件包所安装的软件的名称，命令用法：

```
rpm -qp 软件包名
```

示例 1：查询 webmin 软件包的详细内容，操作命令为：

```
[root@localhost ~]# rpm  -qi  webmin
```

示例 2：查询 ftp 是否安装，操作命令为：

```
[root@localhost ~]# rpm  -qa  | grep ftp
```

思考：如果用命令 rpm –q ftp，结果跟上面的命令结果相同吗？为什么？

3. 安装 RPM 软件包

从一般意义上说，软件包的安装其实就是文件的复制，即把软件所用到的各个文件复制到特定目录。RPM 安装软件包，也是如此。但 RPM 要更进一步，在安装前，它通常要执行以下操作：

（1）检查软件包的依赖：RPM 格式的软件包中可包含对依赖关系的描述，如软件执行时需要什么动态链接库，需要什么程序存在以及版本号要求等。当 RPM 检查时发现所依赖的链接库或程序等不存在或不符合要求时，默认的做法是终止软件包的安装。

（2）检查软件包的冲突：有的软件与某些软件不能共存，软件包的作者会将这种冲突记录到 RPM 软件包中。安装时，若 RPM 发现有冲突存在，将会终止安装。

（3）执行安装前脚本程序：此类程序由软件包的作者设定，需要在安装前执行。通常是检测操作环境，建立有关目录，清理多余文件等，为顺利安装做准备。

（4）处理配置文件：RPM 对配置文件有着特别的处理。因为用户常常需要根据实际情况，对软件的配置文件做相应的修改。如果安装时简单地覆盖了此类文件，则用户又须重新手工设置，很麻烦。这种情况下，RPM 做得比较明智：它将原配置文件换个名字保存了起来（原文件名后加.rpmorig），用户可根据需要再恢复，避免重新设置的尴尬。

（5）解压软件包并存放到相应位置：这是最重要的部分，也是软件包安装的关键所在。在这一步，RPM 将软件包解压缩，将其中的文件一个个存放到正确的位置，同时，文件的操作权限等属性相应的要设置正确。

（6）执行安装后脚本程序：此类程序为软件的正确执行设定相关资源。

（7）更新 RPM 数据库：安装后，RPM 将所安装的软件及相关信息记录到其数据库中，便于以后升级、查询、检验和卸载。

（8）执行安装时触发脚本程序：触发脚本程序是指软件包满足某种条件时才触发执行的脚本程序，它用于软件包之间的交互控制。

安装 RPM 软件使用-i 参数，通常还结合使用 v 和 h 参数。rpm 安装命令格式为：

```
# rpm  -i [options]  [软件包名]
```

注意：可用--install 代替-i ，效果相同。

常用参数选项：

```
--excludedocs           不安装软件包中的文档文件
--force                 忽略软件包及文件的冲突
--nodeps                不检查依赖关系
--noscripts             不运行预安装和后安装脚本
--percent               以百分比的形式显示安装进度
-h（或--bash）           安装时输出 hash 记号（#）
-v                      显示附加信息
--prefix path           安装到由 path 指定的路径下
--replacefiles          替换属于其他软件包的文件
--replacepkgs           强制重新安装已安装的软件包
--ignoreos              不检查软件包运行的操作系统
--ignorearch            不检验软件包的结构
--test                  只对安装进行测试，不实际安装
--includedocs           安装软件包中的文档文件
--ftpport port          指定 FTP 的端口号为 port
--ftpproxy host         用 host 作为 FTP 代理
```

示例 3：安装光盘上的 telnet-server-0.17-25.i386.rpm 软件包，操作命令为：

```
[root@localhost ~]# mount  /dev/cdrom  /mnt/cdrom
[root@localhost ~]# rpm -ivh /mnt/cdrom/RedHat/RPMS/telnet-server-0.17-25.i386.rpm
```

在安装软件包时，若要安装的软件包中某个文件已在安装其他软件包时安装，此时系统会报错，提示该文件不能被安装，若要让 rpm 命令忽略该错误信息，可在命令中增加使用“--replacefiles”参数选项。

有时一个软件包可能还依赖于其他软件包，即只有在安装了所依赖的特定软件包后，才能安装该软件包，此时，只需按系统给出的提示信息，先安装所依赖的软件包，然后再安装所要安装的软件包即可。

4. 删除 RPM 软件包

删除 RPM 软件包使用-e 参数，后跟软件名，不能是软件包名。命令用法：

```
# rpm  -e [options]  [软件名]
```

注意：可用--erase 代替-e，效果相同。

常用参数选项：

```
--nodeps                  不检查依赖关系
--noscripts               不运行预安装和后安装脚本
```

示例 4：删除 telnet-server 软件，操作命令为：

```
[root@localhost ~]# rpm -e telnet-server
```

有时一个软件包可能与其他软件包还有依赖关系，仅仅用-e 选项时可能不能删除，还需要应用--nodeps，即：

```
[root@localhost ~]# rpm  -e  --nodeps  telnet-server
```

5. 升级 RPM 软件包

若要将某软件包升级为较高版本的软件包，可采用升级安装方式。升级安装使用-U 参数来实现，该参数的功能是先卸载旧版，然后再安装新版软件包。若指定的 RPM 包并未安装，则系统直接进行安装。为了更详细地显示安装过程，通常结合 v 和 h 参数使用，其用法为：

```
#rpm  -U [options]  [软件包]
```

注意：可用--upgrade 代替-U，效果相同。

常用参数选项：

```
--excludedocs             不安装软件包中的文档文件
--force                   忽略软件包及文件的冲突
--nodeps                  不检查依赖关系
--noscripts               不运行预安装和后安装脚本
--percent                 以百分比的形式显示安装进度
-h (或--bash)             安装时输出 hash 记号 (#)
-v                        显示附加信息
--prefix path             安装到由 path 指定的路径下
--replacefiles            替换属于其他软件包的文件
--replacepkgs             强制重新安装已安装的软件包
--ignoreos                不检查软件包运行的操作系统
--ignorearch              不校验软件包的结构
```

```
--test              只对安装进行测试，不实际安装
--includedocs       安装软件包中的文档文件
--ftpport port      指定 FTP 的端口号为port
--ftpproxy host     用 host 作为 FTP 代理
```

示例 5：使用 rpm 升级 telnet-server，操作命令为：

```
[root@localhost ~]# rpm  -Uvh  telnet-server-1.1-25.noarch.rpm
```

或

```
[root@localhost ~]# rpm  -Uvh  --force  telnet-server-1.1-25.noarch.rpm
```

6. 软件包的验证

对软件包进行验证可保证软件包是安全的、合法有效的。若验证通过，将不会产生任何输出，若验证未通过，将显示相关信息，此时应考虑删除或重新安装。

验证软件包是通过比较从软件包中安装的文件和软件包中原始文件的信息来进行的，验证主要是比较文件的大小、MD5 检验码、文件权限、类型、属主和用户组等。

验证软件包使用-V 参数，要验证所有已安装的软件包，使用命令“rpm –Va”。

若要根据 RPM 文件来验证软件包，则命令用法为“rpm –Vp 文件名”。

7.3.2 TAR 包管理

TAR 是一种标准的文件打包格式，利用 tar 命令可将要备份保存的数据打包成一个扩展名为.tar 的文件，以便于保存。需要时再从.tar 文件中恢复即可。

使用 tar 命令来实现 TAR 包的创建或恢复，生成的 TAR 包文件的扩展名为.tar，该命令只负责将多个文件打包成一个文件，但并不压缩文件，因此通常的做法是再配合其他压缩命令（如 gzip 或 bzip2），来实现对 TAR 包进行压缩或解压缩。为方便使用，tar 命令内置了相应的参数选项，来实现直接调用相应的压缩解压缩命令，以实现对 TAR 文件的压缩或解压。该命令的基本用法为：

```
# tar  [options]  file-1ist
```

options 为 tar 命令的功能参数，根据需要可同时选用多个，执行“tar --help”命令可获得用法帮助。其常用的主功能参数有：

```
-t        查看包中的文件列表
-x        释放包
-c        创建包
-r        增加文件到包文档的末尾
-z        .gz 格式的压缩包
-j        .bz 或.bz2 格式的压缩包
-f        指定包文件名
-v        在命令执行时显示详细的提示信息
-C        指定包解压释放到的目录路径，用法为：C  目录路径名
```

file-1ist 为要打包的文件名列表（文件名之间用空格分隔）或目录名，或者是要解压缩的包文件名。下面分别介绍该命令的详细用法。

1. 创建 TAR 包

命令用法：

```
# tar -cvf  tar 包文件名  要备份的目录或文件名
```

命令功能：将指定的目录或文件打包成扩展名为.tar 的包文件。

示例 6：若要将/etc 目录下的文件打包成 myetc.tar，则实现命令为：

```
[root@localhost ~]# tar -cvf myetc.tar /ctc
```

命令执行后，在 root 目录中就会生成一个名为 myletc.tar 的文件。

2. **创建压缩的 TAR 包**

直接生成的 TAR 包没有压缩，所生成的文件一般较大，为节省磁盘空间，通常需要生成压缩格式的 TAR 包文件，此时可在 TAR 命令中增加使用-z 或-j 参数，以调用 gzip 或 bzip2 程序对其进行压缩，压缩后的文件扩展名分别为.gz、.bz 或.bz2，其命令用法为：

```
# tar -[z|j]cvf 压缩的tar包文件名  要备份的目录或文件名
```

示例 7：若要将/etc 目录下的文件打包并压缩为 myetc.tar.gz，则实现的命令为：

```
[root@localhost ~]# tar  -zcvf  myetc.tar.gz  /etc
```

示例 8：若要打包并压缩为.bz2 格式的压缩包，则实现命令为：

```
[root@localhost ~]# tar  -jcvf  myetc.tar.bz2  /etc
```

示例 9：若要将 root 目录下的 installlog 和 myfile.txt 文件打包并压缩成 test.tar.bz2，则命令为：

```
[root@localhost ~]# tar  -jcvf  test.tar.bz2  install.log myfile.txt
```

这时可以通过 file 命令查看文件的类型：

```
[root@localhost ~]# file  test.tar.bz2
Test.tar.bz2: bzip2 compressed data, block size: =900k
```

3. **查询 TAR 包中文件列表**

在释放解压 TAR 包文件之前，有时需要了解一下 TAR 包中的文件目录列表，此时可使用带-t 参数的 tar 命令来实现，其命令用法为：

```
# tar -t[zv]f tar包文件名
```

示例 10：若要查询 myetc.tar 中的文件目录列表，则实现命令为：

```
[root@localhost ~]# tar  -tf  myetc.tar
```

若要显示文件列表中每个文件的详细情况，可增加使用-v 参数，此时的文件列表方式类似于“ls -1”命令。例如：

```
[root@localhost ~]# tar  -tvf  myetc.tar
```

若要查看.gz 压缩包中的文件列表，则还应增加使用-z 参数；若要查看.bz 或.bz2 格式的压缩包的文件列表，则应增加-j 参数。例如：

```
[root@localhost ~]# tar  -tjvf  myetc.tar.bz2
[root@localhost ~]# tar  -tzvf  myetc.tar.gz
```

4. **释放 TAR 包**

释放 TAR 包使用-x 参数，其命令用法为：

```
# tar  -xvf  tar 包文件名
```

对.gz 格式的压缩包增加-z 参数，对.bz 或.bz2 压缩包增加-j 参数。

示例 11：释放软件包 httpd-2.0.50.tar.gz，实现的命令为：

```
[root@localhost ~]# taf -zxvf  httpd-2.0.50.tar.gz
```

示例 12：释放软件包 httpd-2.0.50.tar.bz2，实现的命令为：

```
[root@localhost ~]# tar  -jxvf  httpd-2.0.50.tar.bz2
```

tar 命令的参数也可不要“-”，比如释放 httpd-2.0.50.tar.bz2 软件包的命令也可以表达为“tar jxvf httpd-2.0.50.tar.bz2”。

tar 命令在释放软件包时，将按原备份路径释放和恢复，若要将软件包释放到指定的位置，可使用“-C 路径名”参数来指定要释放到的位置。

示例 13：假设在当前目录下有名为 httpd-2.0.50.tar.bz2 的软件包，现要将其释放到/usr/local/src 目录下，则释放命令为：

```
[root@localhost ~]# tar  -jxvf  httpd-2.0.50.tar.bz2  -C  /usr/local/src
```

示例 14：将 file.tar gz 文件分割成数个 1.44 MB 大小的文件，可采用以下命令来实现：

```
[root@localhost ~]# tar  -cvfM  /dev/fd0  file.tar gz
```

示例 15：将软盘上的文件合并恢复到硬盘，实现命令：

```
[root@localhost ~]# tar  -xvfm  /dev/fd0
```

7.3.3 安装 src.rpm 软件包

有些软件包是以.src.rpm 结尾的，这类软件包是包含了源代码的 RPM 包，在安装时需要进行编译。这类软件包有两种安装方法：

方法一：

```
(1) #rpm  -ivh  src.rpm 软件包名
(2) #cd  /usr/src/redhat/SPECS
(3) rpmbuild -bp your-package.specs 一个和软件包同名的 specs 文件
(4) cd /usr/src/redhat/BUILD/your-package/ 一个和软件包同名的目录
(5) ./configure 这一步和编译普通的源码软件一样，可以加上参数
(6) make
(7) make install
```

方法二：

```
(1) 执行 rpm -i you-package.src.rpm
(2) cd /usr/src/redhat/SPECS (前两步和方法一相同)
(3) rpmbuild -bb your-package.specs 一个和软件包同名的 specs 文件
这时，在/usr/src/redhat/RPM/i386/ (根据具体包的不同，也可能是 i686、noarch 等)
在这个目录下，有一个新的 RPM 包，这个是编译好的二进制文件
(4) 执行 rpm -i new-package.rpm 即可安装完成
```

7.3.4 使用 rpm2cpio、cpio 提取 RPM 包中的特定文件

如果不小心把/etc/mail/sendmail.mc 文件修改坏了，又没有备份最原始文件，此时可以从 RPM 包中提取出最原始文件。

（1）确定/etc/mail/ sendmail.mc 属于哪个 RPM 包：

```
# rpm  -qf  /etc/mail/sendrnail mc
Sendmail-8.14.7-4.el7.x86-64
```

（2）从 ISO 中提取出 Sendmail-8.14.7-4.el7.x86_64.rpm（或者其他方式取得）：

```
#mount  /opt/rhel-server-7.0-x86_64-dvd.iso  /mnt/iso/
```

（3）确认 Sendmail . mc 的路径：

```
# rpm _qlp /mnt/iso/Packages/sendmail-8.14.7-4.el7.x86_64.rpm |grep sendmail.mc
/etc/mail sendmail.mc
```

在提取 sendmail.mc 之前，有必要确认一下它的相对路径：

```
#rpm2cpio /mnt/iso/Packages/sendmail-8.14.7-4.el7.x86_64.rpm | cpio -t|
grep sendmail.mc
./etc/mail sendmail.mc
```

现在可以提取 sendmail.mc 了，执行下面的命令，提取到当前目录：

```
#rpm2cpio /mnt/iso/Packages/sendmail-8.14.7-4.el7.x86_64.rpm|cpio -idv ./
etc/mail /sendmail.mc
```

注意：cpio 参数后的文件路径./etc/mail/sendmail.mc，必须和前面查询的相对路径一样，否则提取不成功。

7.3.5 yum

虽然 rpm 命令是一个功能强大的软件包管理工具，但是该命令有一个缺点，就是当检测到软件包的依赖关系时，只能手工配置，而 yum 可以自动解决软件包间的依赖关系，并且可以通过网络安装和升级软件包。

1. yum 简介

在 Red Hat Enterprise Linux 5.0 起，CentOS 和 Fedora 等发行版中，都采用了一种叫做 yum 的软件包管理工具。yum 的宗旨是收集 rpm 软件包的相关信息，检查依赖关系，自动化地升级、安装、删除 RPM 软件包。

yum 的关键之处是要有可靠的中心仓库（repository）管理一部分甚至一个 Linux 的应用程序相互关系，根据计算出来的依赖关系进行相关软件包的升级、安装、删除等操作，解决了 Linux 用户头痛的依赖关系问题。

repository 可以是 HTTP 或 FTP 站点，也可以是本地软件池，但必须包含 RPM 的 header，header 包括 RPM 包的各种信息，包括描述、功能、提供的文件、依赖性等。正是收集了这些 header 并加以分析，才能自动化地完成升级、安装软件包等任务。可以使用 createrepo 命令，通过 ISO 镜像文件，创建本地的 repository。

客户端在第一次安装时，会下载 header 文件并加以分析，这样才能自动从服务端下载相关软件，并自动完成安装任务。

2. yum 的使用

（1）认识 yum 的主配置文件

yum 的主配置文件为/etc/yum.conf，yum 的全局性配置信息都储存在该文件中，一般不需要修改。文件默认信息如下：

```
[main]
cachedir=/var/cache/yum/$basearch/$releasever
keepcache=0
debuglevel=2
logfile=/var/log/yum.log
```

```
exactarch=1
obsoletes=1
gpgcheck=1
plugins=1
installonly_limit=3
#  This is the default, if you make this bigger yum won't see if the metadata
# is newer on the remote and so you'll "gain" the bandwidth of not having to
# download the new metadata and "pay" for it by yum not having correct
# information.
#  It is esp. important, to have correct metadata, for distributions like
# Fedora which don't keep old packages around. If you don't like this checking
# interupting your command line usage, it's much better to have something
# manually check the metadata once an hour (yum-updatesd will do this).
# metadata_expire=90m
# PUT YOUR REPOS HERE OR IN separate files named file.repo
# in /etc/yum.repos.d
```

其中的参数含义：

cachedir：yum 缓存的目录，yum 将下载的 rpm 软件包存放在 cachedir 指定的目录中。

keepcache：缓存是否保存，1 为保存，0 为不保存。

debuglevel：除错级别，范围为 0～10，默认是 2。

logfile：yum 的日志文件，默认是/var/log/yum.log。

exactarch：有 1 和 0 两个选项，表示是否只升级和要安装的软件包的 CPU 体系一致的包。如果设为 1，并且已经安装了一个 i386 的 RPM，那么 yum 不会用 i686 的包来升级。

obsoletes：这是一个更新的参数，允许更新陈旧的 RPM 包。

gpgcheck：有 1 和 0 两个选择，分别代表是否进行 gpg 校验。

plugins：是否允许使用插件，0 为不允许，1 为允许。但一般会用 yum –fastestmirror 这个插件。

pkgpolicy：包的策略，一共有两个选项：newest 和 last。pkgpolicy 的作用是如果设置了多个 repository，而同一软件在不同的 repository 中同时存在，yum 应该安装哪一个呢？如果是 newest，那么 yum 会安装最新的那个版本；如果是 last，那么 yum 会将服务器 id 以字母表排序，并选择最后那个服务器上的软件安装。默认是 newest。

metadata_expire：过期时间。

distroverpkg：指定一个软件包，yum 会根据这个包判断软件的发行版本，默认是 redhat -release，也可以是安装的任何针对自己发行版的 RPM 包。

tolerent：有 1 和 0 两个选项，表示 yum 是否容忍命令行发生与软件包有关的错误，如果设为 1，那么 yum 不会出现错误信息。默认是 0。

retries：网络连接发生错误后的重试次数，如果设为 0，则会无限重试。

exclude：排除某些软件在升级名单之外，可用通配符，列表中各个项目要用空格隔开。

（2）yum 客户端的配置文件

yum 客户端的配置文件存放在客户本地的/etc/yum.repos.d/*.repo 中。

（3）配置 yum 源（repository）

所有 repository 的设置都遵循如下格式：

```
[updates]
name=CentOS-$releasever-Update
mirrorlist=  http://  mirrorlist.centos.org/?release=$releasever&arch=
$basearch&repo= updates
baseurl= http:// mirror.centos.org /centos/$releasever/update/$basearch
enable=1
gpgcheck=1
gpgkey=file:///etc/pki/rpm-gpg/RPM-GPG-KEY-CentOS-7
```

其中：

updates 是用于区别各个不同的 repository，必须有唯一的名称。

name 是对 repository 的描述。

enabled=0 禁止 yum 使用这个 repository；enabled=l 使用这个 repository。如果没有使用 enable 选项，那么相当于 enable=1。

gpgcheck=0 安装前不对 RPM 包检测；gpgcheck=1 安装前对 RPM 包检测。

gpgkey=GPG 文件的位置。

baseurl 是服务器设置中最重要的部分，只有设置正确，才能获取软件包。它的格式是：

```
Baseurl=url://server1/path/to/repository/
url://server2/path/to/repository/
url://server3/path/to/repository/
```

其中，URL 支持的协议有 http://、ftp://和 file://三种。baseurl 后可以跟多个 URL，可以改为速度比较快的镜像站点，但是 baseurl 只能有一个，也就是说不能像如下格式：

```
Baseurl=url://server1/path/to/repository/
Baseurl=url://server2/path/to/repository/
Baseurl=url://server3/path/to/repository/
```

其中 URL 指向的目录必须是这个 repository 目录（即 repodata 目录）的父目录，它也支持$releasever、$basearch 这样的变量。$releasever 是指当前发行版的版本。$basearch 是指 CPU 体系，如 i386 体系、alpha 体系。

注意：每个镜像站点中 repodata 目录的路径可能不一样，设置 baseurl 之前一定要首先登录相应的镜像站点，查看 repodata 目录所在的位置，然后才能设置 baseurl。

首先将/etc/yum.repos.d 下的文件都移到备份目录里，然后在/etc/yum.repos.d 目录中创建/etc/yum.repos.d/rhel-rc.repo 文件，内容如下：

```
[RHEL-RC]
name= RHEL 7 RC - $basearch
baseurl=http://ftp.redhat.com/pub/redhat/rhel/rc/7/Server/$basearch/os/
enable=1
priority=1
gpgcheck=1
gpgkey=file:///etc/pki/rpm-gpg/ RPM-GPG-KEY-redhat-release

[rhel-rc-optional]
name= RHEL 7 RC Optional - $basearch
baseurl=http://ftp.redhat.com/pub/redhat/rhel/rc/7/Server-optional /$basearch/os/
priority=1
```

```
gpgcheck=1
gpgkey=file:///etc/pki/rpm-gpg/ RPM-GPG-KEY-redhat-release
```

（4）gpgcheck=0 导入 key

使用 yum 之前，先要导入每个 repository 的 GPG key，yum 使用 GPG 对软件包进行检验，确保下载包的完整性，所以要到各个 repository 站点找到 GPG key 文件，文件名一般都是 RPM-GPG-KEY * 之类的文本文件，将它们下载，然后用“rpm --import GPG key 文件名”命令将它们导入，也可以执行如下命令导入 GPG key：

```
# rpm --import http://mirror.tini4u.net/centos/RPM-GPG-KEY-CentOS-7
```

其中，http://mirror.tini4u.net/centos/RPM-GPG-KEY-CentOS-7 是 GPG key 文件的 URL。

（5）使用 yum

yum 的基本操作包括软件的安装（本地、网络）、升级（本地、网络）、卸载、查询。

① 用 yum 安装、删除软件。yum 安装、删除软件的命令如表 7-1 表示。

表 7-1　yum 安装、删除软件的命令

命　　令	功　　能
yum install	全部安装
yum install package_name	安装指定的软件，会查询 repository，如果有这一软件包，则检查其依赖冲突关系，如果没有依赖冲突，那么下载安装；如果有，则会给出提示，询问是否要同时安装依赖，或删除冲突的包
yum groupinsall group	如果仓库为软件包分了组，则可以通过安装此组来完成安装这个组里面的所有软件包
yum localinstall package_name	安装一个本地已经下载的软件包
yum remove package_name	删除指定的软件。同安装一样，yum 也会查询 repository，给出解决依赖关系的提示
yum erase package_name	删除指定的软件 package_name
yum groupremove group	删除程序组 group

示例 16：使用 yum 安装 firefox，可以执行命令：

```
[root@localhost ~]# yum  install  firefox
```

示例 17：使用 yum 安装本地的 xxx.rpm 软件包，可以执行命令：

```
[root@localhost ~]# yum localinstall l  xxx.rpm
```

② 用 yum 检查、升级软件。yum 检查、升级软件的命令如表 7-2 所示。

表 7-2　yum 检查、升级软件的命令

命　　令	功　　能
yum update	升级所有可以升级的 rpm 包
yum check --update	检查可升级的 RPM 包
yum update package_name	升级指定的 RPM 包

续表

命　　令	功　　能
yum -y update package_name	升级指定的 RPM 包，-y 表示同意所有，不用一次次确认，避免回答一些问题
yum upgrade	大规模的版本升级。与 yum update 不同的是，连旧的淘汰的包也一并升级
yum groupupdate group	升级组里面的软件包

③ 用 yum 搜索、查询软件。yum 搜索、查询软件的命令如表 7-3 所示。

表 7-3　yum 搜索、查询软件的命令

命　　令	功　　能
yum update	升级所有可以升级的 RPM 包
yum info	列出资源库中所有可以安装或更新的 RPM 包
yum info package	列出指定安装包信息
yum info updates	列出资源库中所有可以更新的 RPM 软件包
yum info installed	列出所有已安装的 RPM 软件包
yum info extras	列出所有已安装但不在资源库中的软件包
yum list	列出资源库中所有可以安装或更新的 RPM 包
yum list package	列出指定程序包安装情况
yum list updates	列出资源库中所有可以更新的 RPM 软件包
yum list installed	列出所有已安装的 RPM 软件包
yum list extras	列出所有已安装但不在资源库中的软件包
yum groupinfo group	列出程序组信息
yum search keyword	根据关键字 Keyword 查找安装包

④ 清除 yum 缓存。yum 会把下载的软件包和 header 存储在缓存中，而不自动删除。如果觉得它们占用了磁盘空间，可以对它们进行清除。清除 yum 缓存的命令如表 7-4 所示。

表 7-4　清除 yum 缓存的命令

命　　令	功　　能
yum clean packages	清除缓存目录下的 RPM 软件包
yum clean headers	清除缓存目录下的 RPM 头文件
yum clean oldheaders	清除缓存目录下旧的 RPM 头文件
yum clean, yum clean all	清除缓存目录下的 RPM 软件包及旧的 RPM 头文件

注意：不建议 yum 在开机时自动运行，因为它会让系统的速度变慢，可以执行 ntsysv –level 35 命令，在出现的 TUI（文本用户窗口）中取消 yum，如果需要更新软件包，可以采用手动更新。

示例 18：使用 createrepo 命令创建本地仓库。

创建挂载 iso 文件的目录：

```
# mkdir  -p /cdrom/iso
```

使用 loop 设备方式挂载 ISO 镜像文件：

```
# mount -o loop /opt/rhel-server-7.0-x86_64-dvd.iso /cdrom/iso
```

创建一个仓库，但这之前要先确认已经安装了 createrepo 软件包：

```
# cd /cdrom
# createrepo .
# yum clean all
```

创建 local.repo 文件：

```
#vi /etc/yum.repos.d/local.repo                    //文件内容如下
[RHEL-local]
name= RHEL local repo
baseurl=file///cdrom
enable=1
priority=1
gpgcheck=0
# yum repolist all                              //查看拥有的源
```

这样，yum 工具就可以使用 ISO 镜像文件作为安装源了。

7.4 任务实施

方法一：使用 rpm 命令进行安装。

步骤 1：检查 Linux 服务器是否有安装 httpd 软件，操作命令如下：

```
[root@MyLinux ~]# rpm -q httpd
package httpd is not installed
```

步骤 2：将 Apache 软件复制到 U 盘，查看 U 盘设备名，操作命令如下：

```
[root@MyLinux ~]# fdisk -l
Disk /dev/sdb: 4008 MB, 4008706048 bytes, 7829504 sectors
Units = sectors of 1 * 512 = 512 bytes
Sector size (logical/physical): 512 bytes / 512 bytes
I/O size (minimum/optimal): 512 bytes / 512 bytes
Disk label type: dos
Disk identifier: 0x959738d4
   Device Boot      Start         End      Blocks   Id  System
/dev/sdb1            1080     7829503     3914212    b  W95 FAT32
```

步骤 3：挂载 U 盘到/mnt/usb，操作命令如下：

```
[root@MyLinux ~]# mkdir /mnt/usb
[root@MyLinux ~]# mount /dev/sdb1 /mnt/usb
[root@MyLinux ~]# cd /mnt/usb/Packages/web
[root@MyLinux web]# ll
total 3708
-rw-r--r--. 1 root root  434824 Apr  2  2014 httpcomponents-client-4.2.5- 4.el7.noarch.rpm
-rw-r--r--. 1 root root  476692 Apr 2  2014 httpcomponents-core-4.2.4- 6.el7.noarch.rpm
```

```
-rw-r--r--. 1 root root 1211944 Apr 2  2014 httpd-2.4.6-17.el7.x86_64.rpm
-rw-r--r--. 1 root root  185108 Apr 2  2014 httpd-devel-2.4.6- 17.el7.x86_64.rpm
-rw-r--r--. 1 root root 1391028 Apr 2  2014 httpd-manual-2.4.6- 17.el7.noarch.rpm
-rw-r--r--. 1 root root   78664 Apr 2  2014 httpd-tools-2.4.6-17.el7 .x86_64.rpm
```

步骤4：使用rpm安装httpd软件包，操作命令如下：

```
[root@MyLinux web]# rpm -ivh httpd-2.4.6-17.el7.x86_64.rpm
warning: httpd-2.4.6-17.el7.x86_64.rpm: Header V3 RSA/SHA256 Signature,
key ID fd431d51: NOKEY
Preparing...                          ################################# [100%]
Updating / installing...
   1:httpd-2.4.6-17.el7               ################################# [100%]
```

步骤5：验证httpd软件包，操作命令如下：

```
[root@MyLinux web]# rpm -V httpd
```

至此，RPM安装完成。

方法二：使用yum命令进行安装。

步骤1：将Apache软件复制到U盘，查看U盘设备名，操作命令如下：

```
[root@MyLinux ~]# fdisk -l
Disk /dev/sdb: 4008 MB, 4008706048 bytes, 7829504 sectors
Units = sectors of 1 * 512 = 512 bytes
Sector size (logical/physical): 512 bytes / 512 bytes
I/O size (minimum/optimal): 512 bytes / 512 bytes
Disk label type: dos
Disk identifier: 0x959738d4
   Device Boot      Start         End      Blocks   Id  System
/dev/sdb1            1080     7829503     3914212    b  W95 FAT32
```

步骤2：挂载U盘到/mnt/usb，操作命令如下：

```
[root@MyLinux ~]# mkdir /mnt/usb
[root@MyLinux ~]# mount /dev/sdb1 /mnt/usb
[root@MyLinux ~]# cd /mnt/usb/Packages/web
[root@MyLinux web]# ll
```

步骤3：创建一个yum仓库，操作命令如下：

```
[root@MyLinux web]# createrepo .
Spawning worker 0 with 15 pkgs
Workers Finished
Saving Primary metadata
Saving file lists metadata
Saving other metadata
Generating sqlite DBs
Sqlite DBs complete
[root@MyLinux web]# yum clean all
Loaded plugins: langpacks, product-id, subscription-manager
This system is not registered to Red Hat Subscription Management. You can
use subscription-manager to register.
There are no enabled repos.
Run "yum repolist all" to see the repos you have.
  You can enable repos with yum-config-manager --enable <repo>
```

步骤 4：创建 local.repo 文件，操作命令如下：

```
[root@MyLinux web]# vim /etc/yum.repos.d/local.repo
    [RHEL-local]
    name=RHEL local repo
    baseurl=file:///mnt/usb/Packages/web/
    enable=1
    priority=1
    gpgcheck=0
```

步骤 5：查看拥有的源，操作命令如下：

```
[root@MyLinux web]# yum repolist all
Loaded plugins: langpacks, product-id, subscription-manager
This system is not registered to Red Hat Subscription Management. You can
use subscription-manager to register.
file:///web/repodata/repomd.xml: [Errno 14] curl#37 - "Couldn't open file
/web/repodata/repomd.xml"
Trying other mirror.
file:///web/repodata/repomd.xml: [Errno 14] curl#37 - "Couldn't open file
/web/repodata/repomd.xml"
Trying other mirror.
repo id                    repo name                     status
RHEL-local                 RHEL local repo               enabled: 0
repolist: 0
```

步骤 6：使用源进行 yun 安装，操作命令如下：

```
[root@MyLinux web]# yum install httpd
Loaded plugins: langpacks, product-id, subscription-manager
This system is not registered to Red Hat Subscription Management. You can
use subscription-manager to register.
Resolving Dependencies
--> Running transaction check
---> Package httpd.x86_64 0:2.4.6-17.el7 will be installed
--> Finished Dependency Resolution
Dependencies Resolved
=====================================================================
 Package        Arch          Version           Repository        Size
=====================================================================
Installing:
 httpd          x86_64        2.4.6-17.el7       RHEL-local       1.2 M
Transaction Summary
=====================================================================
Install  1 Package
Total download size: 1.2 M
Installed size: 3.7 M
Is this ok [y/d/N]: y
Downloading packages:
Running transaction check
Running transaction test
Transaction test succeeded
Running transaction
```

```
Warning: RPMDB altered outside of yum.
** Found 4 pre-existing rpmdb problem(s), 'yum check' output follows:
ipa-server-3.3.3-28.el7.x86_64 has missing requires of httpd >= ('0',
'2.4.6', '7')
mod_auth_kerb-5.4-28.el7.x86_64 has missing requires of httpd-mmn = ('0',
'20120211x8664', None)
mod_nss-1.0.8-32.el7.x86_64 has missing requires of httpd-mmn = ('0',
'20120211x8664', None)
mod_wsgi-3.4-11.el7.x86_64 has missing requires of httpd-mmn = ('0',
'20120211x8664', None)
  Installing : httpd-2.4.6-17.el7.x86_64                              1/1
  Verifying  : httpd-2.4.6-17.el7.x86_64                              1/1
Installed:
  httpd.x86_64 0:2.4.6-17.el7
Complete!
```

至此，yum 安装完成。

阅读与思考：19 世纪的传奇合作——巴贝奇与阿达

查尔斯·巴贝奇（Charles Babbage，见图 7-1），世界公认的“计算机之父”。他是一位富有的银行家的儿子，1792 年出生在英格兰西南部的托格茅斯，后来继承了相当丰厚的遗产，但他把金钱都用于科学研究。童年时代的巴贝奇显示出极高的数学天赋，1817 年获硕士学位，1828 年受聘担任剑桥大学“卢卡辛讲座”的数学教授。

图 7-1 巴贝奇

1820 年巴贝奇创建剑桥大学分析学会；1827 年出版了 1～108 000 的对数表；1831 年，他领导建立英国科学进步协会；1832 年出版《机械制造经济学》；1834 年创立伦敦统计学会；1864 年出版《一个哲学家的生命历程》。巴贝奇发明了差分机和分析机。巴贝奇一生还有许多发明，如：铁路排障器、功率计、统一邮资规范、格林威治时间信号、日光摄影、光学望远镜等。

1834 年，巴贝奇发明了分析机（现代电子计算机的前身）的原理。在这项设计中，他曾设想根据存储数据的穿孔卡上的指令进行任何数学运算的可能性，并设想了现代计算机所具有的大多数特性。巴贝奇设计的分析机不仅包括齿轮式“存储仓库”（Store）和“运算室”即“作坊”（Mill），而且还有他未给出名称的“控制器”装置，以及在“存储仓库”和“作坊”之间运输数据的输入输出部件。巴贝奇以他天才的思想，划时代地提出了类似于现代计算机五大部件的逻辑结构。

1871 年，他离开了人世。在靠近月球的北极，有一个陨石坑被命名为“巴贝奇坑”，科学界将永远缅怀他的功绩。1977 年，为了研究信息革命的历史，美国建立了巴贝奇研究所（CBI）。

阿达·奥古斯塔（Ada Augusta，见图 7-2），1815 年生于伦敦，她是 19 世纪英国著名诗人拜伦（L.Byron）的女儿，数学家，穿孔机程序创始人。母亲安娜·密尔班克（A.Millbanke）是位业余数学爱好者，阿达

图 7-2 阿达

没有继承父亲诗一般的浪漫热情，却继承了母亲的数学才能。

顶着艰难的条件和舆论压力，只有 27 岁的英国女数学家阿达·奥古斯塔勇敢地支持了巴贝奇的计划。阿达坚定地投身于分析机研究，成为巴贝奇的合作伙伴。在 1843 年发表的一篇论文里，阿达认为机器今后有可能被用来创作复杂的音乐、制图和在科学研究中运用，这在当时是十分大胆的预见。

阿达还为分析机设计提出了大量有用的建议。她准确地评价说："分析机'编织'的代数模式同杰卡德织布机编织的花叶完全一样"。于是，为分析机编制程序的重担，落到了这位数学才女的肩头。她写信告诉巴贝奇，她已经为如何计算"伯努利数"写了一份规划。以现在的观点看，阿达首先为计算拟定了"算法"，然后写了一份"程序设计流程图"。这份珍贵的规划，被人们视为"第一件计算机程序"。

阿达设计了巴贝奇分析机上解伯努利方程的一个程序，并证明当时的 19 世纪计算机狂人巴贝奇的分析器可以用于许多问题的求解，她甚至还建立了循环和子程序的概念。由于她在程序设计上的开创性工作，被称为世界上第一位程序员。

由于得不到任何资助，巴贝奇和阿达耗尽了自己全部财产，一贫如洗。1852 年，因疾病缠身，阿达英年早逝，巴贝奇又独自坚持了近 20 年。1871 年，为计算机事业贡献毕生精力的这位先驱者孤独地离开了人世。分析机终于没能制造出来，未完成的一部分被保留在英国皇家博物馆里。

资料来源：软件研发名人堂（http://www.sawin.cn/），此处有删改。

作业

1. Red Hat Linux 所提供的安装软件包，默认的打包格式为（　　）。

   A. .tar　　B. .tar.gz　　C. .rpm　　D. .zip

2. 以下对 Linux 包管理方式的描述正确的是（　　）。

   A. .rpm 格式的软件包相当于 Windows 系统的安装程序，因此可以直接在命令行中输入软件包的名称来安装该软件包

   B. .tar 格式的软件包，在打包时已经过压缩处理

   C. tar 命令本身不具有压缩功能，但可以通过指定参数来调用其他压缩程序，实现对包的压缩

   D. 要查看 vsftpd 软件包的描述信息，可使用命令 rpm –i vsftpd

3. 若要查询 vsftpd 软件包在当前 Linux 系统中是否安装，则实现的命令为（　　）。

   A. rpm –qa　　B. rpm –q vsftpd

   C. rpm –i vsftpd　　D. rpm –qi vsftpd

4. 若要查询系统当前都安装了哪些包含 ssh 关键字的软件包，则实现的命令为（　　）。

   A. rpm –qa|grep ssh　　B. rpm –q ssh

   C. rpm –qi ssh　　D. rpm –ql ssh

5. 在安装一个软件包之前，若要查看该软件包将安装哪些文件以及安装位置，此时 rpm 命令的功能选项参数应使用（　　）。

   A. -ql　　B. –qpi　　C. –qpl　　D. –qp

6. 利用 rpm 安装软件包时，应使用的命令选项参数为（　　），删除某软件包，应使用（　　），升级某个已安装的软件包，应使用（　　）。

A. -i　　B. –u　　C. –e　　D. –U

7. 查询系统中所有已经安装的软件包，并分屏浏览，要求可上下翻屏。

8. 查询当前安装的软件包中，含有 httpd 关键字的软件包。

9. 查看软件包 httpd 的描述信息。

10. 查看软件包 httpd 包含哪些文件。

11. 使用 rpm 命令验证 httpd 软件包。

12. yum 的关键之处是要有什么？

13. rpm 与 yum 命令的异同点有哪些？

14. 使用 rpm 命令确定文件/var/named 属于哪个软件包。

15. 从网上下载一个 QQ 的 RPM 软件包，安装并运行 QQ，然后把 QQ 软件卸载掉。

16. 使用 tar 命令把目录/tmp1 中的文件都移动到 tmp1.tar 包中,查看 tmp1.tar 包中的内容,查看目录/tmp1 中是否还有文件。

17. 使用 tar 命令备份目录/etc/httpd 到 U 盘上。

18. 使用 tar 命令，对当前 linux 系统进行完全备份。

19. 将整个/etc 目录打包并压缩成 myetc.tar.gz 文件，并保存在/root 目录中。

20. 从网上下载一个 QQ 的 TAR 软件包，安装并运行 QQ，然后把 QQ 软件卸载掉。

网络规划及管理

Linux 主机要与其他主机进行连接和通信，必须进行正确的网络配置。网络配置通常包括配置主机名、网卡 IP 地址、子网掩码、默认网关(默认路由)、DNS 服务器等方面。在 Linux 系统中，TCP/IP 网络的配置信息是分别存储在不同的配置文件中的，需要编辑、修改这些配置文件来完成联网工作。相关的配置文件主要有/ete/sysconfig/network、网卡配置文件，以及和名称解析相关的/etc/resolv.conf、/etc/hosts 和/etc/nsswitch.conf 配置文件。

8.1 企业需求

公司的一台 RedHat Enterprice Linux 7 服务器，配有两块网卡，需要联入公司的局域网。

8.2 任务分析

根据公司局域网的规划，对新安装的 Linux 服务器应进行相关的网络配置，具体任务如下：

（1）分配计算机名给该服务器 SZYHost。

（2）为每一个网络接口卡分配一个适当的 IP 地址（预分配的 IP 地址为 192.168.1.2、192.168.1.3）和子网掩码（255.255.255.0）。

（3）配置默认网关 192.168.1.1。

（4）配置一个或一个以上的 DNS 服务器地址（局域网内 DNS 服务器的地址为 192.168.1.250、192.168.1.251）。

（5）测试该服务器网络连接的正确性。

8.3 知识背景

通常，联网操作是通过计算机上的 PCI 设备——网络接口卡（通常指 NAT）来进行的。对网络的基本配置一般包括配置主机名、配置网卡和设置客户端名称解析服务三方面。

8.3.1 网络接口

网络接口是网络硬件设备在操作系统中的表示方式，在 RHEL 6 及之前的版本中，以太网络接口是用 ethX 表示的，如 eth0、eth1 等，普通的 Modem 和 ADSL 接口是 pppX，如 ppp0、ppp1 等。

在 RHEL 7，Systemd 和 udevd 支持几种不同的命名方式，默认是基于固件、拓扑结构或位置信息来指派固定的名字。这样做的好处是名字是全自动生成、完全可预测的，即使添加或移除硬件，名字可以保留不变；缺点是新的名字有时不像以前的名字（eth0、eth1 等）好记，如 eno16777736。表 8-1 列出了 udevd 支持的常用的网络接口命名方案。

表 8-1 udevd 支持的常用的网络接口命名方案

名　称	类　型
enoX	包含板载设备编号的名称，如 eno16777736
ensX	包含 PCI Express 热插拔插槽编号的名称，如 ens1
enpX	包含硬件接口物理位置信息的名称，如 enp1s0
enxX	包含 MAC 地址名称，如 enxce16e73ff167
ethX	传统的命名，如 eth0

和其他设备不同，Linux 内核不允许用户将网卡作为文件进行访问，换句话说，在/dev 目录下没有直接关联的网卡的设备结点，但有相应的硬盘和声卡设备结点。

相反，Linux 通过网络接口访问网卡。对每一个识别出的网卡，内核都生成一个网络接口。使用“ifconfig”命令可以检验所有目前已经识别的网络接口的信息：


```
[root@localhost ~]# ifconfig -a
eno16777736: flags=4163<UP,BROADCAST,RUNNING,MULTICAST>  mtu 1500
        inet 192.168.1.201  netmask 255.255.255.0  broadcast 192.168.1.255
        ether 00:0c:29:18:d2:31  txqueuelen 1000  (Ethernet)
        RX packets 5644  bytes 527885 (515.5 KiB)
        RX errors 0  dropped 0  overruns 0  frame 0
        TX packets 11  bytes 2029 (1.9 KiB)
        TX errors 0  dropped 0 overruns 0  carrier 0  collisions 0
lo: flags=73<UP,LOOPBACK,RUNNING>  mtu 65536
        inet 127.0.0.1  netmask 255.0.0.0
        inet6 ::1  prefixlen 128  scopeid 0x10<host>
        loop  txqueuelen 0  (Local Loopback)
        RX packets 1410  bytes 119820 (117.0 KiB)
        RX errors 0  dropped 0  overruns 0  frame 0
        TX packets 1410  bytes 119820 (117.0 KiB)
        TX errors 0  dropped 0 overruns 0  carrier 0  collisions 0
virbr0: flags=4099<UP,BROADCAST,MULTICAST>  mtu 1500
        inet 192.168.122.1  netmask 255.255.255.0  broadcast 192.168.122.255
        ether a6:f8:11:9b:65:cb  txqueuelen 0  (Ethernet)
        RX packets 0  bytes 0 (0.0 B)
        RX errors 0  dropped 0  overruns 0  frame 0
        TX packets 0  bytes 0 (0.0 B)
        TX errors 0  dropped 0 overruns 0  carrier 0  collisions 0
```

其中，接口 eno16777736 表示是第一块网卡，目前处于活跃状态，并已经被配置了 IP 地址 192.168.1.201，ether 表示网卡的物理地址（MAC） 为 00:0c:29:18:d2:31。

接口 lo 指的是回环接口（loopback interface），它是由 Linux 内核实现的专用虚拟接口。回环接口是允许联网客户程序链接在同一台机器上运行的联网服务。

接口 virbr0 是一种虚拟网络接口，是由于安装和启用了 libvirt 服务后生成的，libvirt 在服务器（host）上生成一个 virbr0（virtual network switch），host 上的所有虚拟机（guests）通过 virbr0 连起来。默认情况下，virbr0 使用的是 NAT 模式（采用 IP masquerade），所以这种情况下 guest 通过 host 才能访问外部。

8.3.2 配置主机名

在 RHEL 中有 3 种定义的主机名：静态的（static）、瞬态的（transient）以及灵活的（pretty）。"静态"主机名也称为内核主机名，是系统在启动时从/etc/hostname 自动初始化的主机名。"瞬态"主机名是在系统运行时临时分配的主机名，例如，通过 DHCP 或 DNS 服务器分配。静态主机名和瞬态主机名都遵从作为互联网域名同样的字符限制规则。另一方面，"灵活"主机名则允许使用自由形式（包括特殊/空白字符）的主机名，以展示给终端用户。主机名用于标识一台主机的名称，在网络中主机名具有唯一性。要查看当前主机的名称，可使用"hostname"命令，若要临时设置静态主机名，可使用"hostname 新主机名"命令来实现，该命令不会将新主机名保存到/etc/hostname 配置文件中，因此，重新启动系统后，静态主机名将恢复为配置文件中所设置的主机名。

```
[root@localhost ~]# hostname
[root@localhost ~]# hostname MyLinux
```

在设置了新的主机名后，终端显示器"#"左边的提示符还不能同步更改，需要使用 logout 注销重新登录后，就可显示出新的主机名来。

若要使主机名更改长期生效，则应直接在/etc/ /hostname 配置文件中进行修改，系统启动时，会从该配置文件中获得主机名信息，并进行主机名的设置。

在 RHEL 7 中，也可以使用 hostnamectl 命令行工具查看或修改与主机名相关的配置，其命令用法为

```
# hostnamectl  [options]
```

常用的参数有：

```
status          查看主机名状态
--static        静态主机名
--transient     瞬态主机名
--pretty        灵活主机名
```

示例 1：查看主机名相关的设置：

```
[root@MyLinux ~]# hostnamectl  status
```

运行结果如下：

```
[root@MyLinux ~]# hostnamectl status
   Static hostname: localhost.localdomain
Transient hostname: MyLinux
         Icon name: computer
           Chassis: n/a
        Machine ID: 85b81c19886a425b97d7cf7085ae7971
           Boot ID: f5786f78c1604e2d9581db375139d3b0
    Virtualization: vmware
  Operating System: Red Hat Enterprise Linux Server 7.0 (Maipo)
       CPE OS Name: cpe:/o:redhat:enterprise_linux:7.0:GA:server
            Kernel: Linux 3.10.0-123.el7.x86_64
      Architecture: x86_64
```

在修改静态主机名时，任何特殊字符或空白字符会被移除，而提供的参数中的任何大写字母会自动转化为小写。一旦修改了静态主机名，/etc/hostname 将被自动更新。

示例 2：修改主机名为 szy，可以使用如下命令：

```
[root@MyLinux ~]# hostnamectl  --static  set-hostname   szy
```

运行结果如下：

```
[root@MyLinux ~]# hostnamectl --static set-hostname szy
[root@MyLinux ~]# cat /etc/hostname
szy
[root@MyLinux ~]# su
[root@szy ~]#
```

8.3.3 配置网络接口

对网卡（网络接口卡）设备和网卡 IP 地址、子网掩码、默认网关的配置，是主机网络配置的主要方面，直接关系着当前主机能否正常连接和通信。对网卡的配置包括对网卡硬件驱动的配置、IP 地址及网关配置两方面。

1. **网卡配置文件**

Linux 的网络配置，可以通过修改配置文件来实现。表 8-2 列出了 RHEL 7 常用的网络配置文件。

表 8-2 常用网络配置文件

文件	说明
/etc/sysconfig/network	网络全局设置，默认里面内容为空，可以添加全局默认网关
/etc/hostname	主机名保存在这里
/etc/resolv.conf	保存 DNS 设置
/etc/sysconfig/network-scripts/	连接配置信息 ifcfg 文件
/etc/NetworkManager/system-connections/	VPN、移动宽带、PPPoE 连接

网卡的设备名、IP 地址、子网掩码以及默认网关等配置信息是保存在网卡的配置文件中的，一块网卡对应一个配置文件，该配置文件位于/etc/sysconfig/network-scripts 目录中，其配置文件名具有以下格式：

```
ifcfg-网卡类型以及网卡的编号(如: ifcfg-eno16777736)
```

Linux 支持一块物理网卡绑定多个 IP 地址，此时对于每个绑定的 IP 地址，需要一个虚拟网络接口，虚拟网络接口的表示形式为“网络接口名:M”，对应的配置文件名的格式为“ifcfg-网络接口名:M”，其中 M 均从 0 开始的数字，代表其序号。如第 1 块以太网卡上绑定的第 1 个虚拟网卡（设备名为 eno16777736:0）的配置文件名为 ifcfg- eno16777736:0，绑定的第 2 块虚拟网卡（设备名为 eno16777736:1）的配置文件名为 ifcfg- eno16777736:1。对应的配置文件可通过复制 ifcfg- eno16777736 配置文件，并通过修改其配置内容来获得。

在网卡配置文件中，每一行为一个配置项目，左边为项目名称，右边为当前设置值，中间用“-”连接。表 8-3 列出了文件/etc/sysconfig/network-scripts/ ifcfg- eno16777736 中常用的参数。

在 Linux 安装程序的最后，会要求对网卡的 IP 地址、子网掩码、默认网关以及 DNS 服务器进行指定和配置，正常安装的 Linux 系统，其网卡已配置并可正常工作。根据需要也可重新对其进行配置和修改。

表 8-3　网卡配置文件中的参数

参　　数	参数值举例	用　　途
NAME	eno16777736	代表当前网卡设备的设备名称
BOOTPROTO	none | static | dhcp	设置 IP 地址的获得方式，static 和 none 都是默认设置的，代表静态指定 IP 地址，dhcp 为动态分配 IP 地址
IPADDR	192.168.1.201	该网卡的 IP 地址
PREFIX	24	该网卡的子网掩码
DNS1	192.168.1.250	设置主 DNS
DNS2	192.168.1.251	设置备 DNS
ONBOOT	yes|no	用于设置在系统启动时，是否启用该网卡设备。若为 yes ，则启用，默认设置为 yes
USERCTL	yes|no	普通用户是否可以控制该网络接口，在默认情况下，只有根用户才可以添加、删除、配置网络接口，默认设置为 no
GATEWAY	192.168.1.1	网卡的默认网关地址（默认路由），默认设置为空
HWADDR	00:0C:29:97:80:E7	网卡的物理地址

若要查看 eno16777736 网卡的配置文件的内容，则操作命令与内容如下：

```
[root@MyLinux root]# cat /etc/sysconfig/network-scripts/ifcfg-eno16777736
HWADDR=00:0c:29:18:d2:31
TYPE=Ethernet
BOOTPROTO=static
DEFROUTE=yes
PEERDNS=yes
PEERROUTES=yes
IPV4_FAILURE_FATAL=no
IPV6INIT=yes
IPV6_AUTOCONF=yes
IPV6_DEFROUTE=yes
IPV6_PEERDNS=yes
IPV6_PEERROUTES=yes
IPV6_FAILURE_FATAL=no
NAME=eno16777736
UUID=a2090b9a-a332-4cfb-88e6-e0fb82e0cbf5
ONBOOT=yes
IPADDR0=192.168.1.201
PREFIX=24
GATEWAY=192.168.1.1
DNS1=192.168.1.250
```

若要在 eth0 网卡上再绑定一个 192. 168.1.188 的 IP 地址，则绑定方法与配置内容如下：

```
[root@MyLinux root]# cd /etc/sysconfig/network-scripts
[root@MyLinux network-scripts]# vi /ifcfg-eno16777736
HWADDR=00:0c:29:18:d2:31
TYPE=Ethernet
```

```
BOOTPROTO=static
DEFROUTE=yes
PEERDNS=yes
PEERROUTES=yes
IPV4_FAILURE_FATAL=no
IPV6INIT=yes
IPV6_AUTOCONF=yes
IPV6_DEFROUTE=yes
IPV6_PEERDNS=yes
IPV6_PEERROUTES=yes
IPV6_FAILURE_FATAL=no
NAME=eno16777736
UUID=a2090b9a-a332-4cfb-88e6-e0fb82e0cbf5
ONBOOT=yes
IPADDR0=192.168.1.201
IPADDR1=192.168.1.188
PREFIX=24
GATEWAY=192.168.1.1
DNS1=192.168.1.250
```


注意：也可以通过设置网卡的别名 eno16777736:0，然后绑定 192.168.1.188IP 地址来实现。这块虚拟网卡的设备名称就是 eno16777736:0。另外，网卡配置文件中的 NETWORK 和 BROADCAST 地址可以不指定，利用子网掩码，系统可以自动计算出来。

配置好后，保存、执行重启网络，新配置的网络接口参数才能生效。

```
# service network restart
```

或

```
# systemctl restart NetworkManager.servicet
```

可以通过命令 ip addr 查看：

```
[root@localhost home]# ip addr
…
2: eno16777736: <BROADCAST,MULTICAST,UP,LOWER_UP> mtu 1500 qdisc pfifo_
fast state UP qlen 1000
    link/ether 00:0c:29:18:d2:31 brd ff:ff:ff:ff:ff:ff
    inet 192.168.1.201/24 brd 192.168.1.255 scope global eno16777736
      valid_lft forever preferred_lft forever
    inet 192.168.1.188/24 brd 192.168.1.255 scope global secondary eno16777736
      valid_lft forever preferred_lft forever
    inet6 fe80::20c:29ff:fe18:d231/64 scope link
      valid_lft forever preferred_lft forever
…
```

2. 通过 DHCP 获取 IP

如果在局域网中存在 DHCP 服务器，则可以将网卡的 IP 地址设置为通过 DHCP 协议动态获取，命令用法如下：

```
# dhclient <设备>
```

或者直接修改网络接口配置文件 ifcfg-设备名，将文件中的 IPADDR 参数删除，将参数

BOOTTPROTO 设置为 dhcp 即可。

3. 设置 DNS 客户端

设置 DNS 服务器的 IP 地址的配置文件是/etc/resolv.conf，内容及格式如下：

```
domain      example.com
nameserver  IP 地址
```

可以设置多个 DNS 服务器，一行一个。

4. 常用网络接口配置命令：ifconfig、ifdown、ifup

ifconfig 命令是一个用来查看、配置、启用和禁用网络接口的工具，可以用来临时配置网络接口的 IP 地址、掩码、网关、物理地址的常用工具。该命令不会修改网卡的配置文件，当系统重启后，该配置信息就无效了。

ifconfig 命令用来配置网络接口，其用法为：

```
# ifconfig 网络接口 IP 地址  hw 物理地址  netmask 掩码  broadcast 广播地址
[up|down]
```

ifconfig 命令用来查看网络接口，其用法为：

```
# ifconfig
```

ifconfig 命令用来激活禁用网络接口，其用法为：

```
# ifconfig 网络接口 up|down
```

激活禁用网络接口，也可以使用命令 ifup 和 ifdown，命令用法为：

```
# ifup  网络接口                    //激活
# ifdown  网络接口                  //禁用
```

示例 3：临时配置网络接口 eno16777736 的 IP 地址为 192.168.2.10，物理地址为 00:11:22:AA:BB:CC，并激活它，可以使用如下命令：

```
[root @ MyLinux  root]#ifconfig  eno16777736   192.168.2.10  hw  ether
00:11:22:AA:BB:CC netmask 255.255.255.0  broadcast 192.168.2.255  up
```

示例 4：为网络接口 eno16777736 配置两个虚拟网络接口，每个虚拟接口都有自己的 IP 地址和物理地址，可以使用如下命令：

```
[root @ MyLinux  root]#ifconfig  eno16777736:0   192.168.2.100  hw  ether
00:11:22:AA:BB:00 netmask 255.255.255.0  broadcast 192.168.2.255  up
[root @ MyLinux  root]#ifconfig  eno16777736:1   192.168.2.200  hw  ether
00:11:22:AA:BB:22 netmask 255.255.255.0  broadcast 192.168.2.255  up
```

示例 5：禁用网络接口 eno16777736:1，可以使用如下命令：

```
[root@MyLinux root]# ifdown eno16777736:1
```

或

```
[root@MyLinux root]# ifconfig eno16777736:1 down
```

5. 设置网关命令：route

route 命令可以用来查看或编辑内核路由表。要实现两个不同的子网之间的通信，需要一台连接两个网络的路由器，或者同时位于两个网络的网关来实现。在 Linux 系统中，设置路由通常是为了解决以下问题：该 Linux 系统在一个局域网中，局域网中有一个网关，能够让机器访问 Internet，那么就需要将这台机器的 IP 地址设置为 Linux 机器的默认路由。要注意的是，直接在命令行下执行 route 命令来添加路由，不会永久保存，当网卡重启或者机器重启之后，该路由就失效了。全局默认网关可以在/etc/sysconfig/network 文件中添加，永久路由需要在/etc/sysconfig/network-scripts/route-interface 文件中添加，并需要重启计算机。route 命令用法如下：

```
# route  [-nee]
# route  add  [-net|-host]  [网域或主机] netmask  [mask]  [gw|dev]
# route  del  [-net|-host]  [网域或主机] netmask  [mask]  [gw|dev]
```

常用参数选项：

```
-n              不要使用通信协定或主机名称，直接使用 IP 或 port number
-ee             使用更详细的信息来显示
-net            表示后面接的路由为一个网域
-host           表示后面接的为连接到单部主机的路由
netmask         与网域有关，可以设定 netmask 决定网域的大小
gw              gateway 的简写，后续接的是 IP 的数值，与 dev 不同
dev             如果只是要指定由那一块网路卡连线出去，则使用这个设定
```


示例 6：查看当前所有的路由，可以使用如下命令操作：

```
[root@szy ~]# route
```

其命令结果如下：

```
[root@szy ~]# route
Kernel IP routing table
Destination     Gateway     Genmask        Flags Metric  Ref   Use Iface
192.168.1.0     0.0.0.0   255.255.255.0  U       0       0     0   eno16777736
192.168.122.0   0.0.0.0   255.255.255.0  U       0       0     0   virbr0
```

结果说明：

Destination：目标网络或者主机。

Gateway：网关地址，如果没有设置则为*。

Genmask：目标网络掩码；如果目标主机则用 255.255.255.255，如果默认路由则用 0.0.0.0。

Flags 标志说明：U 表示此路由当前为启动状态，H 表示此网关为主机，G 表示此网关为路由器，R 表示使用动态路由重新初始化的路由，D 表示此路由是动态性地写入，M 表示此路由是由路由守护程序或导向器动态修改，! 表示此路由当前为关闭状态。

Metric：到目标的距离（一般为跳数），当前 kernel 可能不用，但是路由守护进程可能会需要它。

Ref：此路由引用数目。

Use：对此路由的查找。

Iface：对于这个路由，数据包将要发送到那个接口（网卡）。

示例 7：增加一个网络路由，可以使用如下命令操作：

```
[root@szy ~]# route add -net 192.168.1.0 netmask 255.255.255.0 dev eno16777736
```

示例 8：删除一个网络路由，可以使用如下命令操作：

```
[root@szy ~]# route del -net 192.168.1.0 netmask 255.255.255.0 dev eno16777736
```

示例 9：添加默认网关，可以使用如下命令操作：

```
[root@szy ~]# route add default gw 192.168.1.1
```

6. 网络配置命令 ip

ip 是 iproute2 软件包里面的一个强大的网络配置工具，它能够替代一些传统的网络管理工具，例如 ifconfig、route 等，使用权限为超级用户。ip 命令用法如下：

```
# ip  [OPTIONS]  OBJECT  [COMMAND [ARGUMENTS]]
```

常用参数选项：

```
-V,-Version                 打印 ip 的版本并退出
-s,-stats,-statistics       输出更为详尽的信息
-f,-family                  这个选项后面接协议种类
-o,-oneline                 对每行记录都使用单行输出，回行用字符代替
-r,-resolve                 查询域名解析系统，用获得的主机名代替主机 IP 地址
```

COMMAND 设置针对指定对象执行的操作，它和对象的类型有关。一般情况下，ip 支持对象的增加（add）、删除（delete）和展示（show 或 list）。有些对象不支持这些操作，或者有其他的一些命令。对于所有的对象，用户可以使用 help 命令获得帮助。这个命令会列出这个对象支持的命令和参数的语法。如果没有指定对象的操作命令，ip 会使用默认的命令。一般情况下，默认命令是 list，如果对象不能列出，就会执行 help 命令。

ARGUMENTS 是命令的一些参数，它们依赖于对象和命令。ip 支持两种类型的参数：flag 和 parameter。flag 由一个关键词组成；parameter 由一个关键词加一个数值组成。为了方便，每个命令都有一个可以忽略的默认参数。例如，参数 dev 是 ip link 命令的默认参数，因此 ip link ls eno0 等于 ip link ls dev eno0。

示例 10：查看网络接口地址，可以使用如下命令操作：

```
[root@szy ~]# ip addr
```

命令结果输出如下：

```
[root@szy ~]# ip addr
1: lo: <LOOPBACK,UP,LOWER_UP> mtu 65536 qdisc noqueue state UNKNOWN
    link/loopback 00:00:00:00:00:00 brd 00:00:00:00:00:00
    inet 127.0.0.1/8 scope host lo
       valid_lft forever preferred_lft forever
    inet6 ::1/128 scope host
       valid_lft forever preferred_lft forever
2: eno16777736: <BROADCAST,MULTICAST,UP,LOWER_UP> mtu 1500 qdisc pfifo_
fast state UP qlen 1000
    link/ether 00:0c:29:18:d2:31 brd ff:ff:ff:ff:ff:ff
    inet 192.168.1.201/24 brd 192.168.1.255 scope global eno16777736
       valid_lft forever preferred_lft forever
    inet  192.168.1.202/24  brd  192.168.1.255  scope  global  secondary
eno16777736
       valid_lft forever preferred_lft forever
    inet 192.168.1.188/24 brd 192.168.1.255 scope global secondary eno16777736:1
       valid_lft forever preferred_lft forever
    inet6 fe80::20c:29ff:fe18:d231/64 scope link
       valid_lft forever preferred_lft forever
3: virbr0: <NO-CARRIER,BROADCAST,MULTICAST,UP> mtu 1500 qdisc noqueue state DOWN
    link/ether a6:f8:11:9b:65:cb brd ff:ff:ff:ff:ff:ff
    inet 192.168.122.1/24 brd 192.168.122.255 scope global virbr0
      valid_lft forever preferred_lft forever
```

示例 11：网络接口信息统计，可以使用如下命令操作：

```
[root@szy ~]# ip  -s  link
```

示例 12：显示路由信息，可以使用如下命令操作：

```
[root@szy ~]# ip  route
```

或

```
[root@szy ~]# ip  route |column -t
```

示例 13：设置到网络 10.0.0/24 的路由经过网关 192.168.1.1，可以使用如下命令操作：

```
[root@szy ~]# ip route add 10.0.0/24 via 192.168.1.1
```

示例 14：修改到网络 10.0.0/24 的直接路由，使其经过设备 dummy，可以使用如下命令操作：

```
[root@szy ~]# ip route chg 10.0.0/24 dev dummy
```

示例 15：实现数据包级负载平衡,允许把数据包随机从多个路由发出，可以使用如下命令操作：

```
[root@szy ~]# ip route replace default equalize nexthop via 211.139.218.145
dev eth0 weight 1 nexthop via 211.139.218.145 dev eth1 weight 1
```


7. ping 命令

ping 命令可以用于检查网络的连接情况，有助于分析判定网络故障。ping 命令用法为：

```
# ping  [-c 次数]  ip 地址
```

禁止别人 ping 本台计算机的方法有两种:

（1）临时禁止，可以使用如下命令：

```
# echo 1>/proc/sys/net/ipv4/icmp_echo_ignore_all
```

注意： 该命令只是临时修改内核参数，重启系统后该功能失效。

（2）永久禁止，需要修改/etc/sysctl.conf 文件，该文件修改后，需执行“sysctl -p”命令让系统重新读取此内核配置信息。

8. traceroute 命令

traceroute 命令可以用于显示数据包从本机到目标机所经过的路由，其命令用法为：

```
# traceroute [参数] [目标机]
```

常用参数选项：

```
-d        使用 Socket 层级的排错功能
-f        设置第一个检测数据包的存活数值 TTL 的大小
-F        设置勿离断位
-g        设置来源路由网关，最多可设置 8 个
-i        使用指定的网络界面送出数据包
-I        使用 ICMP 回应取代 UDP 资料信息
-m        设置检测数据包的最大存活数值 TTL 的大小
-n        直接使用 IP 地址而非主机名称
-p        设置 UDP 传输协议的通信端口
-r        忽略普通的 Routing Table，直接将数据包送到远端主机上
-s        设置本地主机送出数据包的 IP 地址
-t        设置检测数据包的 TOS 数值
-v        详细显示指令的执行过程
```

```
-w        设置等待远端主机回报的时间
-x        开启或关闭数据包的正确性检验
```

示例 16：查看到百度所经的路由，可以使用如下命令操作：

```
[root@szy ~]# traceroute www.baidu.com
```

9. netstat、ss 命令

netstat 命令用于显示与 IP、TCP、UDP 和 ICMP 协议相关的统计数据，一般用于检验本机各端口的网络连接情况。netstat 是在内核中访问网络及相关信息的程序，它能提供 TCP 连接，TCP 和 UDP 监听，进程内存管理的相关报告。

ss 是 Socket Statistics 的缩写。ss 命令可以用来获取 socket 统计信息，它可以显示和 netstat 类似的内容。但 ss 的优势在于它能够显示更多更详细的有关 TCP 和连接状态的信息，而且比 netstat 更快速更高效，ss 命令用法为：

```
# ss  [参数] [过滤]
```

常用参数选项：

```
-n, --numeric             不解析服务名称
-r, --resolve             解析主机名
-a, --all                 显示所有套接字（sockets）
-l, --listening           显示监听状态的套接字（sockets）
-o, --options             显示计时器信息
-e, --extended            显示详细的套接字（sockets）信息
-m, --memory              显示套接字（socket）的内存使用情况
-p, --processes           显示使用套接字（socket）的进程
-i, --info                显示 TCP 内部信息
-s, --summary             显示套接字（socket）使用概况
-4, --ipv4                仅显示 IPv4 的套接字（sockets）
-6, --ipv6                仅显示 IPv6 的套接字（sockets）
-0, --packet              显示 PACKET 套接字（socket）
-t, --tcp                 仅显示 TCP 套接字（sockets）
-u, --udp                 仅显示 UCP 套接字（sockets）
-d, --dccp                仅显示 DCCP 套接字（sockets）
-f, --family=FAMILY       显示 FAMILY 类型的套接字（sockets）
-F, --filter=FILE         从文件中都去过滤器信息
```

示例 17：查看 TCP 连接，可以使用如下命令操作：

```
[root@szy ~]# ss -t -a
```

示例 18：列出所有打开的网络连接端口，可以使用如下命令操作：

```
[root@szy ~]# ss -
```

8.3.4 NetworkManager、nmcli、nmtui

在 RHEL 7 中默认使用 NetworkManager 守护进程来监控和管理网络设置。NetworkManager（网络管理器）是检测网络、自动连接网络的程序，可以管理无线/有线连接，对于无线网络，网络管理器可以自动切换到最可靠的无线网络。利用网络管理器可以自由切换在线和离线模式，可以优先选择有线网络，支持 VPN。NetworkManager 的优点是简化网络连接的工作，让桌面本身和其他应用程序能感知网络。

NetworkManager 相关的命令有：nmcli、nm-connection-editor、nmonline、nmtui、nmtui-connect、nmtui-edit、nmtui-hostname。

1. 启用 NetworkManage

首先验证/etc/hosts 配置是否正确，如果配置不正确，网络管理器可能修改它。

用户可以使用“systemctl –type=service”命令查看是否有其他网络配置相关的服务，多个网络配置服务之间可能会相互冲突。

NetworkManager 守护进程启动后，会自动连接到已经配置的系统连接。用户连接或未配置的链接需要通过 nmcli 或 nmtui 等工具进行配置和连接。

开机启用 NetworkManager 的方法为：

```
# systemctl enable NetworkManager
```

立即启动 NetworkManager 的方法为：

```
# systemctl start NetworkManager
```

2. nmtui

属于 curses-based text user interface（字符用户界面），只能编辑连接、启用/禁用连接、更改主机名。系统初装之后可以第一时间用 nmtui 配置网络，很方便，如图 8-1 所示。

功能跳转可以用【Tab】键或光标键，用【Space】键或【Enter】键执行。每个子功能完成了、退出了或取消了会直接回命令行。

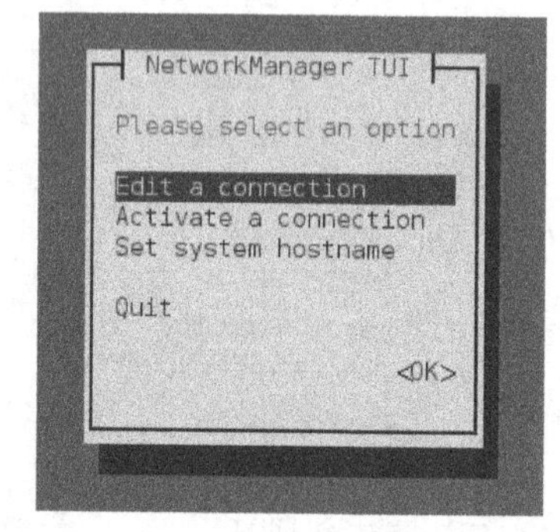

图 8-1　nmtui 界面

3. nmcli

nmcli 是命令行的管理 NetworkManager 的工具，会自动把配置写到/etc/sysconfig/network-scripts/目录下面。nmcli 是一个很方便的配置网络的工具。nmcli 命令用法为：

```
# nmcli  [OPTIONS]  OBJECT  { COMMAND | help }
     OPTIONS
  -t[erse]                          //terse output
  -p[retty]                         //pretty output
  -m[ode] tabular|multiline         //output mode
  -f[ields] <field1,field2,...>|all|common  //specify fields to output
  -e[scape] yes|no       //escape columns separators in values
  -n[ocheck]             //don't check nmcli and NetworkManager versions
  -a[sk]                 //ask for missing parameters
  -w[ait] <seconds>      //set timeout waiting for finishing operations
  -v[ersion]             //show program version
  -h[elp]                //print this help
 OBJECT
  g[eneral]              //NetworkManager's general status and operations
  n[etworking]           //overall networking control
  r[adio]                //NetworkManager radio switches
  c[onnection]           //NetworkManager's connections
  d[evice]               //devices managed by NetworkManager
 COMMAND :={status | show | connect | disconnect | wifi}
```

OBJECT 和 COMMAND 可以用全称也可以用简称，最少可以只用一个字母，建议用头 3 个字母。OBJECT 里面平时用的最多的就是 connection 和 device。这里需要简单区分一下 connection 和 device。device 叫网络接口，是物理设备；connection 是连接，偏重于逻辑设置。多个 connection 可以应用到同一个 device，但同一时间只能启用其中一个 connection。这样的好处是针对一个网络接口，可以设置多个网络连接，比如静态 IP 和动态 IP，再根据需要 up 相应的 connection。

示例 19：列出系统中的网络接口，可以使用如下命令操作：

```
[root@szy ~]# nmcli device show
```

操作结果如下：

```
[root@szy ~]# nmcli device show
GENERAL.设备:                    eno16777736
GENERAL.类型:                    ethernet
GENERAL.硬盘:                    00:0C:29:18:D2:31
GENERAL.MTU:                     1500
GENERAL.状态:                    100 (连接的)
GENERAL.CONNECTION:              eno16777736
GENERAL.CON-PATH:         /org/freedesktop/NetworkManager/ActiveConnection/3
WIRED-PROPERTIES.容器:           开
IP4.地址[1]:                     ip = 192.168.1.201/24, gw = 192.168.1.1
IP4.地址[2]:                     ip = 192.168.1.202/24, gw = 192.168.1.1
IP4.地址[3]:                     ip = 192.168.1.188/24, gw = 192.168.1.1
IP4.DNS[1]:                      192.168.1.250
IP6.地址[1]:                     ip = fe80::20c:29ff:fe18:d231/64, gw = ::

GENERAL.设备:                    virbr0
GENERAL.类型:                    bridge
GENERAL.硬盘:                    A6:F8:11:9B:65:CB
GENERAL.MTU:                     1500
GENERAL.状态:                    70 (连接中(获得 IP 配置))
GENERAL.CONNECTION:              virbr0
GENERAL.CON-PATH:         /org/freedesktop/NetworkManager/ActiveConnection/0

GENERAL.设备:                    lo
GENERAL.类型:                    loopback
GENERAL.硬盘:                    00:00:00:00:00:00
GENERAL.MTU:                     65536
GENERAL.状态:                    10 (未管理)
GENERAL.CONNECTION:              --
GENERAL.CON-PATH:                --
IP4.地址[1]:                     ip = 127.0.0.1/8, gw = 0.0.0.0
IP6.地址[1]:                     ip = ::1/128, gw = ::
```

示例 20：查看当前区域的无线网络，可以使用如下命令操作：

```
[root@szy ~]# nmcli device wifi
```

示例 21：使用 nmcli 命令添加一个以太网网络接口，操作如下：

（1）输入命令：

```
[root@szy ~]# nmcli  connection  edit  type ethernet
```

输出如下：

```
[root@szy ~]# nmcli  connection  edit  type ethernet

===| nmcli interactive connection editor |===

Adding a new '802-3-ethernet' connection
Type 'help' or '?' for available commands.
Type 'describe [<setting>.<prop>]' for detailed property description.

You may edit the following settings: connection, 802-3-ethernet (ethernet),
802-1x, ipv4, ipv6, dcb
nmcli>print
```

（2）在命令交互行输入 print，查看以太网连接信息，结果如下：

```
===============================================================================
                    Connection profile details (ethernet)
===============================================================================
connection.id:                          ethernet
connection.uuid:                        92d82c66-8095-42b9-b029-b156bf56afd5
connection.interface-name:              --
connection.type:                        802-3-ethernet
connection.autoconnect:                 yes
connection.timestamp:                   0
connection.read-only:                   no
connection.permissions:
connection.zone:                        --
connection.master:                      --
connection.slave-type:                  --
connection.secondaries:
connection.gateway-ping-timeout:        0
-------------------------------------------------------------------------------
802-3-ethernet.port:                    --
802-3-ethernet.speed:                   0
802-3-ethernet.duplex:                  --
802-3-ethernet.auto-negotiate:          yes
802-3-ethernet.mac-address:             --
802-3-ethernet.cloned-mac-address:      --
802-3-ethernet.mac-address-blacklist:
802-3-ethernet.mtu:                     自动
802-3-ethernet.s390-subchannels:
802-3-ethernet.s390-nettype:            --
802-3-ethernet.s390-options:
-------------------------------------------------------------------------------
ipv4.method:                            auto
ipv4.dns:
ipv4.dns-search:
ipv4.addresses:
ipv4.routes:
```

```
ipv4.ignore-auto-routes:                no
ipv4.ignore-auto-dns:                   no
ipv4.dhcp-client-id:                    --
ipv4.dhcp-send-hostname:                yes
ipv4.dhcp-hostname:                     --
ipv4.never-default:                     no
ipv4.may-fail:                          yes
-------------------------------------------------------------------------------
…
nmcli>
```

（3）在命令交互行输入 goto ethernet，结果如下：

```
nmcli> goto ethernet
You may edit the following properties: port, speed, duplex, auto-negotiate,
mac-address, cloned-mac-address, mac-address-blacklist, mtu, s390-subchannels,
s390-nettype, s390-options
nmcli 802-3-ethernet>
```

（4）在命令交互行输入 set mtu 1492。

（5）在命令交互行输入 back。

（6）在命令交互行输入 goto ipv4.addresses。

（7）在命令交互行输入 describe，结果输出如下：

```
nmcli 802-3-ethernet> set mtu 1492
nmcli 802-3-ethernet> back
nmcli> goto ipv4.addresses
nmcli ipv4.addresses> describe
=== [addresses] ===
[NM property description]
Array of IPv4 address structures.  Each IPv4 address structure is composed
of 3 32-bit values; the first being the IPv4 address (network byte order), the
second the prefix (1 - 32), and last the IPv4 gateway (network byte order).
The gateway may be left as 0 if no gateway exists for that subnet.  For the
'auto' method, given IP addresses are appended to those returned by automatic
configuration.  Addresses cannot be used with the 'shared', 'link-local', or
'disabled' methods as addressing is either automatic or disabled with these
methods.

[nmcli specific description]
Enter a list of IPv4 addresses formatted as:
  ip[/prefix] [gateway], ip[/prefix] [gateway],...
Missing prefix is regarded as prefix of 32.

Example: 192.168.1.5/24 192.168.1.1, 10.0.0.11/24

nmcli ipv4.addresses>
```

（8）在命令交互行输入 set 192.168.1.202/24 192.168.1.1。

（9）在命令交互行输入 print，结果输出如下：

```
nmcli ipv4.addresses> set 192.168.1.202/24 192.168.1.1
Do you also want to set 'ipv4.method' to 'manual'? [yes]: y
```

```
nmcli ipv4.addresses> print
addresses: { ip = 192.168.1.202/24, gw = 192.168.1.1 }
```

（10）在命令交互行输入 back。

（11）在命令交互行输入 back，回到 nmcli>。

（12）在命令交互行输入 verify，如果显示 ok，表示验证通过。

（13）在命令交互行输入 print，这时就可以看到新加的网络接口信息了。

（14）在命令交互行输入 save，保存配置。

（15）在命令交互行输入 quit，退出 nmcli 交互命令界面，完成网络接口的添加。

8.4 任务实施

步骤 1：编辑/etc/ /hostname 文件，修改主机名。

```
[root@MyLinux ~]# vim  /etc/ /hostname
SZYHost
```

步骤 2：使用 ifconfig 命令查看目前已经识别的网络接口的信息。

```
[root@MyLinux ~]# ifconfig
eno16777736: flags=4163<UP,BROADCAST,RUNNING,MULTICAST>  mtu 1500
…
eno33554984: flags=4163<UP,BROADCAST,RUNNING,MULTICAST>  mtu 1492
…
lo: flags=73<UP,LOOPBACK,RUNNING>  mtu 65536
…
virbr0: flags=4099<UP,BROADCAST,MULTICAST>  mtu 1500
…
```

步骤 3：编辑网卡配置文件/etc/sysconfig/network-scripts/ifcfg-eno16777736。

```
[root@MyLinu ~]# vi /etc/sysconfig/network-scripts/ifcfg-eno16777736
    TYPE=Ethernet
    BOOTPROTO=static
    DEFROUTE=yes
    IPV4_FAILURE_FATAL=no
    NAME=eno16777736
    UUID=a2090b9a-a332-4cfb-88e6-e0fb82e0cbf5
    ONBOOT=yes
    IPADDR0=192.168.1.2
    DNS1=192.168.1.250
    DNS2=192.168.1.251
    PREFIX0=24
    GATEWAY0=192.168.1.1
    HWADDR=00:0C:29:18:d2:31
…
```

重启网络接口，让刚配置的地址生效。

```
[root@MyLinux ~]# service network restart
[root@MyLinux ~]# ifconfig
eno16777736: flags=4163<UP,BROADCAST,RUNNING,MULTICAST>  mtu 1492
        inet 192.168.1.250  netmask 255.255.255.0  broadcast 192.168.1.255
```

```
        inet6 fe80::20c:29ff:fe18:d231  prefixlen 64  scopeid 0x20<link>
        ether 00:0c:29:18:d2:31  txqueuelen 1000  (Ethernet)
…
```

步骤 4：编辑网卡配置文件/etc/sysconfig/network-scripts/ifcfg-eno33554984。

```
[root@MyLinux ~]# cd  /etc/sysconfig/network-scripts
[root@MyLinux network-scripts]# cp ifcfg-eno16777736  ifcfg-eno33554984
[root@MyLinux network-scripts]# vi  ifcfg-eno33554984
    TYPE=Ethernet
    BOOTPROTO=static
    DEFROUTE=yes
    IPV4_FAILURE_FATAL=no
    UUID=a2090b9a-a332-4cfb-88e6-e0fb82e0cbf5
    ONBOOT=yes
    IPADDR0=192.168.1.3
    DNS1=192.168.1.250
    DNS2=192.168.1.251
    PREFIX0=24
    GATEWAY0=192.168.1.1
    HWADDR=00:0C:29:18:d2:3b
…
```

重启网络接口，让刚配置的地址生效。

```
[root@MyLinux ~]# service network restart
[root@MyLinux ~]# ifconfig
eno16777736: flags=4163<UP,BROADCAST,RUNNING,MULTICAST>  mtu 1492
        inet 192.168.1.2  netmask 255.255.255.0  broadcast 192.168.1.255
        inet6 fe80::20c:29ff:fe18:d231  prefixlen 64  scopeid 0x20<link>
        ether 00:0c:29:18:d2:31  txqueuelen 1000  (Ethernet)
…
eno33554984: flags=4163<UP,BROADCAST,RUNNING,MULTICAST>  mtu 1492
        inet 192.168.1.3  netmask 255.255.255.0  broadcast 192.168.1.255
        inet6 fe80::20c:29ff:fe18:d23b  prefixlen 64  scopeid 0x20<link>
        ether 00:0c:29:18:d2:3b  txqueuelen 1000  (Ethernet)
…
```

步骤 5：测试。

```
[root@MyLinux ~]# ping 192.168.1.2
PING 192.168.1.2 (192.168.1.2) 56(84) bytes of data.
64 bytes from 192.168.1.2: icmp_seq=1 ttl=64 time=0.062 ms
64 bytes from 192.168.1.2: icmp_seq=2 ttl=64 time=0.072 ms
…
[root@MyLinux ~]# ping 192.168.1.3
PING 192.168.1.3 (192.168.1.3) 56(84) bytes of data.
64 bytes from 192.168.1.3: icmp_seq=1 ttl=64 time=0.038 ms
64 bytes from 192.168.1.3: icmp_seq=2 ttl=64 time=0.096 ms
…
```

阅读与思考：4G 技术

4G 是第四代移动通信技术的简称，又称 IMT-Advanced 技术，为准 4G 标准，是业内对

TD技术向4G最新进展的TD-LTE-Advanced称谓，这项中国自主知识产权的TD-LTE-Advanced技术成功入围国际电信联盟的4G候选标准。

2009年10月，国际电联在德国德累斯顿征集遴选新一代移动通信（IMT-Advanced技术）候选技术，包括中国的TD-LTE-Advanced在内，共有6项4G技术入围成为候选技术提案。TD-LTE-Advanced是中国继TD-SCDMA（第三代，2004）之后提出的具有自主知识产权的新一代移动通信技术，它吸纳了TD-SCDMA的主要技术元素，但它将提供更宽的带宽，约几十兆的下载速度，可以进行更多的数据业务。

研发及其应用

业界关于新一代移动通信网络技术的叫法很多，4G只是一个通用的名称。目前，国际上主流的4G技术主要是LTE-Advanced和IEEE 802.16m Wimax两种。TD-LTE技术方案属于LTE-Advanced技术，得到国际主要通信运营企业和制造企业的广泛支持。法国电信、德国电信、美国AT&T、日本NTT、韩国KT、中国移动，以及爱立信、华为、中兴等明确表态支持LTE-Advanced。802.16m也获得部分芯片、网络产品制造企业如英特尔、思科等的联合推荐。

与TD-SCDMA 3G标准相比，TD-LTE更为开放，吸引了多家企业参与研发和技术跟踪，TD-LTE与其他国际上同类技术的差距在缩小。从技术标准的确立到最终商用化需要很长时间。

总之，4G是3G技术的进一步演化，是在传统通信网络和技术的基础上不断提高无线通信的网络效率和功能。同时，它包含的不仅仅是一项技术，而是多种技术的融合。不仅仅包括传统移动通信领域的技术，还包括宽带无线接入领域的新技术及广播电视领域的技术。

4G核心技术

4G通信系统的特点决定了它将采用一些不同于3G的技术。对于4G中将使用的核心技术，业界并没有太大的分歧。总结起来，有以下几种。

（1）正交频分复用（OFDM）技术

OFDM是一种无线环境下的高速传输技术，其主要思想就是在频域内将给定信道分成许多正交子信道，在每个子信道上使用一个子载波进行调制，各子载波并行传输。尽管总的信道是非平坦的，即具有频率选择性，但是每个子信道是相对平坦的，在每个子信道上进行的是窄带传输，信号带宽小于信道的相应带宽。OFDM技术的优点是可以消除或减小信号波形间的干扰，对多径衰减和多普勒频移不敏感，提高了频谱利用率，可实现低成本的单波段接收机。

（2）软件无线电

软件无线电的基本思想是把尽可能多的无线及个人通信功能通过可编程软件来实现，使其成为一种多工作频段、多工作模式、多信号传输与处理的无线电系统。也可以说，是一种用软件来实现物理层连接的无线通信方式。

（3）智能天线技术

智能天线具有抑制信号干扰、自动跟踪以及数字波束调节等智能功能，是未来移动通信的关键技术。智能天线应用数字信号处理技术，产生空间定向波束，使天线主波束对准用户信号到达方向，旁瓣或零陷对准干扰信号到达方向，达到充分利用移动用户信号并消除或抑制干扰信号的目的。这种技术既能改善信号质量又能增加传输容量。

（4）多输入多输出（MIMO）技术

MIMO技术是指利用多发射、多接收天线进行空间分集的技术，它采用的是分立式多天

DNS 服务器的配置与管理

域名系统（DNS）是一种友好名称解决方案，用于实现 TCP/IP 网络的名称解析。在 Linux 系统中，DNS 服务器是基于 BIND 软件并通过配置/etc 和/var/named 目录中的相关文件，使用 named 守护进程，为网络中的客户机提供主机名与 IP 地址之间的解析服务。

9.1 企业需求

公司从网络服务商那申请了一个域名 szy.com，公司有自己的企业网站，财务部有财务系统、销售部有销售软件、人力资源部有人事系统，等等，公司希望能通过域名来进行访问，同时也希望可以实现 IP 地址的反向解析。

9.2 任务分析

通过对公司业务需求的分析，决定在公司 Linux 服务器上配置 DNS 服务，软件选用 bind，下载软件包并存放在 U 盘。测试用的计算机要求有 Linux 客户端和 Windows 客户端，与服务器通过网络能正常通信，具体任务如下：

（1）构建两台 DNS 服务器，为局域网中的计算机提供域名解析任务。

（2）DNS 服务器管理 szy.com 域的域名解析。

（3）DNS 服务器负责公司内部的 IP 的反向解析。

（4）为客户提供 Internet 上的主机的域名解析。

（5）公司内部的主机有 dns（DNS 服务器，192.168.1.250）、www（Web 服务器，192.168.1.8）、ftp（FTP 服务器，192.168.1.8）、mail（Mail 服务器，192.168.1.9）、smb（Samba 服务器，192.168.1.10）、smd（销售部，192.168.1.8）、fd（财务部，192.168.1.30）、hrd（人力资源部，192.168.1.30），其中 www 的别名是 Web。

9.3 知识背景

在配置和使用 DNS 服务之前，首先要了解 DNS 的有关知识，包括域名解析、域名结构、解析过程以及各种资源记录等。

9.3.1 DNS 概述

DNS（Domain Name System，域名系统）是一个相对比较复杂的系统，同时也是一个非常重要的网络服务。在上网的时候，通常输入的网址，其实就是一个域名，例如要上新浪网，可以在 IE 的地址栏中输入网址 www.sina.com.cn，也可输入 IP 地址，但是 IP 地址很难记住，所以有了域名的说法。

网络上的计算机彼此之间只能用 IP 地址才能相互识别，域名系统就是为网上的主机进行域名和 IP 地址的翻译，当用户使用域名时，该系统就会自动把域名转为 IP 地址。执行域名服务的服务器称为 DNS 服务器，通过 DNS 服务器来应答域名服务的查询。

在客户机的浏览器中输入要访问的主机名时，就会触发一个 IP 地址的查询请求，该请求会自动发送到默认的 DNS 服务器，DNS 服务器会从数据库中查询该主机名所对应的 IP 地址，并将找到的 IP 地址作为查询结果返回。浏览器获得 IP 地址后，根据 IP 地址在 Internet 网中定位所要访问的资源。

DNS 服务器分为 3 种：

（1）高速缓存服务器（Cache-only Server）。

（2）主服务器（Primary Name Server）。

（3）辅助服务器（Second Name Server）。

DNS 的查询方式有两种：

（1）迭代查询：服务器与服务器之间的查询。本地域名服务器向根域名服务器的查询通常是采用迭代查询(反复查询)。当根域名服务器收到本地域名服务器的迭代查询请求报文时，要么给出所要查询的 IP 地址，要么告诉本地域名服务器下一步应向那个域名服务器进行查询。然后让本地域名服务器进行后续的查询。

（2）递归查询：客户端与服务器之间的查询。主机向本地域名服务器的查询一般都是采用递归查询。如果主机所询问的本地域名服务器不知道被查询域名的 IP 地址，那么本地域名服务器就以 DNS 客户的身份，向其他根域名服务器继续发出查询请求报文。最后会给客户端一个准确的返回结果，无论是成功与否。

按照 DNS 搜索区域的类型，DNS 的区域可分为正向搜索区域和反向搜索区域。正向搜索是 DNS 服务器要实现的主要功能，它根据计算机的 DNS 名称（即域名），解析出相应的 IP 地址。当 DNS 客户机（也可以是 DNS 服务器）向首选 DNS 服务器发出查询请求后，如果首选 DNS 服务器中不含所需的数据，则会将查询请求转发给另一台 DNS 服务器，依此类推，一直找到所需的数据为止，如果到最后一台 DNS 服务器中也没有所需的数据，则通知 DNS 客户机查询失败。而反向搜索则是根据计算机的 IP 地址解析出它的 DNS 名称（主机名）。

9.3.2 /etc/hosts 解析

默认情况下，Linux 的域名解析是先经过/etc/hosts 文件，再经过 DNS 的解析，此解析方式在/etc/nsswitch.conf 文件中可以明确规定。

```
[root@szy ~]# vi /etc/nsswitch.conf
# /etc/nsswitch.conf
#
# An example Name Service Switch config file. This file should be
# sorted with the most-used services at the beginning.
…
passwd:       files sss
shadow:       files sss
group:        files sss
```

```
#initgroups:  files

#hosts:       db files nisplus nis dns
hosts:        files dns
…
```

在/etc/hosts 文件中填写对 www.szy.com 的解析,其 IP 地址为 192.168.1.201。

```
[root@szy ~]# vi /etc/hosts
127.0.0.1 localhost localhost.localdomain localhost4 localhost4.localdomain4
::1    localhost localhost.localdomain localhost6 localhost6.localdomain6
192.168.1.201  www.szy.com
```

保存退出。可以通过 ping 命令，测试结果如下：

```
[root@szy ~]# ping www.szy.com
PING www.szy.com (192.168.1.201) 56(84) bytes of data.
64 bytes from www.szy.com (192.168.1.201): icmp_seq=1 ttl=64 time=0.197 ms
64 bytes from www.szy.com (192.168.1.201): icmp_seq=2 ttl=64 time=0.098 ms
64 bytes from www.szy.com (192.168.1.201): icmp_seq=3 ttl=64 time=0.052 ms
```

/etc/hosts 这个文件虽然能实现解析的目的，但每个需要解析的各户端都需要配置/etc/hosts 文件，维护不方便，且功能远没有 DNS 强大。

9.3.3 配置与管理 DNS 服务器

1. bind 软件包

BIND（Berkeley Internet Name Domain）是一个在 UNIX/Linux 系统上实现域名解析服务的软件包，包含对域名的查询和响应所需的所有软件。它是互联网上最广泛使用的一种 DNS 服务器，对于类 UNIX 系统来说，已经成为事实上的标准。

BIND 软件包包括 3 个部分：

（1）DNS 服务器。这是一个叫做 named 的程序，代表 name daemon。它根据 DNS 协议标准的规定，响应收到的查询。

（2）DNS 解析库（resolver library）。一个解析器是一个程序，通过发送请求到合适的服务器并且对服务器的响应做出合适的回应，来解析对一个域名的查询。一个解析库是程序组件的集合，可以在开发其他程序时使用，为这些程序提供域名解析的功能。

（3）测试服务器的软件工具。

在 RHEL 7 中，与 BIND 域名服务相关的软件包如下：

（1）bind-9.9.4-14.el7.x86_64.rpm：提供了域名服务的主要程序与相关文件。

（2）bind-utils-9.9.4-14.el7.x86_64.rpm：提供了对 DNS 服务器的测试工具程序。

（3）bind-chroot-9.9.4-14.el7.x86_64.rpm：为 bind 提供了一个伪装的根目录以增强安全性。

2. 安装 Bind 软件包

挂载 RHEL 7 的安装光盘，使用 yum 命令安装 bind 服务。

```
# yum clean all                    //安装前先清除缓存
# yum  install  bind-chroot  bind  -y
```

安装完成后，可以通过 rpm –qa|grep bind 命令，检查确认安装成功。

```
[root@szy ~]# rpm -qa|grep bind
cmpi-bindings-pywbem-0.9.5-6.el7.x86_64
PackageKit-device-rebind-0.8.9-11.el7.x86_64
bind-utils-9.9.4-14.el7.x86_64
bind-license-9.9.4-14.el7.noarch
bind-libs-9.9.4-14.el7.x86_64
keybinder3-0.3.0-1.el7.x86_64
rpcbind-0.2.0-23.el7.x86_64
bind-chroot-9.9.4-14.el7.x86_64
bind-libs-lite-9.9.4-14.el7.x86_64
bind-9.9.4-14.el7.x86_64
```

3. DNS 服务的启动、停止与重启

（1）启动命令：

```
# systemctl start named.service
```

或

```
# service named start
```

（2）重启命令：

```
# systemctl restart named.service
```

或

```
# service named restart
```

（3）停止命令：

```
# systemctl stop named.service
```

或

```
# service named stop
```

需要注意的是，上面的这些方法启动的 DNS 服务只能运行到计算机关闭之前，下次系统重新启动之后就又需要重新启动 DNS 服务，如果需要随系统自动启动 DNS 服务，可以使用如下操作命令：

```
# systemctl enable named.service
```

4. DNS 配置文件结构

因为安装了 bind-chroot，所以 BIND 的运行根目录为/var/named/chroot/。当然，对于 BIND 来说，这个目录就是/（根目录）。jail 是一个软件机制，其功能是使得某个程序无法访问规定区域之外的资源，同样也为了增强安全性。Bind Chroot DNS 服务器的默认 jail 为/var/named/chroot。表 9-1 列出了域名服务器配置文件族。

表 9-1　域名服务器配置文件族

文　件	功　能
/etc/named.conf（标准） /var/named/chroot/etc/named.conf	设置一般 named 参数，指向该服务器使用的域数据库的信息源
/var/named/named.ca（标准） /var/named/chroot/var/named/named.ca	指向根域名服务器，用于高速缓存服务器的初始配置

续表

文　　件	功　　能
/var/named/name2ip.conf（正向区文件名） /var/named/chroot/var/named/	将主机名映射为 IP 地址的区数据文件，文件名需在主配置文件里定义
/var/named/ip2name.conf（反向区文件名） /var/named/chroot/var/named/	将 IP 地址映射为主机名的区数据文件，文件名需在主配置文件里定义

（1）准备 bind chroot 环境

将/usr/share/doc/bind-*/sample/var/named/下的文件复制到/var/named/chroot/var/named/目录下，可以用如下命令实现：

```
# cp -R /usr/share/doc/bind-*/sample/var/named/* /var/named/chroot/var/named/
```

在 bind chroot 的目录中创建相关文件：

```
# touch /var/named/chroot/var/named/data/cache_dump.db
# touch /var/named/chroot/var/named/data/named_stats.txt
# touch /var/named/chroot/var/named/data/named_mem_stats.txt
# touch /var/named/chroot/var/named/data/named.run
# mkdir /var/named/chroot/var/named/dynamic
# touch /var/named/chroot/var/named/dynamic/managed-keys.bind
```

将 Bind 锁定文件设置为可写：

```
# chmod -R 777  /var/named/chroot/var/named/data
# chmod -R 777  /var/named/chroot/var/named/dynamic
```

将 /etc/named.conf 复制到 bind chroot 目录：

```
# cp -p /etc/named.conf /var/named/chroot/etc/named.conf
```

（2）BIND 主配置文件 named.conf

named 服务的主要配置文件名为 named.conf，主配置文件中包括全局配置与区域配置部分。

① 全局配置部分中常见的配置项。

- listen-on：设置 named 监听的端口号、ip 地址。若省略，则 named 默认在所有可用的 ip 地址上监听服务。
- directory：设置 named 守护进程的工作目录，设置各区域正反向搜索解析文件和 DNS 根服务器地址列表文件（named.ca）的默认存放位置，不能省略。配置命令为“directory /var /name”，表明工作目录在/var/named/chroot/var/name/下。
- allow-query：允许 DNS 查询的客户端地址。若省略，则不限制进行 DNS 查询的客户端。
- forwarders{}与 forward：forwarders{}用于定义 DNS 转发器，当设置了转发器后，所有非本域的和在缓存中无法找到的域名，都可由指定的 DNS 转发器来完成域名解析。forward 用于设置转发方式，仅在 forwarders 的转发器列表非空时有效，选项有 first|only。
- recursion：设置是否允许递归查询。若省略，则表明允许递归查询。

② 区域配置部分中常见的配置项。区域声明使用 zone，主域名服务器的正向解析区域声明格式为：

```
zone "区域名称" IN
{
```

```
    type master;
    file "实现正向解析的区域文件名";
    allow-update { none;};
};
```

从域名服务器的正向解析区域声明格式为：

```
zone "区域名称" IN
 {
    type slave;
    file" 实现正向解析的区域文件名";
    masters {主域名服务器的 IP 地址;} ;
} ;
```

根区的声明格式一般为：

```
zone " . " IN
{
    type hint;
    file named.ca;         //named.ca 文件请从网上下载，不需自己编制
};
```


反向解析区域的声明格式与正向相同，只是 file 所指定要读的文件不同，另外就是区域的名称不同。若要反向解析 a.b.c 网段的主机，则反向解析的区域名称应设置为 c.b.a-addr.arpa。

一个网段通常应声明一组正、反向解析区域。对于主域名服务器或从域名服务器而言，第一次配置好后，以后对配置文件的改动主要是增加、删除或修改区域。在区域中还可使用一些配置指令，比如利用 allow-transfer 设置允许下载区域数据库信息的辅域名服务器的地址，利用 allow-update 可以设置允许动态更新的客户端地址（none 为禁止）等。

③ 检查 named.conf 语法。修改完主配置文件，可以执行 named-checkconf 命令，对 named.conf 进行语法检查，如果有语法错误的地方，会给出相应的提示信息。

```
# named-checkconf  /var/named/chroot/etc/named.conf
```

若不指定路径，默认检查“/etc/named.conf”。

（3）BIND 区域数据库配置文件

区域数据库配置文件位于“/var/named”目录中，如果安装了 bind-chroot 软件包，则位于“/var/named/chroot/var/named/”目录中。

根域“.”数据库文件比较特殊，Internet 中所有的 DNS 服务器都使用相同的根域数据库，文件名通常为 named.ca 或 named.root。其他区域地址数据库文件需要手动创建。

在区域数据库配置文件中，包括 TTL（生存时间）配置项、SOA（授权）记录和地址解析记录。以“;”开始的部分表示注释信息。

① 全局 TTL 配置项。TTL 里涉及的时间默认单位为秒，也可以使用 M（分钟）、H（小时）、W（周）、D（天）。如：

```
$TTL 86400
```

这个例子里的 TTL 设置为 86400 秒，即生存时间为 24 h。

② SOA 记录。在区域数据库配置文件中，必以授权记录作为首条记录。当 DNS 服务器加载 DNS 区域时，它首先通过 SOA 记录来决定此 DNS 区域的基本信息和主服务器。

SOA 记录语法：

```
区域名 IN  SOA  主服务器  区域负责人（序列号 刷新间隔 重试间隔 过期间隔 最 TTL）
```

其中，序列号：该区域文件的修订版本号。每次区域中的资源记录改变时，这个数字便会增加。刷新间隔：是在查询区域的来源以进行区域更新之前辅助 DNS 服务器等待的时间。当刷新间隔到期时，辅助 DNS 服务器请求来自响应请求的源服务器的区域当前 SOA 记录副本。然后，辅助 DNS 服务器将源服务器的当前 SOA 记录的序列号与其本地 SOA 记录的序列号相比较。如果二者不同，则辅助 DNS 服务器从主要 DNS 服务器请求区域传输。重试间隔：是辅助服务器在重试失败的区域传输之前等待的时间。通常，这个时间短于刷新间隔。到期间隔：是在区域没有刷新或更新的已过去的刷新间隔之后、辅助服务器停止响应查询之前的时间。因为在这个时间到期，因此辅助服务器必须把它的本地数据当作不可靠数据。最小（默认）TTL：区域的默认存在时间(TTL) 和缓存否定应答名称查询的最大间隔。

③ 常见地址解析记录。常用记录语法：

```
[name]   [TTL]   addr-class   record-type   record-specific-data
```

其中，name：域名， 通常只有第一个 DNS 资源记录设置 name 栏，对于区域文件中其他的资源记录，name 可以是空白，这种情况下，其他的资源记录接受先前的资源记录的名字。

TTL：Live 栏可选择的时间，它指定该数据在数据库中保管多长时间，此栏为空表示默认的生存周期在授权资源记录开始中指定。

addr-class：地址类，大范围用于 Internet 地址和其他信息的地址类为 IN。

record-type：记录类型，常为 A、NS、MX、CNAME 和 PTR。NS 为域名服务器记录，用于设置当前域的 DNS 服务器的域名地址。MX 为邮件交换记录，用于设置当前域的 DNS 服务器的域名地址。10 表示选择邮件服务器的优先级，数字越大优先级越低。A 为主机记录，用于记录正向域名解析。CNAME 为别名记录。PTR 为反向指针记录，用于记录反向地址解析。

record-specific-data：记录类型的数据。

示例 1：授权服务器记录。

```
@   IN   SOA   dns.zjvcc.com.   admin. dns.zjvcc.com.  (20111201 1D 3H 2D 86400)
```

示例 2：名称服务器记录。

```
IN   NS   dns.zjvcc.com. //dns.zjvcc.com.是当前区域文件的域名服务器，可指定多个 NS 记录
```

注意：这里没有指定 name 和 TTL，因为名字仅需要使用@字符在 SOA 记录中指定 ；TTL 使用 SOA 记录中的 minimum。

示例 3：主机记录。

```
www                    IN   A   192.168.2.50
www .zjvcc.com.        IN   A   192.168.100.51
```

每个主机至少应有一个 A 记录。

示例 4：别名记录。

```
www1    IN CNAME   www .zjvcc.com.
```

示例 5：邮件交换记录。

```
IN   MX  10   mail1.zjvcc.com.
```

示例 6：反向指针记录。

```
50  IN   PTR   www.zjvcc.com.
51  IN   PTR   mail
```

（4）DNS 服务器配置实例

现有一公司，需要配置一台 DNS 服务器，该 DNS 服务器的地址是 192.168.250.250，域名是 dns.zjszy.cn，DNS 转发器设置为 202.101.172.35，要求为以下域名提供正向和反向的域名解析服务：

```
dns.zjszy.cn          192.168.250.250
www. zjszy.cn         192.168.250.1    别名：web.zjszy.cn
mail.zjszy.cn         192.168.250.6
ftp.zjszy.cn          192.168.250.8
```

具体配置如下：

① 编辑主配置文件/named.conf：

```
#vi /etc/var/chroot/etc/named.conf
options {
     directory "/var/named";
     forwarders{202.101.172.35;};
     forward first;
     listen-on {192.168.250.250;};
};

zone  "." IN
{
   type hint;
   file "named.ca";
};
zone  "zjszy.cn"  IN
{
     type master;
     file "zjszy.cn.hosts";
     allow-update{none;};
};
zone  "250.168.192.in-addr.arpa"  IN
{
     type master;
     file "192.168.250.hosts";
     allow-update{none;};
};
```

② 编辑正向区域数据文件 zjszy.cn.hosts：

```
#vi  /var/named/chroot/var/named/zjszy.cn.hosts
$TTL 86400
$origin zjszy.cn.
@     IN    SOA   dns.zjszy.cn. admin.zjszy.cn. (
                                  20111101    ;serial
                                  3H          ;refresh
                                  60M         ;retry
```

```
                    1W          ;expire
                    1D )        ;minimum
        IN    NS      dns.zjszy.cn.
        IN    MX 10   mail.zjszy.cn.
dns     IN    A       192.168.250.250
www     IN    A       192.168.250.1
web     IN    CNAME   www
mail    IN    A       192.168.250.6
ftp     IN    A       192.168.250.8
```

③ 编辑反向区域数据文件 zjszy.cn.hosts：

```
#vi  /var/named/chroot/var/named/192.168.250.hosts
$TTL 86400
@     IN    SOA   dns.zjszy.cn.  admin.zjszy.cn. (
                              20111101    ;serial
                              3H          ;refresh
                              60M         ;retry
                              1W          ;expire
                              1D )        ;minimum
        IN    NS      dns.zjszy.cn.
        IN    MX  10  mail.zjszy.cn.
250     IN    PTR     dns.zjszy.cn.
1       IN    A       www.zjszy.cn.
6       IN    A       mail.zjszy.cn.
8       IN    A       ftp.zjszy.cn.
```

④ 启动 DNS 服务：

```
# systemctl start named.service
```

5. DNS 测试

要测试 DNS 服务器，客户端的 DNS 需要配置，可以通过编辑文件/etc/resolv.conf，在文件里添加一行：

```
nameserver  DNS 服务器地址
```

在上面的实例里，DNS 服务器的地址是 192.168.250.250，于是上面这行内容就可以写成：

```
nameserver  192.168.250.250
```

在跟 DNS 服务器 ping 通的前提下，可以使用 nslookup 命令开始检测所搭建的 DNS 是否成功：

```
# nslookup
```

nslookup 命令是一个交互命令，在交互命令行可以输入域名或地址，进行正向反向域名的解析测试。

9.4 任务实施

步骤 1：架设主域名服务器（IP 地址为 192.168.1.250）。

（1）安装 bind 软件包。

将包含 bind 软件包的 U 盘挂载，操作如下：

```
[root@MyLinux ~]# mkdir /mnt/usb
[root@MyLinux ~]# mount /dev/sdb1 /mnt/usb
[root@MyLinux ~]# cd /mnt/usb/Packages/dns
```

创建一个 yum 仓库，操作命令如下：

```
[root@MyLinux dns]# createrepo .
[root@MyLinux dns]# yum clean all
```

创建 local.repo 文件，操作命令如下：

```
[root@MyLinux dns]# vim /etc/yum.repos.d/local.repo
    [RHEL-local]
    name=RHEL local repo
    baseurl=file:///mnt/usb/Packages/dns/
    enable=1
    priority=1
    gpgcheck=0
```

使用源进行 yun 安装，操作命令如下：

```
[root@MyLinux dns]# yum install  bind  -y
```


检查安装是否成功，操作命令如下：

```
[root@MyLinux dns]# rpm -q bind
bind-9.9.4-14.el7.x86_64
```

（2）配置 DNS 服务器 IP 地址 192.168.1.250。

```
[root@MyLinux /]# vi /etc/sysconfig/network-scripts/ifcfg-eno16777736
    TYPE=Ethernet
    BOOTPROTO=static
    DEFROUTE=yes
    IPV4_FAILURE_FATAL=no
    NAME=eno16777736
    UUID=a2090b9a-a332-4cfb-88e6-e0fb82e0cbf5
    ONBOOT=yes
    IPADDR0=192.168.1.250
    DNS1=192.168.1.250
    DNS2=192.168.1.251
    PREFIX0=24
    GATEWAY0=192.168.1.1
    HWADDR=00:0C:29:18:d2:31
…
```

重启网络接口，让刚配置的地址生效。

```
[root@MyLinux /]# service network restart
[root@MyLinux /]# ifconfig
eno16777736: flags=4163<UP,BROADCAST,RUNNING,MULTICAST>  mtu 1492
        inet 192.168.1.250  netmask 255.255.255.0  broadcast 192.168.1.255
        inet6 fe80::20c:29ff:fe18:d231  prefixlen 64  scopeid 0x20<link>
        ether 00:0c:29:18:d2:31  txqueuelen 1000  (Ethernet)
…
```

（3）配置主域名服务器。

配置主配置文件 named.conf，添加正向、反向区声明：

```
[root@MyLinux /]# vi /etc/named.conf
```

修改监听参数 listen-on port 53 后的地址为 DNS 服务器的 IP 地址或 any:

```
listen-on port 53 { 192.168.1.250; };
```

修改 allow-query 为 any:

```
allow-query     { any; };
```

修改 dnssec-enable 和 dnssec-validation 为 no:

```
dnssec-enable no;
dnssec-validation no;
```

并添加内容如下:

```
zone "szy.com" IN {
        type master;
        file "szy.com.hosts";
};
zone "1.168.192.in-addr.arpa" IN {
        type master;
        file " szy.com.back";
};
```

配置正向区域数据库文件 szy.com.hosts,操作如下:

```
[root@MyLinux /]#  vi  /var/named/szy.com.hosts
```

添加内容如下:

```
$TTL 1D
@       IN SOA  dns.syz.com.  root.dns.szy.com. (
                              2015081001     ; serial
                              1D             ; refresh
                              1H             ; retry
                              1W             ; expire
                              1D )           ; minimum
        IN    NS              dns.szy.com.
        IN    MX    10        mail.szy.com.
Dns     IN    A               192.168.1.250
www     IN    A               192.168.1.8
ftp     IN    A               192.168.1.8
smb     IN    A               192.168.1.10
fd      IN    A               192.168.1.30
hrd     IN    A               192.168.1.30
smd     IN    A               192.168.1.8
mail    IN    A               192.168.1.9
web     IN    CNAME           www
```

修改区域数据库文件 szy.com.hosts 文件的权限:

```
[root@MyLinux /]#  chmod  666  /var/named/szy.com.hosts
```

配置反向区域数据库文件 szy.com.back,操作如下:

```
[root@MyLinux /]#  vi  /var/named/szy.com.back
```

添加内容如下:

```
$TTL 1D
@       IN    SOA   dns.szy.com.   root.dns.szy.com.(
                          2015081001      ; serial
                          1D              ; refresh
                          6H              ; retry
                          1W              ; expire
                          1D )            ; minimum
        IN      NS      dns.szy.com.
250     IN      PTR     dns.szy.com.
8       IN      PTR     www.szy.com.
8       IN      PTR     ftp.szy.com.
8       IN      PTR     smd.szy.com.
9       IN      PTR     mail.szy.com.
10      IN      PTR     smb.szy.com.
30      IN      PTR     fd.szy.com.
30      IN      PTR     hrd.szy.com.
```

修改区域数据库文件 szy.com.back 文件的权限：

```
[root@MyLinux /]# chmod  666  /var/named/szy.com.back
```

（4）启动 DNS 服务器。

```
[root@MyLinux /]# service named start
```

（5）DNS 服务器的测试与纠错。

```
[root@MyLinux /]# nslookup  dns.szy.com
Server:    192.168.1.250
Address:192.168.1.250#53
Name:dns.szy.com
Address: 192.168.1.250
[root@MyLinux /]# nslookup  www.szy.com
Server:    ::1
Address:::1#53
Name:www.szy.com
Address: 192.168.1.8
 [root@MyLinux /]# nslookup  mail.szy.com
Server:    ::1
Address:::1#53
Name:mail.szy.com
Address: 192.168.1.9
[root@MyLinux /]# nslookup  smb.szy.com
Server:    ::1
Address:::1#53
Name:smb.szy.com
Address: 192.168.1.10
[root@MyLinux /]# nslookup  192.168.1.9
Server:    ::1
Address:::1#53
9.1.168.192.in-addr.arpa name = mail.szy.com.
[root@MyLinux /]# nslookup  192.168.1.10
Server:    ::1
Address:::1#53
```

```
10.1.168.192.in-addr.arpaname = smb.szy.com.
[root@MyLinux /]# nslookup 192.168.1.8
Server:     ::1
Address:::1#53
8.1.168.192.in-addr.arpa  name = smd.szy.com.
8.1.168.192.in-addr.arpa  name = www.szy.com.
8.1.168.192.in-addr.arpa  name = ftp.szy.com.
```

注意：如果出现“connection timed out; no servers could be reached”错误时，首先请检查网络，要保证客户端能 ping 通 DNS 服务器；其次检查客户端的 DNS 的 IP 地址设置，如果有问题，请修改，修改后需要重启网络。如果还是出现该错误，请检查/etc/named.conf 配置中的监听地址是否正确，监听端口需要指定 DNS 服务器的 IP 地址或改成 any，还有就要保证填写域名没有错误。

步骤 2：配置辅助域名服务器（IP 地址为 192.168.1.251）。

（1）在辅助域名服务器上安装 bind 软件。

（2）配置辅助域名服务器的 IP 地址 192.168.1.251。

（3）配置辅助域名服务器。

配置主配置文件 named.conf，添加正向、反向区声明：

```
[root@RHEL7 /]# vi /etc/named.conf
```

修改监听参数 listen-on port 53 后的地址为 any：

```
listen-on port 53 { any; };
```

修改 allow-query 为 any：

```
allow-query    { any; };
```

修改 dnssec-enable 和 dnssec-validation 为 no：

```
dnssec-enable no;
dnssec-validation no;
```

并添加内容如下：

```
zone "szy.com" IN {
       type slave;
       file "szy.com.hosts";
      master  {192.168.1.250;};        //主域名服务器的地址
};
zone "1.168.192.in-addr.arpa" IN {
       type slave;
       file " szy.com.back";
      master  {192.168.1.250;};        //主域名服务器的地址
};
```

（4）重启辅助域名服务器的 named 服务。

（5）配置客户端，测试辅助域名服务器。

注意：配置区域复制时要记得关闭防火墙。

阅读与思考：优秀网管心得三则

作为一个网管，只有在实际工作中磨练才能不断成长，也只有在工作中不断用心思考和自主学习，才能有机会成为自己所期望的网络高手。笔者将以自己的网管经历为主线，结合网络管理的实际经验和体会，与大家分享网管员成长过程中的酸甜苦辣。

当一个复杂网络摆在网管员面前时，最首要的任务就是尽快熟悉网络——包括设备、网络结构、运行情况等，并最终做到了如指掌。只有这样，才能更好地管理、维护自己的网络。

熟悉网络设备

网络中的每一种设备都要熟悉，特别是以前不常接触的设备更是如此，如路由器、防火墙、交换机、投影仪、实物展示台等，需要明确它们的性能、作用以及基本设置维护方法。举个例子，有一次笔者所在单位一个多媒体教室的投影机突然不能使用了，无论电源开或关，面板上的按键都不起作用。可是到了第二天，投影机居然能正常使用了。后来才知道，投影机自身过热时，会自动切换到保护状态。如果一开始就熟悉投影机设备的工作原理，当时就不至于那么着急了，过一段时间后（约 30 min）再开机就可以正常使用。

熟悉网络的结构

要熟悉网络的结构布局，比如建筑物内部的网络布局、建筑物之间的网络布局以及单位因特网连接的情况等。负责建设网络的公司会给出一份详细的网络布局图，一般都以图形的方式展示，网管一定要仔细看，拿不准的地方一定要问清楚。同时，应具体注意以下几点：

（1）熟悉建筑物内部以及建筑物之间使用电缆的走线情况、电缆的长度以及各部分电缆的类型。

（2）熟悉各部分连接电缆的命名和编号。如在核心交换机（三层交换机）上，应该熟悉网络主干网（光缆）连接的名称和编号。

（3）熟悉路由器、交换机或集线器等网络设备的位置以及相互之间连接的情况。

（4）熟悉网络中各个网段 VLAN 的分配情况。

再举个例子，前一段时间，整个行政楼的计算机都上不了网了。连着查看了几台计算机，都不能自动获得 IP 地址。单位使用一台 Dell 4600 做 DHCP 服务器，初步判断 DHCP 服务器的 IP 地址分配有问题。笔者为一台计算机设置了符合这个网段的 IP 地址，结果也不能上网，看来问题出在与主交换机或路由器的连接上。笔者来到网络中心，经过一番检查，发现与行政楼连接的光纤收发器竟然被关了。打开开关后，行政楼的网络又恢复了正常。建网时，为了降低成本，单位没有单独使用主交换机上的光纤模块，而是采用了光收发器同行政楼的光缆相连。从这次故障解决的过程来看，熟悉网络的布局是多么重要啊。

熟悉网络的运行情况

要熟悉网络的运行情况，如统计网络正常运行时的状态、网络的使用效率以及网络资源的分配情况等。这样，当网络出现不稳定因素时，就可以快速地分析出故障缘由，从而明确需要添加哪些新的设备或资源。

在统计时，应着重注意以下几点：在整个网络上生成的传输量以及这些传输都集中在哪些网段？网络上传输的这些信息的来源，是正常传输、人为攻击抑或病毒？服务器达到了什么样的繁忙程度？能否在任意一个时刻满足所有用户的请求？我们也可以借助一些网络辅助软件来统计网络的运行情况。

资料来源：成才，希赛网 (http://www.csai.cn)，此处有删改。

作业

1. 要检查当前 Linux 系统是否安装有 DNS 服务器，以下命令中，正确的是（　　）。

   A. rpm -q dns　　B. rpm –q bind

   C. ps -aux 1 grep bind　　D. ps -aux | grep dns

2. 以下对 DNS 服务器的描述，正确的是（　　）。

   A. DNS 服务器的主配置文件为/etc/named/dns.conf

   B. 配置 DNS 服务器，只需配置好/etc/named.conf 文件即可

   C. 配置 DNS 服务器，通常需要配置/etc/named.conf 和相应的区域文件

   D. 配置 DNS 服务器时，正向和反向区域文件都必须配置才行

3. 设置 DNS 的转发器，可在主配置文件中通过（　　）语句来实现。

   A. forward　　B. forwards

   C. forwarders　　D. 通过定义转发区来实现

4. 启动 DNS 服务器的命令是（　　）。

   A. service bind restart　　B. service bind start

   C. service named start　　D. server named start

5. 检验 DNS 服务器配置是否成功，解析是否正确，最好采用（　　）命令来实现。

   A. ping　　B. netstat　　C. ps _aux ! bind　　D. nslookup

6. 要检查当前 Linux 系统是否安装有 DNS 服务器，以下命令中正确的是（　　）。

   A. rpm –q dns　　B. rpm –q bind　　C. ps –aux |grep bind　　D. ps –aux |grep dns

7. DNS 配置文件中的 SOA 记录和 MX 记录的作用是什么？

8. 描述域名 www.baidu.com 的解析过程。

9. 请列举 4 种不同的 DNS 记录类型，并说明它们的不同作用。

10. 架设 DNS 服务器：IP—192.168.*.111　　dns. linux.com.cn

要求：

（1）建立正向搜索区域，为网络各台服务器建立主机记录、别名记录。为网络建立邮件交换器记录。能够使得客户机根据主机域名搜索出服务器的 IP 地址。

（2）建立反向搜索区域，为网络各台服务器建立反向记录使得客户机根据主机 IP 搜索出服务器的主机域名。

（3）其中网络中的服务器有：

FTP 服务器：	IP—192.168.*.121	ftp. linux.com.cn
Web 服务器：	IP—192.168.*.131	www. linux.com.cn
	cw. linux.com.cn	rs.linux.com.cn
Mail 服务器：	IP—192.168.*.141	mail. linux.com.cn
Samba 服务器：	IP—192.168.*.151	smb. linux.com.cn

第10章 DHCP 服务器的配置与管理

DHCP（Dynamic Host Configuration Protocol，动态主机配置协议）可以使 DHCP 客户端自动从 DHCP 服务器得到一个 IP 地址以及其他网络参数，便于对网络的 IP 地址进行管理。

10.1 企业需求

公司计划构建一台 DHCP 服务器来解决 IP 地址动态分配问题，要求能够分配 IP 地址以及网关、DNS 等其他网络属性信息。同时要求 DHCP 服务器为该公司的总经理、财务部经理、人力资源部经理、销售部经理分配固定的 IP 地址。

10.2 任务分析

根据公司的需求与网络规划，决定在 Linux 服务器上配置 DHCP 服务，为此，下载 dhcpd 软件包且保存在 U 盘备用，配置客户端计算机，IP 地址设置为“动态获取”。具体任务如下：

（1）架设 DHCP 服务器，服务器 IP 地址为 192.168.1.2，为公司的计算机提供动态获取 IP 地址。

（2）客户机在获取 IP 地址的范围为 192.168.1.50～192.168.1.220，掩码为 255.255.255.0。

（3）为客户机设置的网关为 192.168.1.1。

（4）DNS 服务器的域名为 dns.szy.com，IP 地址为 192.168.1.250。

（5）为公司的总经理保留 IP 地址 192.168.1.18。

（6）为公司的财务部经理保留 IP 地址 192.168.1.19。

（7）为公司的人力资源部经理保留 IP 地址 192.168.1.20。

（8）为公司的销售部经理保留 IP 地址 192.168.1.21。

10.3 知识背景

DHCP 基于 C/S（客户机 / 服务器）模式。当 DHCP 客户端启动时，会自动与 DHCP 服务器通信，由 DHCP 服务器为 DHCP 客户端自动分配网络参数。安装了 DHCP 服务软件的机器称为 DHCP 服务器；启用了 DHCP 功能的机器称为 DHCP 客户机。DHCP 服务器是以地址租约的方式为 DHCP 客户机提供服务的，有两种方式：限定租期、永久租用。

10.3.1 DHCP 概述

在使用 TCP / IP 协议通信的网络中，每台计算机都必须至少有一个 IP 地址，这样才能与其他计算机通信。对于一个较大规模的网络，逐个地为每台计算机分配和设置 IP 地址，是一件很麻烦的事情，也不便于管理和维护，于是 DHCP 应运而生。

DHCP 服务器利用租约机制，实现了对整个网络 IP 地址的自动统一分配和集中管理。当客户机向 DHCP 服务器请求分配 IP 地址时，DHCP 服务器会自动从地址池中找出一个未使用的 IP 地址，分配给客户机，从而实现 IP 地址的动态分配。在分配 IP 地址给客户机的同时，还可为客户机指定默认网关（路由）和域名服务器等信息，以便客户机能与其他网段的计算机通信或实现访问 Internet。

DHCP 服务器应至少配置一个作用域，各作用域的 IP 地址范围（IP 地址池）不能发生重叠。作用域是指 DHCP 服务器可分配租用给 DHCP 客户机的 IP 地址范围。在安装配置好 DHCP 服务器后，对于 Windows 系统的 DHCP 客户，只需在 TCP/IP 协议的属性对话框中，设置为“自动获得 IP 地址”，然后重启系统，即可从 DHCP 服务器的 IP 地址池中自动分配到 IP 地址。对于 Linux 系统的 DHCP 客户机，则应安装配置 DHCP 客户程序（dhclient），以便能动态分配到 IP 地址。

10.3.2 安装 DHCP 服务器软件包

RedHat Linux 自带有 DHCP 的安装软件包，相关文件共有 4 个，分别是：dhcp-4.2.5-27.el7.x86_64.rpm、dhcp-common-4.2.5-27.el7.x86_64.rpm、dhcp-libs-4.2.5- 27.el7.x86_64.rpm、dhclient-4.2.5-27.el7. x86_64.rpm。

在准备安装 DHCP 服务器前，应先检查当前系统是否已安装了 DHCP 服务器，检查方法如下：

```
# rpm -qa |grep dhcp
dhcp-4.2.5-27.el7.x86_64
dhcp-common-4.2.5-27.el7. x86_64
dhcp-libs-4.2.5-27.el7.x86_64
```

如上输出了 DHCP 软件包的名称则表示已经安装。若未安装，则可利用软件包来直接安装。安装应先挂载安装光盘。然后使用 yum 安装命令进行安装：

```
# yum install dhcp
```

DHCP 服务的后台进程是 dhcpd（/usr/sbin/dhcpd），使用的端口默认为 UDP67、UDP68，配置文件为/etc/dhcp/dhcpd.conf。对 DHCP 服务器的配置其实就是对 dhcpd.conf 文件的修改。

10.3.3 配置 DHCP 服务器

对 DHCP 服务器的配置，是通过/etc/dhcp/dhcpd.conf 文件的修改来实现的。默认情况下/etc/dhcp/dhcpd.conf 文件不存在，或者没有内容，但是当安装了 DHCP 服务器后，便提供了一个配置文件模板，即/usr/share/doc/dhcp- 4.2.5/dhcpd.conf.example 文件，可以使用如下命令将 dhcpd.conf.example 文件复制至/etc/dhcp/dhcpd.conf：

```
# cp /usr/share/doc/dhcp-4.2.5/dhcpd.conf.example /etc/dhcp/dhcpd.conf
```

1. 配置文件格式

DHCP 配置文件格式如下：

```
全局选项/参数
```

```
声明 1{
        局部选项/参数
}
声明 2{
        局部选项/参数
}
…
声明 n{
        局部选项/参数
}
```

dhcpd . conf 文件由参数类语句、声明类语句和选项类语句构成。

（1）参数类语句：主要设置 dhcpd 网络参数，如租约时间、网关和 DNS 等。

（2）声明类语句：描述网络的拓扑的声明语句，主要有 shared-network 和 subnet 声明。如果要给一个子网里的客户动态指定 IP 地址,那么在 Subnet 声明里必须有一个 range 声明,说明地址范围。如果要给 DHCP 客户静态指定 IP 地址,那么每个这样客户都要有一个 host 声明。对于每个要提供服务的与 DHCP 服务器连接的子网，都要有一个 Subnet 声明，即使这是个没有 IP 地址要动态分配的子网。

（3）选项类语句：用来配置 DHCP 可选参数，全部用 option 关键字作为开始。

2. **参数类语句**

（1）ddns-update-style 语句

语法：

```
dns-update-style  interim ;
```

功能：配置 DHCP-DNS 互动更新模式。

（2）default-lease-time 语句

语法：

```
default-lease-time  time ;
```

功能：指定默认租约时间，这里的 time 是以秒为单位的。如果 DHCP 客户在请求一个租约但没有指定租约的失效时间，租约时间就是默认租约时间。

（3）max-lease-time 语句

语法：

```
max-lease-timeb  time ;
```

功能：最大的租约时间。如果 DHCP 在请求租约时间时有发出特定的租约失效时间的请求，则用最大租约时间。

（4）hardware 语句

语法：

```
hardware  hardware-type  hardware-address ;
```

功能：指明物理硬件接口类型和硬件地址。硬件地址由 6 个 8 位组构成，每个 8 位组以“:”隔开。例如，00 : 11 : 22 : AB : 6D : 88。

（5）server-name 语句语法：

```
server-namel   "name" ;
```

功能：用于告诉客户服务器的名字。

（6）fixed-address 语句

语法：

```
fixed-address  address [,address …];
```

功能：用于给 DHCP 客户指定一个或多个固定 IP 地址，只能出现在 host 声明里。

3. **声明类语句**

（1）share-network 声明语句

语法：

```
shared-network  name {
    [参数]
    [声明]
}
```

功能：share-network 用于告诉 DHCP 服务器，某些 IP 子网其实是共享同一个物理网络。任何一个在共享物理网络里的子网，都必须声明在 Share-network 语句里。当属于其子网里的客户启动时，将获得在 share-network 语句里指定的参数，除非这些参数被 subnet 或 host 里的参数覆盖。

（2）subnet 声明语句

语法：

```
subnet 子网 ID  netmask 子网掩码 {
    range 起始 IP 地址  结束 IP 地址;     //指定可分配给客户端的 IP 地址范围
    IP 参数;                             //定义客户端的 IP 参数，如子网掩码、默认网关等
}
```

功能：用于提供足够的信息来源来阐述一个 IP 地址是否属于该子网，指明哪些属于该子网的 IP 地址可以动态分配给客户，这些 IP 地址必须在 range 声明里指定。

（3）range 声明语句

语法：

```
range [ dynamic-bootp]  low-address  [hiqh-address] ;
```

功能：对于任何一个有动态分配 IP 地址的 Subnet 语句里，至少要有一个 range 语句，用来指明要分配的 IP 地址的范围。如果只指定一个 lP 地址，那么认为高地址部分被省略了。dynamic-bootp 标志表示会为 BOOTP 客户端动态分配 IP 地址，就像为 DHCP 客户端分配 IP 地址一样。

（4）host 声明语句

语法：

```
host  hostname {
    [参数]
    [声明]
}
```

功能：作用是为特定的客户机提供网络信息。

（5）group 语句

语法：

```
group {
```

```
    [参数]
    [声明]
}
```

功能：该语句给一组声明提供参数，这些参数会覆盖全局设置的参数。

（6）allow 和 deny 语句

语法：

```
allow  unknown-clients ;
deny  unknown-clients ;
```

功能：allow 和 deny 语句用来控制 dhcpd 对客户的请求处理，unknown-clients 为关键字。allow unknown-clients 允许 dhcpd 动态分配 IP 给未知的客户，而 deny unknown-dients 则不允许，默认是允许的。

语法：

```
allow bootp ;
deny bootp ;
```


功能：bootp 为关键字，指明 dhcpd 是否响应 bootp 查询，默认是允许的。

4. 选项类语句

选项类语句以 option 开头，后面跟一个选项名，选项名后是选项数据，选项非常多，常用的选项语句有：

```
option subnet-mask ip-address;                    //功能为客户端指定子网掩码
option routers ip-address [ ,ip-address ]; //为客户端指定默认网关，可以有多个
option time-servers ip-address [, ip-address];  //指明时间服务器的地址
option domain-name-servers ip-address [,ip-address];
                                                  //为客户端指定 DNS 服务器 IP 地址
option host-name string;                          //为客户端指定主机名称
option domain-name string;                        //为客户端指定域名
option interface-mtu mtu;                         //指明网络界面的 MTU，mtu 为正整数
option broadcast-address ip-address;              //为客户端指定广播地址
```

5. 简单配置的应用示例

某公司希望配置一个 DHCP 服务器，具体要求如下：

（1）IP 地址的使用范围是：211.85.203.101～211.85.203.200；211.85.203.40～211.85.203.50。

（2）子网掩码：255.255.255.0。

（3）默认网关：211.85.203.254。

（4）DNS 域名服务器的地址：211.85.203.22。

（5）为 DNS 域名服务器绑定地址：211.85.203.22。

对 DHCP 服务器的配置，就是通过配置/etc/dhcp/dhcpd.conf 文件来实现的。需定制全局配置和局部配置，局部配置需要把 211.85.203.0/24 网段声明出来，然后再该声明中指定地址池、网关、DNS、DNS 主机绑定地址等。/etc/dhcp/dhcpd.conf 文件的具体内容如下：

```
ddns-update-style interim;
ignore client-updates;
subnet  211.85.203.0  netmask 255.255.255.0 {
     option routers  211.85.203.254;
     option subnet-mask  255.255.255.0;
```

```
    option domain-name-servers     211.85.203.22;
    range dynamic-bootp  211.85.203.101  211.85.203.200;
    range dynamic-bootp  211.85.203.40   211.85.203.50;
    default-lease-time  21600;
    max-lease-time  43200;
    option time-offset   -18000 ;
    host dns {
      option host-name  "dns.mylinux.cn";
      hardware Ethernet  00:A1:DD:74:C3:F2;
      fixed-address  211.85.203.22;
    }
}
```

6. 多网卡实现 DHCP 多作用域应用示例

某公司希望配置一个 DHCP 服务器，具体要求如下：

（1）IP 地址的使用范围是：211.85.203.101～11.85.203.200；211.85.205.40～211.85.205.50。

（2）子网掩码：255.255.255.0。

（3）默认网关：211.85.203.254、211.85.205.254。

（4）DNS 域名服务器的地址是：211.85.203.22。

则/etc/dhcp/dhcpd.conf 文件的内容如下所示：

```
ddns-update-style interim;
ignore client-updates;
default-lease-time 21600;
max-lease-time 43200;
option domain-name-servers  211.85.203.22;
option time-offset  -18000 ;
subnet 211.85.203.0 netmask 255.255.255.0 {
  option routers       211.85.203.254;
  option subnet-mask      255.255.255.0;
  range dynamic-bootp     211.85.203.101  211.85.203.200;
}
subnet 211.85.205.0 netmask 255.255.255.0 {
  option routers       211.85.205.254;
  option subnet-mask  255.255.255.0;
  range dynamic-bootp 211.85.205.40   211.85.205.50;
}
```

10.3.4 启动 DHCP 服务器

（1）启动命令：

```
# systemctl start dhcpd.service
```

或

```
# service dhcpd start
```

（2）重启命令：

```
# systemctl restart dhcpd.service
```

或

```
# service dhcpd restart
```

（3）停止命令：

```
# systemctl stop dhcpd.service
```

或

```
# service dhcpd stop
```

需要注意的是，上面的这些方法启动的 DHCP 服务只能运行到计算机关闭之前，下次系统重新启动之后就又需要重新启动 DHCP 服务，如果需要随系统自动启动 DHCP 服务，可以使用如下操作命令：

```
# systemctl enable dhcpd.service
```

10.3.5 Linux 客户端的配置

配置 Linux 客户端需要修改网卡配置文件，将 BOOTPROTO 项设置为 dhcp，即：

```
BOOTPROTO = dhcp
```


同时需要保证网卡配置文件中 ONBOOT=yes。然后重启网卡或者使用 dhclient 命令，重新发送广播申请 IP 地址。

```
# ifdown 网卡设备名
# ifup 网卡设备名
```

或

```
# dhclient 网卡设备名
```

配置好客户端后，可以使用 ifconfig 命令测试 DHCP 服务器。

```
# ifconfig 网卡设备名
```

10.4 任务实施

步骤 1：安装 DHCP 软件包。

（1）将包含 dhcp 软件包的 U 盘挂载，操作如下：

```
[root@MyLinux ~]# mkdir /mnt/usb
[root@MyLinux ~]# mount /dev/sdb1 /mnt/usb
[root@MyLinux ~]# cd //mnt/usb/Packages/dhcp
```

（2）创建一个 yum 仓库，操作命令如下：

```
[root@MyLinux dhcp]# createrepo .
[root@MyLinux dhcp]# yum clean all
```

（3）创建 local.repo 文件，操作命令如下：

```
[root@MyLinux dhcp]# vim /etc/yum.repos.d/local.repo
    [RHEL-local]
    name=RHEL local repo
    baseurl=file:///mnt/usb/Packages/dhcp/
    enable=1
    priority=1
    gpgcheck=0
```

（4）使用源进行 yum 安装，操作命令如下：

```
[root@MyLinux dhcp]# yum install  dhcp  -y
```

（5）检查安装是否成功，操作命令如下：

```
[root@MyLinux dhcp]# rpm -q dhcp
dhcp-4.2.5-27.el7.x86_64
```

步骤 2：配置 DHCP 服务器 IP 地址为 192.168.1.2。

```
[root@MyLinux /]# vi /etc/sysconfig/network-scripts/ifcfg-eno16777736
    TYPE=Ethernet
    BOOTPROTO=static
    DEFROUTE=yes
    IPV4_FAILURE_FATAL=no
    NAME=eno16777736
    UUID=a2090b9a-a332-4cfb-88e6-e0fb82e0cbf5
    ONBOOT=yes
    IPADDR0=192.168.1.2
    DNS1=192.168.1.250
    DNS2=192.168.1.251
    PREFIX0=24
    GATEWAY0=192.168.1.1
    HWADDR=00:0C:29:18:d2:31
…
```

重启网络接口，让刚配置的地址生效。

```
[root@MyLinux ~]# service network restart
[root@MyLinux ~]# ifconfig
eno16777736: flags=4163<UP,BROADCAST,RUNNING,MULTICAST>  mtu 1500
        inet 192.168.1.2  netmask 255.255.255.0  broadcast 192.168.1.255
        inet6 fe80::20c:29ff:fe18:d231  prefixlen 64  scopeid 0x20<link>
        ether 00:0c:29:18:d2:31  txqueuelen 1000  (Ethernet)
…
```

步骤 3：配置 DHCP 服务器。

编辑主配置文件/etc/dhcp/dhcpd.conf。

```
[root@MyLinux ~]# vi /etc/dhcp/dhcpd.conf
```

文件内容如下：

```
ddns-update-style interim;
ignore client-updates;
subnet  192.168.1.0  netmask 255.255.255.0 {
        option routers  192.168.1.1;
        option subnet-mask  255.255.255.0;
        option broadcast-address   192.168.1.255;
        option domain-name-servers    192.168.1.250;
        option domain-name    "dns.szy.com";
        option time-offset     -180000;
        default-lease-time  21600;
        max-lease-time  43200;
        range dynamic-bootp  192.168.1.40  192.168.1.220;
```

```
        range dynamic-bootp  192.168.1.10  192.168.1.20;
host ceo{
                    hardware Ethernet  00:A1:DD:74:C3:F2;
                    fixed-address  192.168.1.18;
        }
host fm {
                    hardware Ethernet  00:C1:AA:54:C4:A1;
                    fixed-address  192.168.1.19;
        }
host hrm{
                    hardware Ethernet  00:B1:BB:66:C4:D4;
                    fixed-address  192.168.1.20;
        }
host smm{
                    hardware Ethernet  00:B1:CC:88:C5:EF;
                    fixed-address  192.168.1.21;
        }
}
```

保存退出 vi 编辑。

步骤 4：启动 DHCP 服务器。

```
[root@MyLinux ~]# service dhcpd start
[root@MyLinux ~]# pstree |grep dhcpd
       |-dhcpd
```

步骤 5：DHCP 服务器的测试与纠错。

（1）配置客户机的 IP 地址，地址获取方式为自动获取。

```
vi /etc/sysconfig/network-scripts/ifcfg-eno33554984
   TYPE=Ethernet
   BOOTPROTO=dhcp
   DEFROUTE=yes
   IPV4_FAILURE_FATAL=no
   NAME=eno33554984
   UUID=a2090b9a-a332-4cfb-88e6-e0fb82e0cbf5
   ONBOOT=yes
   HWADDR=00:0C:29:18:d2:3b
…
```

（2）客户机网络重启。

```
[root@MyLinux ~]# service network restart
Restarting network (via systemctl):                        [  确定  ]
```

（3）查看客户机 IP 地址。

```
[root@MyLinux ~]# ifconfig
eno33554984: flags=4163<UP,BROADCAST,RUNNING,MULTICAST>  mtu 1492
       inet 192.168.1.128  netmask 255.255.255.0  broadcast 192.168.220.255
       inet6 fe80::20c:29ff:fe18:d23b  prefixlen 64  scopeid 0x20<link>
       ether 00:0c:29:18:d2:3b  txqueuelen 1000  (Ethernet)
       RX packets 1745  bytes 161568 (157.7 KiB)
       RX errors 0  dropped 0  overruns 0  frame 0
```

```
        TX packets 119  bytes 17175 (16.7 KiB)
        TX errors 0  dropped 0 overruns 0  carrier 0  collisions 0
```

阅读与思考：人工智能之父——图灵

图 10-1 图灵

阿兰·麦席森·图灵（Alan Mathison Turing，1912.6.23—1954.6.7，见图 10-1），英国数学家、逻辑学家，被誉为人工智能之父。1931年，图灵进入剑桥大学国王学院，毕业后到美国普林斯顿大学攻读博士学位，第二次世界大战爆发后回到剑桥，后曾协助军方破解德国的著名密码系统 Enigma，帮助盟军取得了第二次世界大战的胜利。

图灵 1912 年生于英国伦敦，1954 年死于英国的曼彻斯特，他是计算机逻辑的奠基者，许多人工智能的重要方法也源自于这位伟大的科学家。他对计算机的重要贡献在于他提出的有限状态自动机，也就是图灵机的概念，对于人工智能，他提出了重要的衡量标准“图灵测试”。杰出的贡献使他成为计算机界的第一人，现在，人们为了纪念这位伟大的科学家，将计算机界的最高奖定名为“图灵奖”。

上中学时，图灵在科学方面的才能就已经显示出来，这种才能仅仅限于非文科的学科上，他的导师希望这位聪明的孩子也能够在历史和文学上有所成就，但是都没有太大的建树。少年图灵感兴趣的是数学等学科。在加拿大他开始了职业数学生涯，在大学期间这位学生似乎对前人现成的理论并不感兴趣，什么东西都要自己来一次。大学毕业后，他前往美国普林斯顿大学，也正是在那里，他制造出了以后称之为图灵机的东西。图灵机被公认为现代计算机的原型，这台机器可以读入一系列的 0 和 1，这些数字代表了解决某一问题所需要的步骤，按这个步骤走下去，就可以解决某一特定的问题。这种观念在当时是具有革命性意义的，因为即使在 20 世纪 50 年代的时候，大部分的计算机还只能解决某一特定问题，不是通用的，而图灵机从理论上却是通用机。在图灵看来，这台机器只用保留一些最简单的指令，一个复杂的工作只用把它分解为这几个最简单的操作就可以实现了，在当时能够具有这样的思想确实是很了不起的。他相信有一个算法可以解决大部分问题，而困难的部分则是如何确定最简单的指令集，怎么样的指令集才是最少的，而且又能顶用，还有一个难点是如何将复杂问题分解为这些指令。

1936 年，图灵向伦敦权威的数学杂志投了一篇论文，题为《论数字计算在决断难题中的应用》。在这篇开创性的论文中，图灵给“可计算性”下了一个严格的数学定义，并提出著名的“图灵机”（Turing Machine）的设想。“图灵机”不是一种具体的机器，而是一种思想模型，可制造一种十分简单但运算能力极强的计算装置，用来计算所有能想象得到的可计算函数。“图灵机”与“冯·诺伊曼机”齐名，被永远载入计算机的发展史中。1950 年 10 月，图灵又发表了另一篇题为《机器能思考吗》的论文，成为划时代之作。也正是这篇文章，为图灵赢得了“人工智能之父”的桂冠。1951 年，图灵以他杰出的贡献当选为英国皇家学会会员。

1952 年，图灵离开了英国国家物理实验室（NPL）。1954 年 6 月 8 日，图灵 42 岁。这天早晨，女管家走进他的卧室，发现台灯还亮着，床头上还有个苹果，只咬了一小半，图灵沉睡在床上，一切都和往常一样。但这一次，图灵永远地睡着了，不会再醒来……一代天才就这样走完了人生。

资料来源：百度百科（http://baike.baidu.com/），此处有删改。

作业

1. 对 DHCP 服务器的配置，以下描述中错误的是（　　）。

A. 启动 DHCP 服务器的命令是 service dhcpd start

B. 对 DHCP 服务器的配置，均可通过/etc/dhcp.conf 配置文件来实现

C. 在定义作用域时，一个网段通常定义一个作用域，可通过 range 配置语句来制定可分配的 IP 地址范围，使用 option routers 配置语句来指定默认网关

D. DNS 服务器的地址通常可放在全局设置中来定义，其设置语句是 options domain-name

2. 在 DHCP 服务器的配置中，指定 IP 地址范围的配置选项是（　　）。

A. host　　B. fixed-address　　C. range　　D. pool

3. DHCP 是动态主机配置协议的简称，其作用是可以使网络管理员通过一台服务器来管理一个网络系统，自动为一个网络中的主机分配（　　）地址。

A. 网络　　B. MAC　　C. TCP　　D. IP

4. 某主机的 IP 地址是 202.101.90.13，那么默认子网掩码为（　　）。

A. 255.255.0.0　　B. 255.0.0.0

C. 255.255.255.255　　D. 255.255.255.0

5. 下面（　　）参数可以在文件 dhcpd.conf 中用 option 定义。（多选）

A. broadcast-addree　　B. domain-name

C. router　　D. subnet-mask

6. 动态 IP 地址方案有什么优点和缺点？

7. 简述 DHCP 服务器的工作过程。

8. 简述 IP 地址租约和更新的全过程。

9. 如何备份与还原 DHCP 数据库？

10. 架设 DHCP 服务器。

要求：

（1）为网络内各台服务器及客户机动态分配 IP 地址，内部网络号码是 192.168.2.0，子网掩码是 255.255.255.0。各个服务器要求绑定 IP 地址，可用地址范围为 192.168.2.10 ~ 192.168.2.180。

（2）为各台机器指定以下 IP 参数：默认网关 192.168.2.254、DNS 服务器、子网掩码、DNS 后缀。

（3）默认租约时间为 6 h，最大租约时间为 14 h。

FTP 服务器：　192.168.2.6　ftp.mylinux.cn

DNS 服务器：　192.168.2.3　dns.mylinux.cn

SAMBA 服务器：　192.168.2.7　smb.myinux.cn

WEB 服务器：　192.168.2.2　www.mylinux.cn

MAIL 服务器：　192.168.2.8　mail.mylinux.cn

第11章 Samba服务器的配置与管理

利用 Samba 可以实现 Windows 和 Linux 共存的局域网中不同主机之间进行资源共享。Samba 是一组软件包，使 Linux 支持 SMB 协议，是一套让 Linux 系统能够应用 Microsoft 网络通信协议的软件。它使执行 Linux 系统的机器能与执行 Windows 系统的计算机进行文件与打印机共享。

11.1 企业需求

公司需要架设一台 Samba 服务器，工作组名为 SmbWorkgroup，为企业局域网中的计算机提供文件和打印机共享。公司希望发布一个共享目录/share 和一个共享打印机，让公司的所有员工都能访问。但公司有多个部门，因工作需要，需要分门别类地建立相应部门的目录，如销售部的资料存放在 Samba 服务器的/workdata/sales/目录下集中管理，以便销售人员浏览，并且该目录只允许销售部员工访问；为人力资源部门建一个共享目录/workdata/hrdata/，人力资源部的员工可以在该目录下读写资料，但其他部门的员工只能读该目录下的资料；为各部门经理都创建一个经理名字命名的私人目录，部门经理的私人目录只有经理自己有访问权限，其他用户不可以访问。

11.2 任务分析

公司的计算机有 Linux 服务器、Linux 客户端、Windows 服务器和 Windows 客户端，利用 Samba 服务，可以实现 Linux 系统和 Windows 系统之间的资源共享。按公司的需求，下载 Samba 软件包并保存在 U 盘，测试局域网网络，保证能正常通信。在 Linux 服务器上安装 Samba 服务，具体任务如下：

（1）架设 Samba 服务器，IP 地址为 192.168.1.10。

（2）设置工作组名为 SmbWorkgroup。

（3）创建共享目录/share，公司所有员工都可以访问，支持读写。

（4）创建共享打印机，公司所有员工都可以使用。

（5）为销售部（smd）创建共享目录/workdata/smdata/，只允许销售部的员工访问，支持读写。

（6）为人力资源部（hrd）创建共享目录/workdata/hrdata/，人力资源部的员工有读写权限，其他部门只读。

（7）为财务部（fd）创建共享目录/workdata/fdata/，人事部的员工有读写权限，其他部门只读。

（8）在/workdata 目录下为部门经理 ls、lj、wl 创建私人目录，目录名为经理的名字，该私人目录只有经理自己有访问权限。

11.3 知识背景

Samba 最初发展的主要目的是用来沟通 Windows 和类 UNIX 这两个不同的操作系统的，其主要功能有：共享文件和打印机服务、提供使用者登录 Samba 主机的身份认证以便提供不同的资料使用、可以进行 Windows 网络上的主机名解析。

11.3.1 Samba 概述

Samba 是整合了 SMB（Server Message Block）协议及 NetBIOS 协议的服务器。SMB 是 1987 年 Microsoft 和 Intel 公司共同制定的网络通信协议，主要是作为 Microsoft 网络的通信协议。SMB 协议使用了 NetBIOS 的 API ，因此它是基于 TCP-NetBIOS 下的一个协议。它与 UNIX/Linux 下的 NFS（Network File System）在功能上是相似的，都是让客户端机器能够通过网络来分享文件系统。但是 SMB 比 NFS 功能强大而且复杂。Samba 将 Windows 使用的 SMB 通信协议通过 NetBIOS over TCP/IP 搬到了 UNIX/Linux 上。正是由于 Samba 的存在，使得 Windows 和 Linux 可以集成并且相互通信。

当客户端访问服务器时，信息通过 SMB 协议进行传输，其工作过程可以分成以下 4 个步骤：

（1）协议协商。客户端在访问 Samba 服务器时，发送 Netport 指令数据包，告知目标计算机其支持的 SMB 类型。Samba 服务器根据客户端的情况，选择最优的 SMB 类型，并做出回应。

（2）建立连接。当 SMB 类型确认后，客户端会发送 Session setup 指令数据包，提交账户和密码，请求与 Samba 服务器建立连接，如果客户端通过身份验证，Samba 服务器会对 Session setup 报文做出回应，并为用户分配唯一的 UID，在客户端与其通信时使用。

（3）访问共享资源。客户端访问 Samba 共享资源时，发送 Tree connect 指令数据包，通知服务器需要访问的共享资源名，如果设置允许，Samba 服务器会给每个客户端与共享资源连接分配 TID，然后客户端就可以访问需要的共享资源。

（4）断开连接。共享资源使用完毕后，客户端向服务器发送 Tree Disconnect 报文关闭共享，与服务器断开连接。

Samba 的核心是两个守护进程 smbd 和 nmbd。smbd 守护进程的作用是处理到来的 SMB 数据包、建立会话、验证客户、提供文件系统服务及打印服务等；nmbd 守护进程使得其他主机能够浏览 Linux 服务器。smbd 和 nmbd 使用的全部配置信息保存在/etc/samba/smb.conf 文件中。该文件向 smbd 和 nmbd 两个守护进程说明共享哪些资源，以及如何进行共享。

11.3.2 安装 Samba 服务器软件包

目前几乎所有的 Linux 发行版都自带 Samba 服务器，在安装 Linux 系统时选择“Windows 文件服务器”套件即可。若不清楚 Linux 系统中是否安装 Samba 服务器，可以使用 rpm 查询命令进行查询：

```
# rpm -qa | grep samba
samba-4.1.1-31.el7.x86_64
```

```
samba-libs-4.1.1-31.el7.x86_64
samba-common-4.1.1-31.el7.x86_64
samba-client-4.1.1-31.el7.x86_64
```

查询结果输出了 samba 软件包的名称则表示已经安装。若未安装，则可利用软件包来直接安装。安装应先准备软件包，可以挂载安装光盘，又或者将软件包复制到系统硬盘上。然后使用 yum 安装或 rpm 命令进行安装。例如：

```
# rpm -ivh samba-4.1.1-31.el7.x86_64.rpm
# rpm -ivh samba-client-4.1.1-31.el7.x86_64.rpm
# rpm -ivh samba-common-4.1.1-31.el7.x86_64.rpm
# rpm -ivh samba-libs-4.1.1-31.el7.x86_64.rpm
```

11.3.3 启动 Samba 服务器

安装好 samba 软件包之后，就可以启动 Samba 服务器了。

（1）启动命令：

```
# systemctl start smb.service
```

或

```
# service smb start
```

（2）重启命令：

```
# systemctl restart smb.service
```

或

```
# service smb restart
```

（3）停止命令：

```
# systemctl stop smb.service
```

或

```
# service smb stop
```

需要注意的是，上面的这些方法启动的 Samba 服务只能运行到计算机关闭之前，下次系统重新启动之后就又需要重新启动 Samba 服务，如果需要随系统自动启动 Samba 服务，可以使用如下操作命令：

```
# systemctl enable smb.service
```

查看 Samba 服务器的运行状态：

```
# service smb status
```

11.3.4 配置 Samba 服务器

Samba 服务器的配置文件是/etc/samba/smb.conf，对 Samba 服务器的配置其实就是对该文件的修改。

1. smb.conf 文件

Samba 服务器的配置文件 smb.conf 由两部分构成：

（1）Global Settings（全局参数设置）：这部分设置都是与 Samba 服务整体运行环境有关的选项，它的设置项目是针对所有共享资源的。

（2）Share Definitions（共享目录）：这部分设置针对的是共享目录的个别设置，只对当前的共享资源起作用。

smb.conf 文件的语法格式包含了许多节（section），每个节都有一个名字，用方括号括起来，其中比较重要的节有[global]、[homes]和[printers]。[global]节定义了全局参数，[homes]节定义了用户的主目录文件，[printers]节定义了打印机共享。每个节里都定义了许多参数，格式为“参数名 = 参数值”，等号两边的空格被忽略，参数值两边的空格也被忽略，但是参数值里面的空格有意义。如果一行太长，用“\”进行换行。配置文件 smb.conf 的详细说明如下：

```
# Samba 的配置文件，用户应该在修改前仔细阅读 smb.conf（5）的手册页
# 以“;”和“#”开始的每一行都是注释，在执行时忽略
# 注意：无论何时修改了这个配置文件，都要运行 testparm 命令来检查所做的修改没有基本的语法错误
#
# [第一部分]
# ====================全局变量设置 global Setting=====================
[global]
# -------------------- Network-Related Options ------------------------
#  workgroup 用来指定计算机在网络上所属的 NT 域名或组名。会在 Windows 的网上邻居中看到 MYGROUP 工作组，默认的组名是 MYGROUP，可以用所需要的组名替代
workgroup = MYGROUP
# servers string 用来设置服务器主机的描述信息，当在 Windows 的网上邻居中打开 Samba 上设置的工作组时，Windows 的资源管理器窗口中，会列出“名称”和“备注”栏，其中“名称”栏会显示出 Samba 服务器的 NetBios 名称，而“备注”栏则显示此处设置的“Samba Server”，当然可以修改默认的“Samba Server”，使用自己的描述信息。其中的“%v”是变量，代表版本号
server strinq =  server string = Samba Server Version %v
# netbios name 的选项设置出现在“网上邻居”中的主机名，若要在 Windows 中访问 Samba 服务器共享的资源，必须取消注释；另外，在同一网络中若有多个 Samba 服务器，那么 netbios name 的值不要相同
;     netbios name = MYSERVER
# interfaces 设置 Samba Server 监听哪些网卡，可以写网卡名，也可以写该网卡的 IP 地址
;     interfaces = lo eth0 192.168.12.2/24 192.168.13.2/24
# hosts allow 表示允许连接到 Samba Server 的客户端，多个参数以空格隔开。可以用一个 IP 表示，也可以用一个网段表示
;     hosts allow = 127. 192.168.12. 192.168.13.
#
# ------------------------ Logging Options ----------------------------
# log file = specify where log files are written to and how they are split
# log file 选项要求 Samba 服务器为每一个连接的计算机使用一个单独的日志文件，指定文件的位置、名称。Samba 会自动将&m 转换为连接主机的 NetBios 名
      log file = /var/log/samba/log.%m
# max log size 选项指定日志的最大容量（以 KB 为单位），设置为 0，表示没有限制
      max log size = 50
#
# ------------- Standalone Server Options -----------------------
#
# security = the mode Samba runs in. This can be set to user, share
# (deprecated), or server (deprecated).
#
```

```
# security设置用户访问Samba Server的验证方式，一共有4种验证方式。 share：用户访问Samba Server不需要提供用户名和密码，安全性能较低。 user：Samba Server共享目录只能被授权的用户访问，由 Samba Server 负责检查账户和密码的正确性。账户和密码要在本 Samba Server中建立。 server：依靠其他Windows NT/2000或Samba Server来验证用户的账户和密码，是一种代理验证。此种安全模式下，系统管理员可以把所有的Windows用户和密码集中到一个NT系统上，使用 Windows NT 进行 Samba 认证，远程服务器可以自动认证全部用户和密码，如果认证失败，Samba将使用用户级安全模式作为替代的方式。domain：域安全级别，使用主域控制器(PDC)来完成认证
        security = user
# passdb backend就是用户后台的意思。目前有3种后台：smbpasswd、tdbsam和ldapsam。sam 是 security account manager（安全账户管理）的简写。smbpasswd：该方式是使用 smb自己的工具smbpasswd来给系统用户（真实用户或者虚拟用户）设置一个 Samba 密码，客户端就用这个密码来访问Samba的资源。smbpasswd文件默认在/etc/samba目录下，不过有时候要手工建立该文件。tdbsam：该方式则是使用一个数据库文件来建立用户数据库。数据库文件叫passdb.tdb，默认在/etc/samba目录下。passdb.tdb用户数据库 可以使用 smbpasswd -a来建立 Samba用户，不过要建立的Samba用户必须先是系统用户。ldapsam：该方式则是基于LDAP的账户管理方式来验证用户
        passdb backend = tdbsam
#
# -------------------- Domain Members Options ----------------------
# security = must be set to domain or ads.
;       security = domain
;       passdb backend = tdbsam
;       realm = MY_REALM
;       password server = <NT-Server-Name>
#
# -------------------- Domain Controller Options ----------------------
# security = must be set to user for domain controllers.
;       security = user
;       passdb backend = tdbsam
;       domain master = yes
;       domain logons = yes
;       logon script = %m.bat
;       logon script = %u.bat
;       logon path = \\%L\Profiles\%u
;       add user script = /usr/sbin/useradd "%u" -n -g users
;       add group script = /usr/sbin/groupadd "%g"
;       add machine script = /usr/sbin/useradd -n -c "Workstation (%u)" -M
-d /nohome -s /bin/false "%u"
;       delete user script = /usr/sbin/userdel "%u"
;       delete user from group script = /usr/sbin/userdel "%u" "%g"
;       delete group script = /usr/sbin/groupdel "%g"
#
# -------------------- Browser Control Options ----------------------
# local master = when set to no, Samba does not become the master browser on
# your network. When set to yes, normal election rules apply.
# local master用来指定Samba Server是否试图成为本地网域主浏览器。如果设为no，则永远不会成为本地网域主浏览器。但是即使设置为yes，也不等于该Samba Server就能成为主浏览器，还需要参加选举
;       local master = no
```

```
# os level 设置 Samba 服务器的 os level。该参数决定 Samba 服务器是否有机会成为本地网域的主浏览器
;       os level = 33
#preferred master 设置 Samba 服务器一开机就强迫进行主浏览器选举，可以提高 Samba 服务器成为本地网域主浏览器的机会
;       preferred master = yes
#
#------------------------ Name Resolution ----------------------------
# This section details the support for the Windows Internet Name Service (WINS).
#
# wins support 设置 Samba 服务器是否提供 WINS 服务
;       wins support = yes
# wins server 设置 Samba 服务器是否使用别的 WINS 服务器提供 WINS 服务
;       wins server = w.x.y.z
# wins proxy 设置 Samba 服务器是否开启 WINS 代理服务
;       wins proxy = yes
dns proxy 设置 Samba 服务器是否开启 DNS 代理服务
;       dns proxy = yes#
#
# -------------------- Printing Options ----------------------------
# The options in this section allow you to configure a non-default printing
#
# load printers 选项设置允许自动加载打印机列表，而不需要单独设置每一台打印机
        load printers = yes
        cups options = raw
#是否希望覆盖原有的 printcap 文件
;       printcap name = /etc/printcap
# 对于 System V 系统，如果将 printcap 名设置为 lpstat 将允许从 System V 的 spool 中自动获得打印表
;       printcap name = lpstat
# 除非打印机不是标准型号，否则没有必要指定打印机类型。
;       printing = cups
# ------------------------ File System Options --------------------------
#
# Note: These options can be used on a per-share basis. Setting them globally
# (in the [global] section) makes them the default for all shares.

;       map archive = no
;       map hidden = no
;       map read only = no
;       map system = no
;       store dos attributes = yes
#
# [第二部分]
# ===================== 定义共享服务 share Definition ==================
# 所有使用者的 home 目录
 [homes]
# comment 选项是针对共享资源所在的说明、注释部分
        comment = Home Directories
```

```
# browseable 用于设置用户是否可以看到此共享资源。默认值为 yes，若将此参数设置为 no，用户虽然看不到此资源，但是拥有权限的用户仍可直接输入该资源的网址来访问该资源
        browseable = no
  # writable 用于设置共享资源是否可以写。若共享资源是打印机，则不需设置此参数
        writable = yes
  # valid users 设置可访问的用户。系统会自动将%S 转换成登录账户
  ;     valid users = %S
  ;     valid users = MYDOMAIN\%S
  [printers]
  # comment 针对共享资源所作的说明、注释部分
        comment = All Printers
  # path 用来指定共享资源目录的位置，如果是打印机，则指定打印机队列的位置
        path = /var/spool/samba
  # browseable 用于设置用户是否可以看到此共享资源
        browseable = no
  # guest ok 设置是否允许 guest 账户访问
        guest ok = no
        writable = no
  # printable 设置用户能够打印
        printable = yes
  # 每一个共享目录都是由[目录名]开始，在方括号中的目录名是客户端真正看到的共享目录名
  ;     [netlogon]
  ;     comment = Network Logon Service
  ;     writable = no
  ;     share modes = no
  # 下面定义了一个特殊的共享目录，默认是使用用户主目录
  ;     [Profiles]
  # path 用来指定共享目录的路径。可以用%u、%m 这样的宏来代替路径里的 UNIX 用户和客户机的 Netbios 名，用宏表示主要用于[homes] 共享域。例如，如果不打算用 home 段作为客户机的共享，而是在/home/share/下为每个 Linux 用户以他的用户名建个目录，作为他的共享目录，path 就可以写成：path = /home/share/%u；。用户在连接到这共享时具体的路径会被他的用户名代替，要注意这个用户名路径一定要存在，否则，客户机在访问时会找不到网络路径。同样，如果不是以用户来划分目录，而是以客户机来划分目录，为网络上每台可以访问 Samba 的机器都各自建个以它的 netbios 名的路径，作为不同机器的共享资源，就可以这样写：path = /home/share/%m
  ;     path = /var/lib/samba/profiles
  ;     browseable = no
  ;     guest ok = yes
  #下面定义一个所有用户都可以读、但只有 staff 组用户才可以写的共享目录
  ;     [public]
  ;     comment = Public Stuff
  ;     path = /home/samba
  # public 等同于 guest ok 选项，设置是否允许用户不使用账户和密码便能访问此资源
  ;     public = yes
  ;     writable = yes
  ;     printable = no
  ;     write list = +staff
  #下面定义一个所有用户都可以读写而且在浏览器中看到的共享目录
  [share]
      comment = tmp share
      path = /share
```

```
    writable = yes
    browseable = yes
    guest ok = yes
```

2. **测试 Samba 服务**

配置文件修改好后，需要使用 testparm 命令检查 smb.conf 文件的语法，检查关键字的拼写错误，需要结合日志文件来判断配置值错误。testparm 命令用法为：

```
# testparm  [-s] [配置文件] [<主机名称>]
```

执行 testparm 指令可以简单测试 Samba 的配置文件，假如测试结果无误，Samba 常驻事务就能正确载入该设置值，但并不保证其后的操作能正常运行。

3. **管理 Samba 用户**

用 smbpasswd 命令添加 smb 用户，要求该用户必须先是 Linux 的用户。所以要先添加 Linux 用户，但添加的这些用户可以是虚拟用户，也就是这些用户可以不能通过 shell 登录系统。另外值得注意的是，系统用户密码和 samba 用户的密码可以是不同的。如果设置了系统用户能登录 shell，可以设置用户的 Samba 密码和系统用户通过 shell 登录的密码不同。

smbpasswd 命令属于 Samba 套件，能够实现添加或删除 Samba 用户和为用户修改密码。其命令用法为：

```
# smbpasswd  [options] [Linux 系统用户名]
```

常用参数选项：

```
-a    向 smbpasswd 文件中添加用户
-c    指定 Samba 的配置文件
-x    从 smbpasswd 文件中删除用户
-d    在 smbpasswd 文件中禁用指定的用户
-e    在 smbpasswd 文件中激活指定的用户
-n    将指定的用户的密码置空
```

如果没有任何参数，则表示修改用户的 Samba 密码

4. **访问 Samba 共享资源**

（1）图形界面访问 Samba 共享资源

首先应保证客户机与 Samba 服务器网络能够 ping 通。

在 Linux 访问 Samba 共享的资源：打开“文件浏览器”，单击左侧的“连接到服务器”，在服务器地址栏输入“smb://Samba 服务器的 IP 地址”，单击“连接”按钮。

在 Windows 中访问 Samba 共享的资源：打开“我的电脑”，在地址栏输入“\\ Samba 服务器的 IP 地址”，或者通过“网上邻居”来查找。

注意： Windows 访问 Samba 的共享资源时，需要将 smb.conf 文件中的如下一行取消注释，即将最前面的分号删除：

```
; netbios name = MYSERVER
```

若一切设置正确，Windows 仍无法访问 Samba 共享的资源，要考虑“计算机名”重名的问题。

（2）命令行访问 Samba 共享资源

使用 smbclient 命令访问共享资源，格式有 3 种：

格式 1：

```
# smbclient //NetBIOS名或IP 地址/共享名 -U 用户名
```

该格式用于访问指定主机的指定共享，当访问 Windows 共享时，-U 后的用户名是所访问的 Windows 计算机中的用户账户；当访问 Linux 系统提供的 Samba 共享时，-U 后的用户名是所访问的 Linux 系统中的 Samba 用户账户。

格式 2：

```
# smbclient -L NetBIOS名或IP 地址
```

该格式将指定主机所提供的共享列表显示出来。

格式 3：

```
# mount -t cifs -o username=账户, password=密码  //ip/目录 挂载点
```

挂载远端共享目录。

5. 简单配置的应用示例

某公司希望配置一台 Samba 服务器，具体要求如下：

（1）建立一个工作组 smbgrp，本机审查用户账户和密码。

（2）在机器上创建一个/root/tmp 目录，为所有用户提供共享。允许用户不用账户和密码访问，且可以读写。

（3）在机器上创建一个私人目录/root/zspri，只有 zs 用户有共享访问权限，其他用户不可以共享访问。

（4）在机器上创建一个 wl0915 组，成员有 zs 和 ls。创建一个/root/wl0915 目录，允许 wl0915 组用户向目录中写入，其他用户只能访问，但不可以写入。

步骤 1：在 Samba 服务器上创建一个 wl 组，成员有 zs 和 ls。

```
# groupadd wl
# useradd zs -g wl
# passwd zs
# useradd ls -g wl
# passwd ls
```

步骤 2：在 Samba 服务器上创建一个/root/tmp 目录、/root/wl0915 目录和/root/zspri 目录。

```
# mkdir /root/tmp
# chmod 777 /root/tmp
# mkdir /root/wl0915
# chmod 777 /root/wl0915
# mkdir /root/zspri
# chown zs.wl0915 /root/zspri
# chmod 755 /root/zspri
```

步骤 3：使用 vi 修改 Samba 服务器配置文件。

```
# vi /etc/samba/smb.conf
```

修改[global]节的参数，具体如下：

```
workgroup = smbgrp                //设置工作组的名称
server string = Samba  Server     //指定服务信息
netbios name = MySamba
Security=user
guest ok =no                      //不允许guest用户访问（没有密码）
```

共享用户主目录的设置，在[homes]段修改完成：

```
available = yes                    //指定用户主目录这共享资源能否可用
comment = Home Directories
browseable = no                    //指定主目录不被其他用户浏览
writable = yes                     //指定主目录的可写性
users = %S                         //指定合法的用户
create mode = 0664                 //创建文件时的默认权限
directory mode = 0775              //创建目录时的默认权限
```

在 smb.conf 文件最后添加一个[tmp]节：

```
[tmp]
path = /root/tmp                   //指定共享目录路径
comment = public
browseable = yes                   //指定主目录能被其他用户浏览
writeable = yes                    //共享文件目录的可写性
create mode = 0664                 //创建文件时的默认权限
```

在 smb.conf 文件中加一个[wl]节：

```
[wl]
path = /root/wl                    //指定共享目录路径
comment = public wl
guest ok = yes                     //允许 guest 用户访问（没有密码）
browseable = yes                   //指定主目录能被其他用户浏览
read only=no                       //用户可以读写文件
write list = @wl0915               //指定对共享资源有读写权的组
```

在 smb.conf 文件中加一个[zs]节：

```
[zs]
path = /root/zspri                 //指定共享目录路径
comment = zs's directory
valid users=zs                     //指定有效用户 zs
public=no
writeable = yes                    //共享文件目录的可写性
```

存盘退出。

步骤 4：测试 Samba 配置文件的设置。

```
# testparm
```

步骤 5：启动 Samba。

```
# service smb start
```

步骤 6：添加 Samba 用户，Samba 服务器要求合法的 Samba 用户必须先是一个 Linux 用户。

```
# smbpasswd -a zs
# smbpasswd zs
```

步骤 7：防止因防火墙设置造成的无法访问，测试期间可以先停用防火墙。

```
# iptables -F
```

步骤 8：开启共享目录 rw 相关的 SELinux 布尔值。

```
# setsebool -P samba_export_all_rw on
```

步骤 9：因为要共享/home，所以需要开启相关的 SELinux 布尔值。

```
# setsebool -P samba_enable_home_dirs on
```

步骤 10：创建好共享资源后，网络用户就可以在网上邻居看到该共享资源了。

11.4 任务实施

步骤 1：安装 Samba 软件包。

（1）将包含 Samba 软件包的 U 盘挂载，操作如下：

```
[root@MyLinux ~]# mkdir /mnt/usb
[root@MyLinux ~]# mount /dev/sdb1 /mnt/usb
[root@MyLinux ~]# cd //mnt/usb/Packages/smb
```

（2）创建一个 yum 仓库，操作命令如下：

```
[root@MyLinux smb]# createrepo .
[root@MyLinux smb]# yum clean all
```

（3）创建 local.repo 文件，操作命令如下：

```
[root@MyLinux smb]# vim /etc/yum.repos.d/local.repo
    [RHEL-local]
    name=RHEL local repo
    baseurl=file:///mnt/usb/Packages/smb/
    enable=1
    priority=1
    gpgcheck=0
```

（4）使用源进行 yum 安装，操作命令如下：

```
[root@MyLinux smb]# yum install  samba samba-client  -y
```

（5）检查安装是否成功，操作命令如下：

```
[root@MyLinux ~]# rpm -q samba
samba-4.1.1-31.el7.x86_64
```

步骤 2：配置 Samba 服务器 IP 地址为 192.168.1.10。

```
[root@MyLinux /]# vi /etc/sysconfig/network-scripts/ifcfg-eno16777736
    TYPE=Ethernet
    BOOTPROTO=static
    DEFROUTE=yes
    IPV4_FAILURE_FATAL=no
    NAME=eno16777736
    UUID=a2090b9a-a332-4cfb-88e6-e0fb82e0cbf5
    ONBOOT=yes
    IPADDR0=192.168.1.10
    DNS1=192.168.1.250
    DNS2=192.168.1.251
    PREFIX0=24
    GATEWAY0=192.168.1.1
    HWADDR=00:0C:29:18:d2:31
…
```

重启网络接口，让刚配置的地址生效。

```
[root@MyLinux ~]# ifconfig
eno16777736: flags=4163<UP,BROADCAST,RUNNING,MULTICAST>  mtu 1500
        inet 192.168.1.10  netmask 255.255.255.0  broadcast 192.168.1.255
        inet6 fe80::20c:29ff:fe18:d231  prefixlen 64  scopeid 0x20<link>
        ether 00:0c:29:18:d2:31  txqueuelen 1000  (Ethernet)
…
```

步骤 3：在 Samba 服务器上创建 smd、fd、hrd 三个用户组，创建 ls、lj、wl 三个用户。

```
[root@MyLinux ~]# groupadd smd
[root@MyLinux ~]# groupadd fd
[root@MyLinux ~]# groupadd hrd
 root@MyLinux ~]# useradd ls -g smd
[root@MyLinux ~]# passwd ls
 root@MyLinux ~]# useradd lj -g fd
[root@MyLinux ~]# passwd lj
 root@MyLinux ~]# useradd wl -g hrd
[root@MyLinux ~]# passwd wl
```


步骤 4：创建共享目录并修改目录的访问权限。

```
[root@MyLinux ~]# mkdir   /share
[root@MyLinux ~]# mkdir   /workdata
[root@MyLinux ~]# mkdir   /workdata/smdata
[root@MyLinux ~]# mkdir   /workdata/fdata
[root@MyLinux ~]# mkdir   /workdata/hrdata
[root@MyLinux ~]# mkdir   /workdata/ls
[root@MyLinux ~]# mkdir   /workdata/lj
[root@MyLinux ~]# mkdir   /workdata/wl
```

修改目录的访问权限：

```
[root@MyLinux ~]# chmod 777      /share
[root@MyLinux~]# chown .smd     /workdata/smdata
[root@MyLinux ~]# chmod 770     /workdata/smdata
[root@MyLinux ~]# chown .fd     /workdata/fdata
[root@MyLinux ~]# chmod 775     /workdata/fdata
[root@MyLinux ~]# chown .hrd    /workdata/hrdata
[root@MyLinux ~]# chmod 775     /workdata/hrdata
[root@MyLinux ~]# chown ls.smd /workdata/ls
[root@MyLinux ~]# chmod 700     /workdata/ls
[root@MyLinux ~]# chown lj.fd   /workdata/lj
[root@MyLinux ~]# chmod 700     /workdata/lj
[root@MyLinux ~]# chown wl.hrd /workdata/wl
[root@MyLinux ~]# chmod 700     /workdata/wl
```

步骤 5：编辑主配置文件/etc/samba/smb.conf。

```
[root@MyLinux ~]# vim /etc/samba/smb.conf
```

（1）在[global]段完成修改：

```
workgroup = SmbWorkgroup
```

（2）在 smb.conf 文件中加一个[share]段：

```
[share]
      comment = public
      path = /share
      browseable = yes
      writable = yes
```

（3）修改[printers]段：

```
[printers]
       comment = All Printers
       path = /var/spool/samba
       printable = yes
       browseable = yes
       guest ok = no
       writable = no
```

（4）在 smb.conf 文件中加一个[smd]段：

```
[smd]
       comment = smd
       path = /workdata/smddata
       guest ok = no
       browseable = yes
       writeable = yes
       valid users = @smd
```

（5）在 smb.conf 文件中加一个[fd]段：

```
[fd]
       comment = fd
       path = /workdata/fddata
       read only = no
       browswable = yes
       write list = @fd
```

（6）在 smb.conf 文件中加一个[hrd]段：

```
[hrd]
       comment = hrd
       path = /workdata/hrddata
       read only = no
       browswable = yes
       write list = @hrd
```

（7）在 smb.conf 文件中加一个[ls]段：

```
[ls]
       comment = ls's workdata
       path = /workdata/ls
       writeable = yes
       browswable = yes
       valid users = ls
```

（8）同上在 smb.conf 文件中添加[lj]和[wl]段。

（9）保存退出 smb.conf 文件编辑。

步骤 6：测试 samba 配置文件的设置。

```
[root@MyLinux ~]# testparm
```

步骤 7：配置测试通过后启动 Samba，并检查。

```
[root@MyLinux ~]# service smb start
[root@MyLinux ~]# pstree|grep smb
     |-smbd---smbd
```

步骤 8：添加 Samba 用户，Samba 服务器要求合法的 Samba 用户必须先是一个 Linux 用户。

```
[root@MyLinux ~]# smbpasswd -a zs
    New SMB password:
    Retype new SMB password:
    Added user zs.
```

同上添加 samba 用户 ls、lj、wl。

步骤 9：防止因防火墙设置造成的无法访问，测试期间可以先停用防火墙。

```
# iptables -F
```


步骤 10：开启共享目录 rw 相关的 SELinux 布尔值。

```
# setsebool -P samba_export_all_rw on
```

步骤 11：因为要共享/home，所以需要开启相关的 SELinux 布尔值。

```
# setsebool -P samba_enable_home_dirs on
```

步骤 12：创建好共享资源后，网络用户可以通过网上邻居看到该共享资源进行测试，或通过在资源管理器地址栏输入\\192.168.1.10 来测试。

阅读与思考：现代计算机之父——冯·诺依曼

图 11-1　冯·诺依曼

约翰·冯·诺依曼（John von Neumann，1903—1957，见图 11-1），美籍匈牙利人，1903 年 12 月 28 日生于匈牙利的布达佩斯。其父亲是一个银行家，家境富裕，十分注意对孩子的教育。冯·诺依曼从小聪颖过人，兴趣广泛，读书过目不忘，一生掌握了 7 种语言，最擅长德语。1911—1921 年，冯·诺依曼在布达佩斯的卢瑟伦中学读书期间，就崭露头角而深受老师的器重。在费克特老师的个别指导下并合作发表了第一篇数学论文，此时冯·诺依曼还不到 18 岁。1921—1923 年在苏黎世大学学习。很快又在 1926 年以优异的成绩获得了布达佩斯大学数学博士学位，此时冯·诺依曼年仅 22 岁。1927—1929 年冯·诺依曼相继在柏林大学和汉堡大学担任数学讲师。1930 年接受了普林斯顿大学客座教授的职位，西渡美国。1931 年他成为美国普林斯顿大学的第一批终身教授，那时，他还不到 30 岁。1933 年转到该校的高级研究所，成为最初 6 位教授之一，并在那里工作了一生。冯·诺依曼是普林斯顿大学、宾夕法尼亚大学、哈佛大学、伊斯坦堡大学、马里兰大学、哥伦比亚大学和慕尼黑高等技术学院等校的荣誉博士。他是美国国家科学院、秘鲁国立自然科学院和意大利国立林且学院等院的院士。1954 年他任美国原子能委员会委员；1951—1953 年任美国数学会主席。

1954 年夏冯·诺依曼被发现患有癌症，1957 年 2 月 8 日在华盛顿去世，终年 54 岁。

冯·诺依曼在数学的诸多领域都进行了开创性工作，做出了重大贡献。在第二次世界大战前，他主要从事算子理论、集合论等方面的研究。1923年关于集合论中超限序数的论文，显示了冯·诺依曼处理集合论问题所特有的方式和风格。他把集合论加以公理化，奠定了公理集合论的基础。他从公理出发，用代数方法导出了集合论中许多重要概念、基本运算、重要定理等。

1933年，冯·诺依曼解决了希尔伯特第五问题，即证明了局部欧几里得紧群是李群。1934年他又把紧群理论与波尔的殆周期函数理论统一起来。他还对一般拓扑群的结构有深刻的认识，弄清了它的代数结构和拓扑结构与实数是一致的。他对算子代数进行了开创性工作，并奠定了它的理论基础，从而建立了算子代数这门新的数学分支。这个分支在当代的有关数学文献中均称为冯·诺依曼代数。冯·诺依曼1944年发表了奠基性的重要论文《博弈论与经济行为》，文中包含博弈论的纯粹数学形式的阐述以及对于实际博弈应用的详细说明，文中还包含了诸如统计理论等教学思想，在经济学和决策科学领域竖起了一块丰碑，被经济学家公认为"博弈论之父"。冯·诺依曼在格论、连续几何、理论物理、动力学、连续介质力学、气象计算、原子能和经济学等领域都做过重要的工作。

在物理领域，冯·诺依曼在20世纪30年代撰写的《量子力学的数学基础》已经被证明对原子物理学的发展有极其重要的价值。在化学方面也有相当的造诣，曾获苏黎世高等技术学院化学系大学学位。

冯·诺依曼对人类的最大贡献是对计算机科学、计算机技术和数值分析的开拓性工作。

现在一般认为ENIAC机是世界第一台电子计算机，它是由美国科学家研制的，于1946年2月14日在费城开始运行。其实，由汤米、费劳尔斯等英国科学家研制的COLOSSUS（科洛萨斯）计算机比ENIAC机问世早两年多，于1944年1月10日在布莱奇利园区开始运行。ENIAC机证明电子真空技术可以大大地提高计算技术，不过，ENIAC机本身存在两大缺点：没有存储器；它用布线接板进行控制，甚至要搭接几天，计算速度也就被这一工作抵消了。ENIAC机研制组的莫克利和埃克特想尽快着手研制另一台计算机，以求改进。

1944年，冯·诺依曼参加原子弹的研制工作，该工作涉及极为困难的计算。在对原子核反应过程的研究中，要对一个反应的传播做出"是"或"否"的回答。解决这一问题通常需要通过几十亿次的数学运算和逻辑指令，尽管最终的数据并不要求十分精确，但所有的中间运算过程均不可缺少，而且要尽可能地保持准确。逻辑指令如同沙漠一样把人的智慧和精力吸尽。

被计算机困扰的冯·诺依曼在一次极为偶然的机会中知道了ENIAC计算机的研制计划，从此他投身到计算机研制这一宏伟的事业中，建立了一生中最大的丰功伟绩。

冯·诺依曼参加ENIAC机研制小组后，便带领这批富有创新精神的年轻科技人员，向着更高的目标进军。1945年，他们在共同讨论的基础上，发表了一个全新的"存储程序通用电子计算机方案"（EDVAC）。在这个过程中，冯·诺依曼显示出他雄厚的数理基础知识，充分发挥了他的顾问作用及探索问题和综合分析的能力。冯·诺依曼以《关于EDVAC的报告草案》为题，起草了长达101页的总结报告。报告广泛而具体地介绍了制造电子计算机和程序设计的新思想。这份报告是计算机发展史上一个划时代的文献，它向世界宣告：电子计算机的时代开始了。

EDVAC方案明确奠定了新机器由5个部分组成，包括运算器、逻辑控制装置、存储器、输入和输出设备，并描述了这5部分的职能和相互关系。报告中，冯·诺依曼对EDVAC中的两大设计思想作了进一步的论证，为计算机的设计树立了一座里程碑。

设计思想之一是二进制，他根据电子元件双稳工作的特点，建议在电子计算机中采用二进制。报告提到了二进制的优点，并预言，二进制的采用将大简化机器的逻辑线路。实践证明了冯·诺依曼预言的正确性。如今，逻辑代数的应用已成为设计电子计算机的重要手段，在 EDVAC 中采用的主要逻辑线路也一直沿用着，只是对实现逻辑线路的工程方法和逻辑电路的分析方法作了改进。

程序内存是冯·诺依曼的另一杰作。通过对 ENIAC 的考察，冯·诺依曼敏锐地抓住了它的最大弱点——没有真正的存储器。ENIAC 只有 20 个暂存器，它的程序是外插型的，指令存储在计算机的其他电路中。这样，解题之前，必须先准备好所需的全部指令，通过手工把相应的电路联通。这种准备工作要花几小时甚至几天时间，而计算本身只需几分钟。计算的高速与程序的手工存在着很大的矛盾。

针对这个问题，冯·诺依曼提出了程序内存的思想：把运算程序存在机器的存储器中，程序设计员只需要在存储器中寻找运算指令，机器就会自行计算，这样，就不必每个问题都重新编程，从而大大加快了运算进程。这一思想标志着自动运算的实现，标志着电子计算机的成熟，已成为电子计算机设计的基本原则。

1946 年 7、8 月间，冯·诺依曼和戈尔德斯廷、勃克斯在 EDVAC 方案的基础上，为普林斯顿大学高级研究所研制 IAS 计算机时，又提出了一个更加完善的设计报告《电子计算机逻辑设计初探》。以上两份既有理论又有具体设计的文件，首次在全世界掀起了一股“计算机热”，它们的综合设计思想，便是著名的“冯·诺依曼机”，其中心就是有存储程序原则——指令和数据一起存储。这个概念被誉为“计算机发展史上的一个里程碑”，它标志着电子计算机时代的真正开始，指导着以后的计算机设计。自然一切事物总是在发展着的，随着科学技术的进步，今天人们又认识到“冯·诺依曼机”的不足，它妨碍着计算机速度的进一步提高，而提出了“非冯·诺依曼机”的设想。

冯·诺依曼还积极参与了推广应用计算机的工作，对编制程序及数值计算都做出了杰出的贡献。冯·诺依曼于 1937 年获美国数学会的波策奖；1947 年获美国总统的功勋奖章、美国海军优秀公民服务奖；1956 年获美国总统的自由奖章和爱因斯坦纪念奖以及费米奖。

冯·诺依曼逝世后，未完成的手稿于 1958 年以《计算机与人脑》为名出版。他的主要著作收集在六卷《冯·诺依曼全集》中，1961 年出版。

鉴于冯·诺依曼在发明电子计算机中所起到关键性作用，他被誉为“现代计算机之父”。

资料来源：百度百科（http://baike.baidu.com/），此处有删改。

作业

1. 在 Linux 系统中，Samba 服务器是 Windows 与 Linux 沟通的桥梁，在配置 Samba 服务器时，Samba 的配置文件/etc/samba/smb.conf 是最主要的文件，在这个文件中参数（1）是指定主机名的；为了加强安全性我们中以选择某些主机可以访问，而不允许访问的主机我们可以拒绝，这我们可以通过配置文件中的（2）和（3）参加来设定，来指定允许访问和拒绝访问的主机。

（1）A. workgroup　B. netbios name　C. printing　D. users

(2) A. allow hosts、deny hosts　　B. available、browseable

C . printable、browseable　　D. guest ok、guest account

(3) A. allow hosts、deny hosts　　B. available、browseable

C. printable、browseable　　D. guest ok、guest account

2. 手工修改 smb.conf 文件后，使用以下（　　）命令可以测试其正确性。

A. smbmount　　B. smbstatus

C. smbclient　　D. testparm

3. Samba 的核心是两个后台进程，它们是（　　）。

A. smbd 和 nmbd　　B. smbd 和 inetd

C. inetd 和 nmbd　　D. inetd 和 httpd

4. 使用 Samba 服务器，一般来说，可以提供（　　）。

A. 域名服务　　B. 文件共享服务

C. 打印服务　　D. IP 地址解析服务

5. 小于在 Linux 下配置了 Samba 服务，已知服务器的 IP 地址为 192.168.1.10，他想用 Linux 客户端访问此服务器的共享资源/tmp，那么以下命令正确的是（　　）。

A. smbmount 192.168.1.10/tmp /mnt -o username=user1

B. smbmount //192.168.1.10/tmp /mnt –o username=user1

C. smbmount /mnt //192.168.1.10/tmp –o username=user1

D. smbmount /mnt 192.168.1.10/tmp –o username=user1

6. 当 Windows 用户试图查看文件"/usr/local/test"时，发现不能打开文件，可能的原因是（　　）。

A. 文件是符号连接，Samba 不能访问

B. 文件/usr/local/test 的读权限没有正确设置

C. 只有"/"目录下的文件才能被访问

D. 在文件"smb.conf"中缺少配置"readable = yes"

7. 在 Linux 系统中，配置 Samba 服务，请回答以下问题:

(1) Samba 的主要配置文件是什么，要想禁止 IP 地址为 192.168.3.1 的客户端访问服务器需要修改什么选项？

(2) 已知一台 Windows 机器的主机名为 wserver; IP 地址为 192.168.3.2，要在 Linux 系统下用 smbmount 命令使用主机名访问 wserver 共享，需要配置哪个文件？

(3) Samba 安全级别有哪几种？默认的安全级别是什么？

(4) 写出安装 Samba 服务器的步骤。Samba 服务的主要功能是什么？

(5) 如何配置用户级的 Samba 服务器？

8. Samba 服务器架设。

公司有多个部门，因工作需要，就必须分门别类地建立相应部门的目录，要求:

(1) 将公司的共享资料放在共享目录/share，该目录允许公司员工访问。

(2) 将销售部的资料放在 Samba 服务器的/companydata/sales 目录下集中管理，以便销售人员浏览，并且该目录只允许销售人员访问。

(3) 给销售部经理开设一个私人目录/companydata/salesmanager，只有 salesmanager 用户有共享访问权限，其他用户不可以共享访问。

第12章 Web服务器的配置与管理

Web 服务是目前 Internet 应用最流行、最受欢迎的服务之一. 如果想通过主页向世界介绍自己或自己的公司，就必须将主页放在一个 Web 服务器上，当然可以使用一些免费的主页空间来发布。但是如果有条件，可以注册一个域名，申请一个 IP 地址，并且让 ISP 将这个 IP 地址解析到自己的 Linux 主机上。然后，在 Linux 主机上架设一个 Web 服务器，这样就可以将主页存放在这个自己的 Web 服务器上，通过它把自己的主页向外发布。Linux 平台使用最广泛的 Web 服务器是 Apache，它是目前性能最优秀、最稳定的 Web 服务器之一。

12.1 企业需求

公司开发了电子商务网站平台，同时公司各部门也有些基于 B/S 的应用系统或部门网站，如 OA 办公系统、财务系统、销售系统等都是基于 B/S 的。因此希望能构建自己的 Web 服务器。因为公司有多个 Web 系统，因此需要采用虚拟主机以方便管理。为了财务系统的安全，需要对财务系统实施 Web 服务器安全访问控制。

12.2 任务分析

通过对公司需求的分析，决定 Web 服务器架设在 Linux 服务器上，软件选用最为流行的 Apache，且软件包已经下载并存放在 U 盘。测试计算机选用 Windows 操作系统，且服务器和测试计算机通过网络可以正常通信。具体任务如下：

（1）在 Linux 服务器（IP 为 192.168.1.8 和 192.168.1.6）安装 Apache 软件，用于发布网站。

（2）公司电子商务网站平台的域名为 www.szy.com，IP 为 192.168.1.8。

（3）创建 3 个虚拟主机分别运行 OA 系统、财务系统和销售系统。

（4）OA 系统需设置在端口 8080，域名为 oa.syz.com，IP 为 192.168.1.8。

（5）对财务系统的虚拟主机实施 Web 服务器安全，访问时需要输入用户名和密码，并有访问地址的限制，域名为 fs.syz.com，IP 为 192.168.1.6。

（6）销售系统的域名为 sales.szy.com，IP 为 192.168.1.8。

（7）公司的 Web 系统数据库用的是 MySql，开发软件为 PHP。

12.3 知识背景

Web 服务的实现采用浏览器/服务器（B/S）模型。客户机运行 WWW 客户端程序（网页浏览器，注意，不是文件浏览器），它提供良好、统一的用户界面。网页浏览器的作用是解释和显示 Web 页面，响应用户的输入请求，并通过 HTTP 协议将用户请求传递给 Web 服务器。Web 服务器最基本的功能是侦听和响应客户端的 HTTP 请求，向客户端发出请求处理结果信息。Web 服务通常可以分为两种：静态 Web 服务和动态 Web 服务。

Web 服务工作原理：Web 浏览器使用 HTTP 命令向一个特定的服务器发出 Web 页面请求。若该服务器在特定端口（通常是 TCP 80 端口）处接收到 Web 页面请求后，就发送一个应答并在客户和服务器之间建立连接。服务器 Web 查找客户端所需文档，若 Web 服务器查找到所请求的文档，就会将所请求的文档传送给 Web 浏览器。若该文档不存在，则服务器会发送一个相应的错误提示文档给客户端。Web 浏览器接收到文档后，就将它显示出来。当客户端浏览完成后，就断开与服务器的连接。

Linux 平台使用最广泛的 Web 服务器是 Apache。

12.3.1 Apache 概述

根据 Netcraft（www.netsraft.co.uk）所做的调查，世界上 50%以上的 Web 服务器在使用 Apache。Apache 取自 a patchy server，意思是充满补丁的服务器，因为它是自由软件，所以不断有人来为它开发新的功能、新的特性，修改原来的缺陷。Apache 服务器的特点是简单、快速、性能稳定，可做代理服务器来使用。

1995 年 4 月，最早的 Apache（0.6.2 版）由 Apache Group 公布发行。Apache Group 是一个完全通过 Internet 进行运作的非营利机构，由它来决定 Apache Web 服务器的标准发行版中应该包含哪些内容。准许任何人修改隐藏的错误，提供新的特征和将它移植到新的平台上，以及其他的工作。当新的代码被提交给 Apache Group 时，该团体审核它的具体内容，进行测试，如果认为满意，该代码就会被集成到 Apache 的主要发行版中。

Apache Web 服务器软件拥有以下特性：

（1）支持最新的 HTTP/1.1 通信协议。

（2）拥有简单而强有力的基于文件的配置过程。

（3）支持通用网关接口。

（4）支持基于 IP 和基于域名的虚拟主机。

（5）支持多种方式的 HTTP 认证。

（6）集成 Perl 处理模块。

（7）集成代理服务器模块。

（8）支持实时监视服务器状态和定制服务器日志。

（9）支持服务器端包含指令（SSI）。

（10）支持安全 Socket 层（SSL）。

（11）提供用户会话过程的跟踪。

（12）支持 FastCGI。

（13）通过第三方模块可以支持 JavaServlets。

12.3.2 安装 Apache 服务器软件包

对 Apache Web 服务器的安装，同样可采取 RPM 和 yum 软件包安装两种方式，Red Hat Linux 安装盘自带 Apache 服务器的 RPM 软件包，其版本为 2.4.6-17，如果在安装

Linux 时已选择安装 Apache，则可以直接配置使用。另外，也可到官方网站下载安装最新的 Apache 软件包。若不清楚 Linux 系统中是否安装 Apache 服务器，可以使用 rpm 查询命令进行查询：

```
# rpm  -q  httpd
httpd-2.4.6-17.el7.x86_64
```

查询结果输出了 Apache 软件包的名称则表示已经安装。若未安装，则可利用软件包来直接安装。安装应先准备软件包，可以挂载安装光盘，又或者将软件包复制到系统硬盘上。然后使用 yum 安装或 rpm 命令进行安装。例如：

```
#rpm -ivh httpd-2.4.6-17.el7.x86_64.rpm
#rpm -ivh httpd-tools-2.4.6-17.el7.x86_64.rpm
```

后台进程：httpd (/usr/Sbin/httpd)。

启动脚本：/usr/lib/Systemd/system/httpd.service。

使用端口：80(http)。

主配置文件：/etc/httpd/conf/httpd.conf。

默认网站存放路径：/var/www/html/。

12.3.3 启动 Apache 服务器

安装好 Apache 软件包之后，就可以启动 Apache 服务器了。

（1）启动命令：

```
# systemctl start httpd.service
```

或

```
# service httpd start
```

（2）重启命令：

```
# systemctl restart httpd.service
```

或

```
#service httpd restart
```

（3）停止命令：

```
# systemctl stop httpd.service
```

或

```
# service httpd stop
```

需要注意的是，上面的这些方法启动的 Apache 服务只能运行到计算机关闭之前，下次系统重新启动之后就又需要重新启动 Apache 服务，如果需要随系统自动启动 Apache 服务，可以使用如下操作命令：

```
# systemctl enable httpd.service
```

查看 Apache 服务器的运行状态：

```
# service httpd status
```

12.3.4 配置 Apache 服务器

Apache 服务器的主配置文件是/etc/httpd/conf/httpd.conf，对 Apache 服务器的配置其实就是对 httpd.conf 文件的修改。

1. httpd.conf 文件

Apache 的配置文件是包含了若干命令的纯文本文件，其文件名为 httpd.conf，在 Apache 启动时，会自动读取配置文件中的内容，并根据配置指令影响 Apache 服务器的运行。配置文件改变后，只有在下次启动或重新启动后才会生效。利用 less /etc/httpd/conf/httpd.conf 命令可查看配置文件的内容，对于每个配置项，通常还附有一些简要的配置说明。

配置文件中的内容分为注释行和服务器配置命令行。行首有“#”的即为注释行，注释不能出现在指令的后边，除了注释行和空行外，服务器会认为其他的行都是配置命令行。

配置文件中的指令不区分大小写，但指令的参数通常是对大小写敏感的。对于较长的配置命令，行末可使用反斜杠“\”换行，但反斜杠与下一行之间不能有任何其他字符（包括空格）。

整个配置文件总体上划分为 3 个部分（Section）：全局环境配置、主服务器配置和创建虚拟主机。

Apache 的配置命令由内核和模块共同提供，配置命令很多，下面主要介绍一些常用的配置命令。

（1）常规配置命令

① ServerRoot。用于设置服务器的根目录，指定守护进程 httpd 的运行目录，httpd 在启动之后自动将进程的当前目录改变为这个目录，因此如果设置文件中指定的文件或目录是相对路径，那么真实路径就位于这个路径之下。命令用法为：

```
ServerRoot  apache 安装路径
```

例如：

```
ServerRoot  "/etc/httpd"
```

② Listen。Listen 命令告诉服务器接受来自指定端口或者指定地址的某端口的请求。如果 Listen 仅指定了端口，则服务器会监听本机的所有地址；如果指定了地址和端口，则服务器只监听来自该地址和端口的请求。利用多个 Listen 指令，可以指定要监听的多个地址和端口。其命令用法为：

```
Listen  [IP 地址] 端口号
```

例如：

```
Listen 80
```

③ User 与 Group。User 用于设置服务器以哪种用户身份来响应客户端的请求。Group 用于设置将由哪一组来响应用户的请求，默认设置为：

```
User apache
Group apache
```

④ ServerAdmin。用于设置 Web 站点管理员的 E-mail 地址。当服务器产生错误时（如指定的网页找不到），服务器返回给客户端的错误信息中将包含该邮件地址，以告诉用户该向谁报告错误。其命令用法为：

```
ServerAdmin E-mail 地址
```

例如：

```
ServerAdmin  root@localhost
```

⑤ ServerName。默认情况下，并不需要指定这个 ServerName 参数，服务器将自动通过名字解析过程来获得自己的名字，但如果服务器的名字解析有问题（通常为反向解析不正确），或者没有正式的 DNS 名字，也可以在这里指定 IP 地址。如果 ServerName 设置不正确，服务器将不能正常启动。其命令用法为：

```
ServerName   完整的域名 [: 端口号]
```

例如：

```
ServerName www.example.com:80
```

⑥ DocumentRoot。用于设置 Web 服务器的站点根目录，通常这个目录里有一个 index.html 文件，默认的根文档目录是/var/www/html，该选项对应配置文件中的 DirectoryIndex 命令。其命令用法为：


```
DocumentRoot 目录路径名
```

例如：

```
DocumentRoot  "/var/www/html"
```

⑦ DirectoryIndex。用于设置站点主页文件的搜索顺序，各文件间用空格分隔。例如，要将主页文件的搜索顺序设置为 index.php、index.htm、index.html、default.htm，则配置命令为：

```
DirectoryIndex index.php index.htm index.html default.htm
```

⑧ ErrorDocument。用于定义当遇到错误时，服务器将给客户端什么样的回应，通常是显示预设置的一个错误页面。其命令用法为：

```
ErrorDocument 错误号所要显示的网页
```

例如：

```
ErrorDocument 404 /missing.html
```

在默认的配置文件中，预定义了一些对不同错误的响应信息，但都注释掉了，若要开启，只需去掉前面的“#”号即可。

⑨ ErrorLog。用于指定服务器存放错误日志文件的位置和文件名，默认设置为 logs/error_log。此处的路径是相对于 ServerRoot 目录的路径。在 error_log 日志文件中，记录了 Apache 守护进程 httpd 发出的诊断信息和服务器在处理请求时所产生的出错信息。在启动 Apache 服务器出现故障时，应查看该文件以了解出错原因。默认配置为：

```
ErrorLog "logs/error_log"
```

⑩ LogLevel。用于设置记录在错误日志中的信息的详细程度。配置文件中的默认设置级别为 warn，可根据需要进行调整。级别设置过低，将会导致日志文件急剧增大。默认配置为：

```
LogLevel warn
```

⑪ LogFormat。用于设置日志格式字符串日志格式名称，有 4 种格式名称：

```
LogFormat "%h %l %u %t \"%r\" %>s %b \"%{Referer}i\" \"%{User-Agent}i\"" combined
LogFormat "%h %l %u %t \"%r\" %>s %b" common
```

```
LogFormat "%{Referer}i -> %U" referrer
LogFormat "%{User-agent}i" agent
```

默认配置为：

```
LogFormat "%h %l %u %t \"%r\" %>s %b \"%{Referer}i\" \"%{User-Agent}i\""
combined
```

⑫ CustomLog。设置访问记录的位置和格式（功用的记录文件格式），默认设置为：

```
CustomLog "logs/access_log" combined
```

⑬ IncludeOptional。用于设置加载外部配置文件，默认设置为加载/etc/httpd/condf.d/目录下的.conf 文件：

```
IncludeOptional conf.d/*.conf
```

（2）容器与访问控制指令

① 容器命令简介。容器命令通常用于封装一组指令，使其在容器条件成立时有效，或者用于改变命令的作用域。容器命令通常成对出现，具有以下格式特点：

```
<容器命令名 参数>
    命令集
</容器命令名>
```

Apache 提供了<IfModule>、<Directory>、<Files>、<VirtualHost>等容器指令。其中，<VirtualHost>用于定义虚拟主机；<Directory>、< Files>等容器指令主要用来封装一组指令，使指令的作用域限制在容器指定的目录、文件。在容器中，通过使用访问控制命令，可实现对这些目录、文件的访问控制。常用的访问控制命令主要有 AllowOverride、Require、Options、Allow、Deny 等。

注意：Apache 对一个目录的访问权限的设置能够被下一级目录继承。

② 对目录、文件操作的容器。

<Directory>容器用于封装一组指令，使其对指定的目录及其子目录有效。该指令不能嵌套使用，其命令用法：

```
<Directory 目录名>
</ Directory>
```

容器中所指定的目录名可以采用文件系统的绝对路径，也可以是包含通配符的表达式。比如要禁止所有主机通过 Apache 服务访问文件系统的根目录，则配置指令为：

```
<Directory  "/" >
    AllowOverride none
    Require all denied
</Directory>
```

<Files>容器作用于指定的文件，而不管该文件实际存在于哪个目录。其命令用法为：

```
< Files 文件名>
</ Files>
```

文件名可以是一个具体的文件名，也可以使用“*”和“?”通配符。另外，还可使用正则表达式来表达多个文件，此时要在正则表达式前添加一个“-”符号。比如配置文件中的以下配置，将拒绝所有主机访问位于任何目录下的以.ht 开头的文件，如.htaccess 和.htpasswd

等系统重要文件。

```
<Files ".ht*">
    Require all denied
</Files>
```

该容器通常嵌套在<Directory>容器中使用，以限制其所作用的文件系统范围。

2. **配置虚拟主机**

所谓虚拟主机就是指将一台机器虚拟成多台 Web 服务器。举个例子来说，一家公司想提供主机代管服务，它为其他企业提供 Web 服务。那么它肯定不是为每一家企业都分别准备一台物理上的服务器，而是用一台功能较强大的大型服务器，然后用虚拟主机的形式，提供多个企业的 Web 服务。虽然所有的 Web 服务都是这台服务器提供的，但是让访问者看起来如同在不同的服务器上获得 Web 服务一样。可以利用虚拟主机服务将两个不同公司 wwwl.test.edu.cn 与 www2.test.edu.cn 的主页内容都存放在同一台主机上。而访问者只需输入公司的域名就可以访问到主页内容。虚拟主机对用户是透明的，就好像每个站点都在单独的一台主机上运行一样。

如果每个 Web 站点拥有不同的 IP 地址，则称为基于 IP 的虚拟主机；若每个站点的 IP 地址相同，但域名不同，则称为基于名字或主机名的虚拟主机，使用这种技术，不同的虚拟主机可以共享同一个 IP 地址，以解决 IP 地址缺乏的问题。

要实现虚拟主机，首先必须用 Listen 命令告诉服务器需要监听的地址和端口，然后为特定的地址和端口建立一个<Virtua1Host>容器，并在该容器中配置虚拟主机。

（1）基于主机名的虚拟主机

基于主机名（域名）的虚拟主机是根据客户端提交的 HTTP 头中，关于主机名部分决定的。配置虚拟主机之前，应首先配置 DNS 服务器，让每个虚拟主机的域名，都能解析到当前服务器所使用的 IP 地址，然后再配置 Apache 服务器，使其能辨识不同的主机名即可。

由于 SSL 协议自身的原因，基于主机名的虚拟主机不能做成 SSL 安全服务器。

① 虚拟主机的创建步骤。

步骤 1：在 DNS 服务器中为每个虚拟主机所使用的域名进行注册，让其能解析到 Web 服务器所使用的 IP 地址。

步骤 2：在 httpd.conf 配置文件中使用 Listen 指令，指定要监听的地址和端口。Web 服务器使用标准的 80 号端口，因此一般可配置为 Listen 80，让其监听当前服务器的所有地址上的 80 端口。

步骤 3：检查配置文件中目录以及文件的权限以及站点目录访问权限。

步骤 4：新建配置文件/etc/httpd/conf.d/vhost.conf。

在/etc/httpd/conf.d/vhost.conf 文件中，使用 NameVirtualHost 命令，为一个基于域名的虚拟主机指定将使用哪个 IP 地址和端口来接受请求。如果对多个地址使用了多个基于域名的虚拟主机，则对每个地址均要使用此指令。命令用法：

```
NameVirtualHost 地址 [: 端口 ]
```

端口号为可选项，若虚拟主机使用的是非标准的 80 端口，则应明确指定所使用的端口号。比如，若基于域名的虚拟主机使用 61.168.168.66 这个 IP 地址，则指定方法为：

```
NameVirtualHost  61.168.168.66
```

另外，也可表达为 NameVirtualHost *。此处的“*”通配任意的 IP 地址。当 IP 地址无法确定时，使用“*”是很方便的，比如，若服务器使用的是动态 IP 地址，而域名也是使用动态域名解析系统时，因为“*”匹配任何 IP 地址，无论 IP 地址如何变化，都不需要修改虚拟主机的配置。

若希望在一个 IP 地址上运行一个基于域名的虚拟主机，而在另外一个地址上运行一个基于 IP 的或是另外一套基于域名的虚拟主机，此时就必须使用具体的 IP 地址，而不能使用“*”。

步骤 5：在/etc/httpd/conf.d/vhost.conf 文件中使用<VirtualHost>容器命令定义每一个虚拟主机。<Virtua1Host>容器的参数必须与 NameVirtualHost 后面所使用的参数保持一致。

在<VirtualHost>容器中至少应指定 ServerName 和 DocumentRoot，另外可选的配置还有 ServerAdmin、DirectoryIndex、ErrorLog、CustomLog 等，大部分的配置命令都可用在<VirtualHost>容器中，但与进程控制相关的如 ServerRoot、Listen 和 NameVirtual 等不能使用。

② 应用示例.

假设当前服务器的 IP 地址为 192.168.1.201，现要在该服务器创建两个基于域名的虚拟主机，使用端口为标准的 80，其域名分别为 www.webl.com 和 www. web2.com，站点根目录分别为/var/www/webl 和/var/www/web2，错误日志文件分别放在/var/vhlogs/webl 和/var/vhlogs/web2 目录下面，Apache 服务器原来的主站点采用域名 www.web.com 进行访问。

服务器配置步骤如下：

步骤 1：注册虚拟主机所要使用的域名。

对于测试，可直接使用/etc/hosts/名称解析文件来进行域名的注册。对用于 Internet 的虚拟主机域名，则应在位于 Internet 的 DNS 服务器上进行注册登记。

```
# vi  /etc/hosts
```

在文件中添加以下内容：

```
192.168.1.201     www.web.com
192.168.1.201     www.webl.com
192.168.1.201     www.web2.com
```

保存退出 vi，用 ping 命令验证域名解析正常。

步骤 2：创建所需的目录。

```
# mkdir  /var/www/webl
# mkdir  /var/www/web2
# mkdir  /var/vhlogs/webl
# mkdir  /var/vhlogs/web2
```

步骤 3：编辑/etc/httpd/conf/httpd.conf 配置文件，设置 Listen 命令侦听的端口。

```
Listen 80
```

步骤 4：新建并配置文件/etc/httpd/conf.d/vhost.conf。

```
# vim  /etc/httpd/conf.d/vhost.conf
```

在/etc/httpd/conf.d/vhost.conf 文件中添加如下内容：

```
NameVirtualHost  192.168.1.201
<VirtualHost  192.168.1.201:80>
    ServerName www.web.com
    DocumentRoot /usr/local/apache/htdocs
```

```
    ServerAdmin webmaster@web.com
</VirtualHost>
<VirtualHost  192.168.1.201:80>
    ServerName www.web1.com
    DocumentRoot /var/www/webl
    ServerAdmin webmaster@web1.com
    ErrorLog /var/vhlogs/webl/error_log
</VirtualHost>
<VirtualHost  192.168.1.201:80>
    ServerName www.web2.com
    DocumentRoot /var/www/web2
    ServerAdmin webmaster@web2.com
    ErrorLog /var/vhlogs/web2/error_log
</VirtualHost>
```

保存并退出 vim。

步骤 5：重启 Apache 服务器。

```
# service httpd restart
```


步骤 6：测试。

在/var/www/webl 目录下编辑一个网页文件 index.htm，内容为 Welcome to Web1。

在/var/www/web2 目录下编辑一个网页文件 index.htm，内容为 Welcome to Web2。

打开浏览器，在地址栏中分别输入 http:// www.web.com、http:// www.web1.com、http:// www.web2.com，查看网页的内容是否正确。

（2）基于 IP 地址的虚拟主机

基于 IP 的虚拟主机拥有不同的 IP 地址，这就要求服务器必须同时绑定多个 IP 地址。不同的网站绑定到不同的地址，访问服务器上不同的网址（可以是域名也可以是 IP 地址）看到不同的网站。

① 基于 IP 地址的虚拟主机的创建步骤。

步骤 1：通过在服务器上安装多块网卡，或通过虚拟 IP 接口（Red Hat Linux 将其称为 IP 别名）来实现一个服务器多个地址。

步骤 2：在 httpd.conf 配置文件中使用 Listen 指令，指定要监听的地址和端口。

步骤 3：检查配置文件中目录以及文件的权限以及站点目录访问权限。

步骤 4：新建配置文件/etc/httpd/conf.d/vhost.conf。

在/etc/httpd/conf.d/vhost.conf 文件中，使用<VirtualHost>容器命令定义每一个虚拟主机。<Virtua1Host>容器的参数为 IP 地址。

在<VirtualHost>容器中至少应指定 ServerName 和 DocumentRoot，另外可选的配置还有 ServerAdmin、DirectoryIndex、ErrorLog、CustomLog 等，大部分的配置命令都可用在<VirtualHost>容器中，但与进程控制相关的如 ServerRoot、Listen 和 NameVirtual 等不能使用。

② 应用示例。

当前服务器有一张网卡 enp0s25，要求绑定两个 IP 地址，分别为 192.168.0.154,和 192.168.0.156。用于提供基于 IP 地址的虚拟主机。www.webl.com 对应地址 192.168.0.154，www. web2.com 对应地址 192.168.0.156，站点根目录分别为/var/www/webl 和/var/www/web2。

服务器配置步骤如下：

步骤 1：配置网卡的 IP 地址。

```
# ifconfig  enp0s25:0  192.168.0.154  up
# ifconfig  enp0s25:1  192.168.0.156  up
```

步骤 2：注册虚拟主机所要使用的域名。

```
# vi  /etc/hosts
```

在文件中添加以下内容：

```
192.168.0.154     www.web1.com
192.168.0.156     www.web2.com
```

保存退出 vi，用 ping 命令验证域名解析正常。

步骤 3：创建所需的目录。

```
# mkdir  /var/www/web1
# mkdir  /var/www/web2
```

步骤 4：编辑/etc/httpd/conf/httpd.conf 配置文件，设置 Listen 命令侦听的端口。

```
Listen 192.168.0.154:80
Listen 192.168.0.156:80
```

步骤 5：新建并配置文件/etc/httpd/conf.d/vhost.conf。

```
# vim  /etc/httpd/conf.d/vhost.conf
```

在/etc/httpd/conf.d/vhost.conf 文件中添加如下内容：

```
<VirtualHost  192.168.0.154:80>
   ServerName www.web1.com
   DocumentRoot /var/www/web1
   ServerAdmin webmaster@web1.com
</VirtualHost>
<VirtualHost  192.168.0.156:80>
   ServerName www.web2.com
   DocumentRoot /var/www/web2
   ServerAdmin webmaster@web2.com
</VirtualHost>
```

步骤 6：重启 Apache 服务器。

```
# service httpd restart
```

步骤 7：测试。

在/var/www/web1 目录下编辑一个网页文件 index.htm，内容为 Welcome to Web1。

在/var/www/web2 目录下编辑一个网页文件 index.htm，内容为 Welcome to Web2。

打开浏览器，在地址栏中分别输入 http:// www.web.com、http:// www.web1.com2、http:// www.web.com，查看网页的内容是否正确。

3. 为每个用户配置 Web 站点

为每个用户配置 Web 站点，可以使得在安装了 Apache 服务器的本地计算机上拥有有效用户账户的每个用户，都能够架设自己单独的 Web 站点。配置用户 Web 站点，需要修改/etc/httpd/conf.d/userdir.conf 配置文件，文件里默认情况下是不允许为每个用户进行站点配置的，所以需要修改 UserDir 命令的参数：

```
UserDir disable|enable [用户名]
```

如果不跟用户名，就意味着允许或禁止所有用户。出于安全考虑，一般都要求禁止 root 用户使用自己的个人站点。

同时该文件还提供了<Directory "/home/*/public_html">容器，用于设置每个用户 Web 站点目录的访问权限。用户的网站文件需放置在/home/*/public_html/目录下。

配置步骤如下：

步骤 1：修改配置文件/etc/httpd/conf.d/userdir.conf。

按照如下设置对 userdir.conf 文件中的相应内容进行修改并保存，然后重启 Apache 服务器。

```
<IfModule mod_userdir.c>
    # UserDir is disabled by default since it can confirm the presence
    # of a username on the system (depending on home directory
    # permissions).
    UserDir disabled root
    # To enable requests to /~user/ to serve the user's public_html
    # directory, remove the "UserDir disabled" line above, and uncomment
    # the following line instead:
    #UserDir public_html
</IfModule>

<Directory "/home/*/public_html">
    AllowOverride FileInfo AuthConfig Limit Indexes
    Options MultiViews Indexes SymLinksIfOwnerMatch IncludesNoExec
    <Limit GET POST OPTIONs>
        order allow,deny
        allow from all
    </Limit>
    <LimitExcept GET POST OPTIONs>
        order deny,allow
        deny from all
    </LimitExcept>
</Directory>
```

步骤 2：为每个用户的 Web 站点目录配置访问控制。

以 zs 用户为例，zs 需在其主目录下创建 public_html 目录，并且需将主目录（/home/zs）的权限设置为 711，将其网站目录（/home/zs/public_html）的权限设置为 755：

```
[zs@MyLinux ~]$mkdir public_html
[zs@MyLinux ~]$cd ..
[zs@MyLinux home]$chmod 711 /home/zs
[zs@MyLinux home]$chmod 755 /home/zs/public_html
```

步骤 3：允许用户 http 访问其主目录，该设定限仅于用户的家目录主页。

```
#chcon  -R  -t  httpd_sys_content_t  /home/zs/ public_html/
#setsebool  -P  httpd_enable_homedirs  1
```

注意：如果不设置，浏览网页时将会被拒绝。

步骤 4：用户 zs 将网页文件 index.html 复制到/home/zs/public_html 目录下，这样在浏览

器的地址栏输入 http://网址/～zs，即可访问用户 zs 的个人网站。

4. 基于主机的授权

Apache 服务器的管理员需要对一些关键信息进行保护，即只能是合法用户才能访问这些信息。Apache 服务器提出了两种方法：一种是基于主机的授权，另一种是基于用户的认证。

基于主机的授权通过修改 httpd.conf 文件即可完成，对容器<Directory "/var/www/html/secret">的访问权限通过命令 Require 进行设置。Require 配置命令的使用说明如表 12-1 所示。

表 12-1 Require 配置指令的使用说明

命　令	作　用
Require all granted	允许所有请求访问资源
Require all denied	拒绝所有请求访问资源
Require env env-var [env-var] …	当指定环境变量设置时允许访问
Require method http-method [http-method] …	允许指定的 http 请求方法访问资源
Require expr expression	当 expression 返回 true 时允许访问资源
Require user userid [userid] …	允许指定的用户 id 访问资源
Require group group-name [group-name] …	允许指定的组内的用户访问资源
Require valid-user	所有有效的用户可访问资源
Require ip 10.172.20 192.168.20	允许指定 IP 的客户端可访问资源
Require not group select	在 select 组内的用户不可访问资源

基于主机的授权操作步骤如下：

步骤 1：创建目录 secret。

执行如下命令，在/var/www/html/目录中创建一个目录 secret，然后将网页文件复制到这个目录中。

```
# mkdir /var/www/html/secret
# cp 网页文件 /var/www/html/secret/
```

步骤 2：修改主配置文件 httpd.conf。

假设授权主机 IP 地址为 192. 168. 0. 154，在 httpd.conf 文件末尾添加如下内容，并保存 httpd.conf 文件。

```
<Directory "/var/www/html/secret ">
    #Require all granted
     Require ip 192.168.0.154
</Directory>
```

步骤 3：重启 Apache 服务器。

```
# systemctl restart httpd.service
```

步骤 4：测试。

在 IP 地址为 192.168.0.154 的主机上访问该 WWW 服务器，在浏览器的地址栏中输入 http://192.168.0.154/secret，访问被拒绝（注意，这是对本机的测试，主要说明配置指令的用法）。

读者可以对步骤 2 的配置进行调整，注意修改 httpd.conf 文件后要重启 Apache 服务器，查看不同的授权情况。

5. 基于用户的认证

对于安全性要求较高的场合，一般采用基于用户认证的方法，该方法与基于主机的授权方法有一定关系。当用户访问 Apache 服务器的某个目录时，会先根据 httpd.conf 文件中 Directory 容器的设置来决定是否允许用户访问该目录。如果允许，还会继续查找该目录或其父目录中是否存在.htaccess 文件，用来决定是否要对用户进行身份认证。基于用户的认证方法可以在 httpd.conf 文件中进行配置，也可以在.htaccess 文件中进行配置，下面分别介绍它们的配置过程。

（1）在主配置文件中配置认证和授权

步骤 1：创建目录 auth。

执行如下命令在/var/www/html/目录中创建一个目录 auth，然后将网页文件复制到这个目录中。

```
# mkdir  /var/www/html/auth
# cp 网页文件 /var/www/html/auth/
```

步骤 2：修改主配置文件 httpd.conf，配置用户认证。

在 httpd.conf 文件末尾添加如下内容，并保存。其中的 AllowOverride None 表示不使用.htaccess 文件，直接在 httpd.conf 文件中进行认证和授权配置。

```
<Directory  "/var/www/html/auth ">
    AllowOverride None
    AuthName "auth"
    AuthUserFile /etc/httpd/conf/authpasswd
    Requir user auth me
</Directory>
```

步骤 3：重启 Apache 服务器。

```
# systemctl restart httpd.service
```

步骤 4：创建 Apache 用户。

只有合法的 Apache 用户才能访问相应目录下的资源，Apache 服务器软件包中有一个用于创建 Apache 用户的工具 htpasswd，执行如下命令，添加一个名为 auth 的 Apache 用户。

```
# htpasswd -c /etc/httpd/conf/authpasswd auth
```

htpasswd 命令的参数“-c”，表示创建一个新的用户密码文件（authpasswd），这只是在添加第一个 Apache 用户时是必需的，此后再添加 Apache 用户或修改 Apache 用户密码时，就可以不加该参数了，按照此方法，再为 Apache 添加一个用户 me。

```
# htpasswd /etc/httpd/conf/authpasswd me
```

可以通过 cat /etc/httpd/conf/authpasswd 命令查看刚添加的两个 Apache 用户信息。

步骤 5：测试。

假设 WWW 服务器 IP 地址为 192.168.0.154，在其他主机上访问该 WWW 服务器，在浏览器的地址栏中输入 http://192.168.0.154/auth，会弹出对话框，要求输入用户名和密码，输入合法的 Apache 用户名和密码，单击“确定”按钮，注意用户名和密码是步骤 4 创建的，那么就可访问相应的网页了。

（2）在.htaccess 文件中配置认证和授权

如果选定了让.htaccess 文件取代目录选项，在目录.htaccess 中的配置文件优先得到执行。

下面的配置是假设/var/www/html/auth 和容器<Directory "/var/www/html/auth ">存在。

步骤 1：修改主配置文件 httpd .conf。

将前面步骤 2 的设置修改为如下内容，并保存。

```
<Directory  "/var/www/html/auth ">
   AllowOverride AuthConfig
   #AllowOverride None
   #AuthName "auth"
   #AuthUserFile /etc/httpd/conf/authpasswd
   #Requir user auth me
</Directory>
```

步骤 2：生成.htaccess 文件。

新建/var/www/html/auth/.htaccess 文件，文件内容如下：

```
AuthType Basic
AuthName "auth"
AuthUserFile /etc/httpd/conf/authpasswd
Requir user auth me
```

步骤 3：测试。

假设 WWW 服务器 IP 地址为 192.168.0.154，在其他主机上访问该 WWW 服务器，在浏览器的地址栏中输入 http://192.168.0.154/auth 进行测试。

注意：所有的认证配置命令既可以出现在主配置文件 httpd.conf 的 Directory 中，也可以出现在.htaccess 文件中。该文件中常用的配置命令及其作用如表 12-2 所示。

表 12-2 .htaccess 文件中常用的配置命令及其作用

配置命令	作用
AuthName	指定认证区域名称，该名称是在提示对话框中显示给用户的
AuthType	指定认证类型
AuthUserFile	指定一个包含用户名和密码的文本文件
AuthGroupFile	指定包含用户组清单和这些组的成员清单的文本文件
Requir	Require user user1 user2，只有用户 user1、user2 可以访问 Require group zgroup 只有组 zgroup 中成员可以访问 Require valid-user，在 AuthUserFile 指定文件中的任何用户都可访问

12.3.5 配置 Apache 服务器 CGI 运行环境

Web 浏览器、Web 服务器和 CGI 程序之间的一个工作流程：

（1）用户通过 Web 浏览器访问 CGI 程序。

（2）Web 服务器接收用户请求，并交给 CGI 程序处理。

（3）GGI 程序根据输入数据执行操作，如查询数据库、计算数值或调用系统中其他程序。

（4）CGI 程序产生某种 Web 服务器能理解的输出结果。

（5）Web 服务器接收来自 CGI 程序的输出并且把它传回 Web 浏览器。

1. Perl 语言解释器

默认情况下，Red Hat Enterprise Linux 安装程序会将 Perl 语言解释器安装在系统上，如果没有安装请自行安装，命令如下：

```
# rpm -ivh  perl-xxxxxxx.rpm
```

2. **测试 CGI 运行环境**

新建/var/www/cgi-bin/test.cgi 的文件，内容如下：

```
# ! /user/bin/perl
print  "Content-type:text/html \n\n";
print  "Hello World! \n";
```

给 test.cgi 文件添加运行权限，执行命令：

```
# chmod a+x /var/www/cgi-bin/test.cgi
```

在浏览器的地址栏中输入 http://192.168.0.154/cgi-bin/test.cgi 进行测试。

3. **配置 httpd.conf 支持 CGI**

这一步与上面有区别，CGI 脚本文件放在/var/www/cgi-bin 之外的地方。在 httpd.conf 文件中，找到“#AddHandler cgi-cript .cgi .pl”语句，删除前面的#即可。该语句告诉 Apache 扩展名.cgi、.pl 的文件是 CGI 程序。在 httpd.conf 文件最后添加如下内容，并保存。

```
<Directory  "/var/www/html/cgi ">
   Options ExecCGI
</Directory>
```

执行“service httpd restart”命令重启 Apache 服务器。

创建/var/www/html/cgi 目录：

```
# mkdir /var/www/html/cgi
```

新建/var/www/html/cgi/test.cgi、/var/www/html/cgi/test.pl 的文件，内容和上面一样。

设置权限：

```
# chcon  -R  -t  /var/www/html/cgi
```

在浏览器的地址栏中输入 http://192.168.0.154/cgi /test. pl 进行测试。

在浏览器的地址栏中输入 http://192.168.0.154/cgi /test.cgi 进行测试。

12.4 任务实施

步骤 1：架设 Web 服务器

（1）安装 Apache 软件包。

① 将包含 Apache 软件包的 U 盘挂载，操作如下：

```
[root@MyLinux ~]# mkdir /mnt/usb
[root@MyLinux ~]# mount /dev/sdb1 /mnt/usb
[root@MyLinux ~]# cd //mnt/usb/Packages/web
```

② 使用 rpm 命令安装 Apache 软件包，操作如下：

```
[root@MyLinux web]# rpm -ivh httpd-2.4.6-17.el7.x86_64.rpm
[root@MyLinux web]# rpm -ivh httpd-tools-2.4.6-17.el7.x86_64.rpm
```

③ 检查安装是否成功，操作命令如下：

```
[root@MyLinux web]# rpm -q httpd
 httpd-2.4.6-17.el7.x86_64
```

（2）安装 PHP 软件包。

```
[root@MyLinux php]# rpm -ivh php-5.4.16-21.el7.x86_64.rpm --nodeps
[root@MyLinux php]# rpm -ivh php-cli-5.4.16-21.el7.x86_64.rpm -nodeps
[root@MyLinux php]# rpm -ivh php-common-5.4.16-21.el7.x86_64.rpm -nodeps
[root@MyLinux php]# rpm -ivh php-mysql-5.4.16-21.el7.x86_64.rpm --nodeps
```

（3）安装 MySql 软件包。

```
[root@MyLinux mysql]# rpm -ivh mysql-community-server-5.7.4-0.2.m14.el7.x86_64.rpm
--nodeps
[root@MyLinux mysql]# rpm -ivh mysql-community-common-5.7.4-0.2.m14.el7.x86_64.rpm
--nodeps
[root@MyLinux mysql]# rpm -ivh mysql-community-libs-5.7.4-0.2.m14.el7.x86_64.rpm
--nodeps
[root@MyLinux mysql]# rpm -ivh mysql-community-embedded-5.7.4-0.2.m14.el7.x86_64.rpm
--nodeps
```

（4）为 MySQL 数据库管理员设置密码。

```
[root@MyLinux mysql]# service mysql start
[root@MyLinux mysql]# mysqladmin -u root password 123456
```

（5）启动 Apache 服务，使 PHP、MySQL 通过 Apache 服务相互关联。

```
[root@MyLinux ~]# service httpd start
```

（6）配置 Apache 服务器的 IP 地址，可以单卡双地址，也可以双卡双地址。

```
[root@MyLinux mysql]# vi /etc/sysconfig/network-scripts/ifcfg-eno16777736
[root@MyLinux mysql]# vi /etc/sysconfig/network-scripts/ifcfg-eno33554984
[root@MyLinux mysql]# service network restart
[root@MyLinux mysql]# ifconfig
eno16777736: flags=4163<UP,BROADCAST,RUNNING,MULTICAST>  mtu 1500
        inet 192.168.1.8  netmask 255.255.255.0  broadcast 192.168.1.255
        inet6 fe80::20c:29ff:fe18:d231  prefixlen 64  scopeid 0x20<link>
        ether 00:0c:29:18:d2:31  txqueuelen 1000  (Ethernet)
…
eno33554984: flags=4163<UP,BROADCAST,RUNNING,MULTICAST>  mtu 1492
        inet 192.168.1.6  netmask 255.255.255.0  broadcast 192.168.1.255
        inet6 fe80::20c:29ff:fe18:d23b  prefixlen 64  scopeid 0x20<link>
        ether 00:0c:29:18:d2:3b  txqueuelen 1000  (Ethernet)
…
```

（7）修改 DNS 服务器的 szy.com 区数据文件 szy.com.hosts。

```
[root@MyLinux /]vi /var/named/szy.com.hosts
```

添加内容如下：

```
oa      IN      A       192.168.1.8
sales   IN      A       192.168.1.8
fs      IN      A       192.168.1.6
```

重新启动 DNS 服务器，并测试：

```
[root@MyLinux ~]# service named restart
```

步骤 2：配置 Web 服务器

（1）发布公司主网站 www.szy.com。

① 创建所需的目录。

```
[root@MyLinux ~]# mkdir  /var/www/web
[root@MyLinux ~]# chmod  775  /var/www/web
```

② 将网站文件复制到该目录，注意权限。首页文件名为 index.htm 或 index.php。

③ 编辑/etc/httpd/conf/httpd.conf 配置文件，修改内容如下：

```
Listen 80
ServerAdmin root@szy.com
ServerName www.szy.com:80
DocumentRoot "/var/www/web"
DirectoryIndex index.html  index.htm  index.php  default.php
```

④ 重启 Apache 服务。

```
[root@MyLinux ~]# service  httpd  restart
```

⑤ 测试，打开浏览器，在网址栏输入 http://www.szy.com，将打开公司网站的首页。

（2）运行公司销售系统 sales.szy.com。

① 创建所需的目录。

```
[root@MyLinux ~]# mkdir  /var/www/sales
[root@MyLinux ~]# chmod  775  /var/www/sales
[root@MyLinux ~]# mkdir   /var/vhlogs/www
[root@MyLinux ~]# chmod  777   /var/vhlogs/www
[root@MyLinux ~]# mkdir   /var/vhlogs/sales
[root@MyLinux ~]# chmod  777   /var/vhlogs/sales
```

② 将网站文件复制到/var/www/sales 目录，注意权限。首页文件名为 index.htm 或 index.php。

③ 新建并配置文件/etc/httpd/conf.d/vhost.conf。

```
[root@MyLinux ~]# vim  /etc/httpd/conf.d/vhost.conf
```

在/etc/httpd/conf.d/vhost.conf 文件中添加如下内容：

```
NameVirtualHost  192.168.1.8:80
<VirtualHost  192.168.1.8:80>
    ServerName  www.szy.com
  DocumentRoot  /var/www/web
  ServerAdmin  root@szy.com
  ErrorLog  /var/vhlogs/www/error_log
</VirtualHost>
<VirtualHost  192.168.1.8:80>
    ServerName  salesadmin.szy.com
    DocumentRoot  /var/www/sales
    ServerAdmin  sales@szy.com
    ErrorLog  /var/vhlogs/sales/error_log
</VirtualHost>
```

保存并退出 vim。

④ 重启 Apache 服务器。

```
#service httpd restart
```

⑤ 测试。打开浏览器，在网址栏输入 http://www.szy.com，将打开公司网站的首页；在网

址栏输入 http://sales.szy.com，将运行销售系统软件。

（3）运行公司 OA 系统 oa.szy.com。

① 创建所需的目录。

```
[root@MyLinux ~]# mkdir  /var/www/oa
[root@MyLinux ~]# chmod  775  /var/www/oa
[root@MyLinux ~]# mkdir   /var/vhlogs/oa
[root@MyLinux ~]# chmod  777   /var/vhlogs/oa
```

② 将网站文件复制到/var/www/oa 目录，注意权限。首页文件名为 index.htm 或 index.php。

③ 编辑/etc/httpd/conf/httpd.conf 配置文件，修改内容如下：

```
Listen 80
Listen 8080
```

④ 修改配置文件/etc/httpd/conf.d/vhost.conf。

```
[root@MyLinux ~]# vim  /etc/httpd/conf.d/vhost.conf
```

在/etc/httpd/conf.d/vhost.conf 文件中添加如下内容：

```
<VirtualHost  192.168.1.8:8080>
    ServerName  oaadmin.szy.com
    DocumentRoot  /var/www/oa
    ServerAdmin  oa@szy.com
    ErrorLog  /var/vhlogs/oa/error_log
</VirtualHost>
```

保存并退出 vim。

⑤ 重启 Apache 服务器。

```
#service httpd restart
```

⑥ 测试。打开浏览器，在网址栏输入 http://www.szy.com，将打开公司网站的首页；在网址栏输入 http://sales.szy.com，将运行销售系统；在网址栏输入 http://oa.szy.com，将运行 OA 系统。

（4）运行公司 fs 系统 fs.szy.com。

① 创建所需的目录。

```
[root@MyLinux ~]# mkdir  /var/www/fs
[root@MyLinux ~]# chmod  775  /var/www/fs
[root@MyLinux ~]# mkdir   /var/vhlogs/fs
[root@MyLinux ~]#c hmod  777   /var/vhlogs/fs
```

② 将网站文件复制到/var/www/fs 目录，注意权限。首页文件名为 index.htm 或 index.php。

③ 修改配置文件/etc/httpd/conf.d/vhost.conf。

```
[root@MyLinux ~]# vim  /etc/httpd/conf.d/vhost.conf
```

④ 在/etc/httpd/conf.d/vhost.conf 文件中添加如下内容：

```
<VirtualHost  192.168.1.6:80>
    ServerName  fs.szy.com
    DocumentRoot  /var/www/fs
    ServerAdmin  fsadmin@szy.com
    ErrorLog  /var/vhlogs/fs/error_log
</VirtualHost>
```

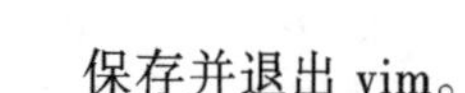

保存并退出 vim。

⑤ 重启 Apache 服务器。

```
#service httpd restart
```

⑥ 测试。打开浏览器，在网址栏输入 http://www.szy.com，将打开公司网站的首页；在网址栏输入 http://sales.szy.com，将运行销售系统；在网址栏输入 http://oa.szy.com，将运行 OA 系统；在网址栏输入 http://fs.szy.com，将运行财务系统。

阅读与思考：数字地球——21 世纪认识地球的方式

卫星系统：已达到了制作精确详图的水准，而在过去这只能由飞机摄影才能办到。这种首先在美国情报界研制出来的卫星图像技术非常精确。

宽带网络：整个数字化地球所需的数据将被保存在千万个不同的机构里，而不是放在一个单独的数据库里。这就意味着参与数字地球的各种服务器需由高速的种种计算机网络连接起来。在因特网通信量爆炸性增加的驱使下，电信营运部门已经试用了每秒可以传送一万兆比特的数据的网络。下一代因特网的技术目标之一就是每秒传送一百万兆比特的数据。要使具有如此能力的宽带网络把大多数家庭都接通，这还需要时间，这就是为什么有必要把连通数字地球的站点放在像儿童博物馆和科学博物馆这样的公共场所。

互操作：因特网和万维网能有今天的成功，离不开当时出现的几项简明并受到广泛赞同的协议，如网际协议（Internet Protocols）。数字地球同样需要某种水准的互操作，以至由一种应用软件制作出的地理信息能够被其他软件通用，地理信息系统产业界正在通过“开放地理信息系统集团（Open GIS Consortium）”来寻求解决这方面问题的答案。

元数据：元数据是指“有关数据的数据”。为了便于卫星图像或是地理信息发挥作用，有必要知道有关的名称、位置、作者或来源、时间、数据格式、分辨率等。联邦地理数据委员会（FGDC）正同工业界，以及地方政府合作，为元数据制定自发的标准。

当然，要充分实现数字地球的潜力还有待技术的进一步改进，特别是这些领域：卫星图像的自动解译，多源数据的融合和智能代理，这种智能代理能在网上找出地球上的特定点并能将有关它的信息连接起来的。所幸的是，现在已有的条件足够保证人们去实施这一令人激动的创想。

潜在的应用

广泛而又方便地获得全球地理信息使得数字地球可能的应用广阔无比，并远远超出人们的想象力。看看现今主要是由工业界和其他一些公共领导机构驱动的地理信息系统和传感器数据的应用，就可以从中对数字地球应用的种种可能性有一个概貌。

指导仿真外交：为了支持波斯尼亚地区的和平谈判，美国国防部开发出了一个对于有争议边界地区的仿真景观，它能让谈判双方对此地区上空作模拟飞行。

打击犯罪：加利福尼亚州的萨里拉斯城市，运用地理信息系统来监视犯罪方式和集团犯罪活动情况，从而减少了青年手枪暴行。根据收集到的犯罪活动的分布和频率，该城还可以迅速对警察进行重新部署。

保护生态多样性：加利福尼亚地区的庞得隆野营地计划局预计，该地区的人口将从 1990 年的 110 万增到 2010 年的 160 万。该区有 200 多种动植物被联邦或州署列为受到危险、威胁或是濒于灭绝的动植物。科学家们依据收集到的有关土地、土壤类型、年降雨量、植被、土地利用以及物主等方面的信息，模拟出不同的地区发展计划对生态多样性的影响。

预报气候变化：在模拟气候变化上的一个重要未知量是全球的森林退化率。美国新罕布什尔州大学的研究人员与巴西的同事们合作，通过对卫星图像的分析，监测亚马孙地区土地覆盖的变化，从而得出该地区的森林退化率以及相应位置。这一技术现在正向世界上其他森林地区推广。

提高农业生产率：农民们已经开始采用卫星图像和全球定位系统对病虫害进行较早的监测，以便确定出田地里那些更需要农药、肥料和水的部分。这被人们称为准确耕种或"精细农业"。

今后的路

我们有一个空前的机遇，来把有关我们社会和地球的大量原始数据转变为可理解的信息。这些数据除了高分辨率的卫星图像、数字化地图，也包括经济、社会和人口方面的信息。如果做得成功，将带来广阔的社会和商业效益，特别是在教育、可持续发展的决策支持、土地利用规划、农业以及危机管理等方面。数字地球计划将给予人们机会去对付人为的或是自然界的种种灾害，或者说能帮助人们在人类面临的长期的环境挑战面前通力合作。

数字地球提供一种机制，引导用户寻找地理信息，也可供生产者出版它。它的整个结构包括以下几个方面：一个供浏览的用户界面，一个不同分辨率的三维地球；一个可以迅速充实的联网的地理数据库以及多种可以融合并显示多源数据的机制。

把数字地球同万维网进行比较是有建设性意义的（事实上它可能依据万维网和因特网的几个关键标准来建立）。数字地球也会像万维网一样，随着技术的进步以及可提供的信息的增加而不断改进。它不是由一个单独的机构来掌握，而是由公共信息查询、商业产品和成千上万不同机构提供的服务组成。就像万维网的关键是互操作一样，对于数字地球，至关重要的能力是找出并显示不同格式下的各种数据。

应该相信，要使数字地球轰轰烈烈地发展起来的最初方式在于建立一个由政府、工业界和研究单位都参与的实验站。该站的目标应集中在以下若干方面的应用上：教育、环境、互操作以及如私有化等方面的有关政策问题。当相应的原型完成后，这就可能通过高速网络在全国多个地方试用，并在因特网上以有限程度方式对公众开放。

数字地球不会在一夜之间发生。

第一阶段，应集中精力把已有的不同渠道的数据融合起来，也应该把儿童博物馆和科学博物馆接上如同前面说的"下一代因特网"一样的高速网络，让孩子们能在这里探索我们的星球。应该鼓励大学同地方学校及博物馆合作来加强数字地球项目的研究——目前可能应集中在当地的地理信息上。

下一步，应该致力于研制一米分辨率的数字化世界地图。

从长远看，应当努力寻求使有关星球和历史的各个领域的数据唾手可得。

资料来源：转自：http://www.digitalearth.net.cn/readingroom/c_gore.htm，此处有删改。

作业

1. 配置 WWW 服务器是 Linux 平台的重要工作之一，而 Apache 目前是应用最为广泛

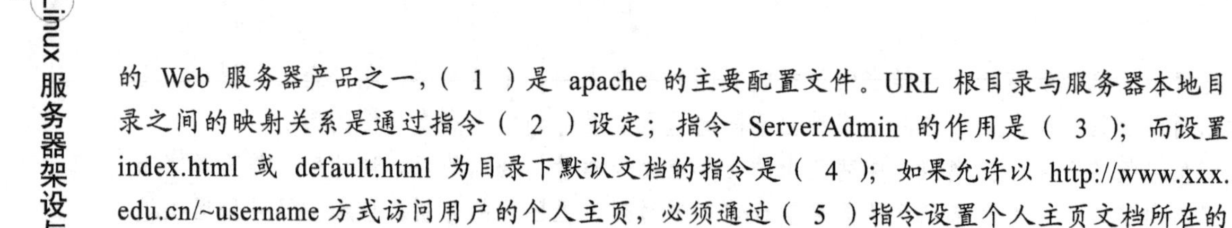

的 Web 服务器产品之一，（ 1 ）是 apache 的主要配置文件。URL 根目录与服务器本地目录之间的映射关系是通过指令（ 2 ）设定；指令 ServerAdmin 的作用是（ 3 ）；而设置 index.html 或 default.html 为目录下默认文档的指令是（ 4 ）；如果允许以 http://www.xxx.edu.cn/~username 方式访问用户的个人主页，必须通过（ 5 ）指令设置个人主页文档所在的目录。

（1）A. httpd.conf　B. srm.conf　C. access.conf　D. apache.conf

（2）A. WWWRoot　B. ServerRoot　C. ApacheRoot　D. DocumentRoot

（3）A. 设定该 WWW 服务器的系统管理员账户

B. 设定系统管理员的电子邮件地址

C. 指明服务器运行时的用户账户，服务器进程拥有该账户的所有权限

D. 指定服务器 WWW 管理界面的 URL，包括虚拟目录、监听端口等信息

（4）A. IndexOptions　B. DirectoryIndex

C. DirectoryDefault　D. Indexlgnore

（5）A. VirtualHost　B. VirtualDiretory

C. UserHome　D. Userdir

2. Linux 操作系统中，最常用的 Web 服务器是（　　）。

A. Apache　B. IIS　C. Tomcat　D. PWS

3. 启动 Apache 服务器的命令是（　　）。

A. service apache start　B. server http start

C. service httpd start　D. service httpd reload

4. 使用 RPM 软件包安装的 Apache 服务器，其配置文件位于（　　），默认的站点根目录是（　　）。

A. /etc/httpd.conf　B. /etc/httpd/conf/httpd.conf

C. ./var/www/html　D. /var/www

5. 若要设置 Web 站点根目录的位置，应在配置文件中通过（　　）配置语句来实现。

A. ServerRoot　B. ServerName　C. DocumentRoot　D. DirectoryIndex

6. 若要设置网页默认使用的字符为简体中文，则应在配置文件添加（　　）配置项。

A. DefaultCharset GB2312　B. AddDefaultCharset GB2312

C. DefaultCharest ISO-8859-1　D. AddDefaultCharset GB5

7. 若要设置 Apache 服务器允许持续连接。则应在配置文件中添加（　　）配置项。

A. KeepAlive On　B. KeepAliveTimeout 10

C. MaxKeepAliveRequests 100　D. KeepConnect On

8. 设置站点的默认主页，可在配置文件中通过（　　）配置项来实现。

A. RootIndex　B. ErrorDocument

C. Documentroot　D. DirectoryIndex

9. 以下描述中，不正确的是（　　）。

A. Apache 服务器，可支持.htm、.html 和.php 网页的解析

B. 以模块方式编译安装 PHP 解释器后，必须在 httpd.conf 配置文件中加载 PHP 模块并增加.php 文件类型。Apache 服务器才能支持对 PHP 页面的解析

C. 对.php页面的解析是由客户端浏览器负责的，因此，服务器端可以不安装

D. 对MySql数据库的管理，可使用phpmyadmin管理工具来实现。

10. 什么是Web服务器？它是如何工作的？

11. 什么是虚拟主机？它有哪些类型？

12. 建立Web服务器。

（1）服务器名为www.mylinux.cn，网站主目录为/var/www/，站点主页文件的搜索顺序为index.html defalt.html；服务器启动时的子进程数为8；使用端口为80。

（2）每个同学为自己建立个人主页空间，并对自己做限额，软限制块数130 000，硬限制块数150 000，i结点数不受限制。每个同学都属于wl0505组，组的限额是用户限额的50倍。

（3）建立基于IP的虚拟主机：

```
www.mylinux.cn    192.168.1.131         目录为/var/www
wl0505. mylinux.cn  192.168.1.132       目录为/var/wl0505
```

（4）建立基于域名的虚拟主机：

```
www. mylinux.cn      192.168.1.131      目录为/var/www
wl0506. mylinux.cn   192.168.1.131      目录为/var/wl0506
```

（5）建立基于端口的虚拟主机：

```
www. mylinux.cn      192.168.1.131: 80    目录为/var/www
www. mylinux.cn      192.168.1.131: 8080  目录为/var/wl05
```

FTP 服务器的配置与管理

FTP（File Transfer Protocol，文件传输协议）服务器利用文件传输协议实现文件的上传与下载服务，从而实现文件存储和交换的目的。FTP 服务也是目前 Internet 应用很广泛的服务之一，利用 FTP 服务，可实现将 Web 站点所需的文件上传到远程的 Web 服务器，或者从服务器下载到本地。

13.1 企业需求

公司为了宣传最新的产品信息，计划搭建 FTP 服务器，为客户提供相关文档的下载。对所有互联网开发共享目录，允许下载产品信息，禁止上传。公司的合作单位能够使用 FTP 服务器进行上传和下载，但不可以删除数据。并且为保证服务器的稳定性，需要进行适当的优化。

13.2 任务分析

根据公司的业务需求，需要搭建一个文件传输、存储服务器，经研究决定在 Linux 操作系统的计算机上构建 FTP 服务器。FTP 服务器的软件选用 vsftpd，且假设 vsftpd 的 rpm 软件包已经下载存放在 U 盘。要求客户端与服务器可以通过网络正常通信。具体任务如下：

（1）构建一个 FTP 服务器，提供文件下载和上传功能。

（2）对不同用户进行不同的权限限制。

（3）FTP 服务器需要实现用户的审核。

（4）考虑到服务器的安全性，关闭实体用户登录，使用虚拟账户验证机制，并对不同虚拟账号设置不同的权限。

（5）为保证服务器的性能，还需根据用户的等级限制客户端的连接数以及下载速度。

13.3 知识背景

FTP 服务最早应用于主机之间进行数据传输。虽然现在有很多种文件传输方式，但是由于 FTP 的操作十分简单，因此仍然受到人们的青睐。

13.3.1 FTP 概述

FTP 协议定义了一个在远程计算机系统和本地计算机系统之间传输文件的一个标准。FTP 位于 OSI 参考模型的应用层，并利用 TCP 协议在不同主机间提供可靠的数据传输服务，即可以通过网络将文件从一台主机传送到网络的另一台主机上，而不受计算机类型和操作系统类型的限制。

FTP 分为两种工作模式：主动模式（Active ）与被动模式（Passive ）。

1. **主动模式工作原理**

即 Port 模式，客户端从一个任意的非特权端口 N（N>1024）连接到 FTP 服务器的命令端口，也就是 21 端口。然后客户端开始监听端口 N+1， 并发送 FTP 命令“port N+1”到 FTP 服务器。接着服务器会从它自己的数据端口（20）连接到客户端指定的数据端口（N+1）。

因此，主动模式下 FTP 服务器的控制端口是 21，数据端口是 20，所以在做静态映射的时候只需要开放 21 端口即可，它会用 20 端口和客户端主动发起连接。

2. **被动模式工作原理**

在主动模式中传输数据时，服务器是主动连接客户端的数据端口（>1024）。但如果客户端存在防火墙，那么当服务器端在连接客户端数据端口时，就有可能被防火墙阻挡。为了解决服务器发起到客户的连接的问题，人们开发了一种不同的 FTP 连接方式。这就是被动方式，或者称为 PASV，当客户端通知服务器它处于被动模式时才启用。

在被动方式 FTP 中，命令连接和数据连接都由客户端发起，这样就可以解决从服务器到客户端的数据端口的入方向连接被防火墙过滤掉的问题。当开启一个 FTP 连接时，客户端打开两个任意的非特权本地端口（N > 1024 和 N+1）。第一个端口连接服务器的 21 端口，但与主动方式的 FTP 不同，客户端不会提交 PORT 命令并允许服务器来回连它的数据端口，而是提交 PASV 命令。这样做的结果是服务器会开启一个任意的非特权端口（P > 1024），并发送 PORT P 命令给客户端。然后客户端发起从本地端口 N+1 到服务器的端口 P 的连接用来传送数据。

因此，被动模式下 FTP 服务器的控制端口是 21，数据端口是随机的，且是客户端去连接对应的数据端口，所以静态的映射只开放 21 端口是不可以的，此时需要做 DMZ。

13.3.2 vsftpd

vsftpd 是 very secure FTP daemon 的缩写，安全性是它的一个最大的特点。vsftpd 是一个 UNIX 类操作系统上运行的服务器的名字，它可以运行在诸如 Linux、BSD、Solaris、HP-UNIX 等系统上面，是一个完全免费的、开发源代码的 FTP 服务器软件，支持很多其他的 FTP 服务器所不支持的特征。比如，非常高的安全性需求、带宽限制、良好的可伸缩性、可创建虚拟用户、支持 IPv6、速率高等。

vsftpd 是一款在 Linux 发行版中最受推崇的 FTP 服务器程序，是 Red Hat Linux 默认使用的 FTP 服务器端软件，其特点是小巧轻快，安全易用。vsftpd 可同时允许匿名（anonymous）与本地用户（local）访问。

13.3.3 安装 vsftpd 服务器软件包

目前几乎所有的 Linux 发行版都自带了 FTP 服务器，Red Hat 系列的 Linux 发行版自带了 vsftpd 服务器，在安装 Linux 系统时选择“FTP 服务器”套件即可。如果没有安装 FTP 服务器，也可以从安装光盘或网络获得 vsftpd 服务器的 rpm 安装软件包进行安装。若不清楚 Linux 系统中是否安装 vsftpd 服务器，可以使用 rpm 查询命令进行查询：

```
# rpm  -q  vsftpd
vsftpd-3.0.2-9.el7.x86_64
```

查询结果输出了 vsftpd 软件包的名称则表示已经安装。若未安装，则可利用软件包来直接安装。安装应先准备软件包，可以挂载安装光盘，又或者将软件包复制到系统硬盘上。然后使用 yum 安装或 rpm 命令进行安装。例如：

```
# rpm -ivh vsftpd-3.0.2-9.el7.x86_64.rpm
# rpm -ivh ftp-0.17-66.el7.x86_64.rpm
```

守护进程：vsftpd (/usr/sbin/vsftpd)。

启动脚本： usr/lib/systemd/system/vsftpd.service。

使用端口：20（ftp-data）、21（ftp）。

配置文件：/etc/vsftpd/vsftpd.conf。

查看配置文件帮助：man vsftpd.conf。

13.3.4 启动 vsftpd 服务器

安装好 vsftpd 软件包之后，就可以启动 vsftpd 服务器。

（1）启动命令：

```
# systemctl start vsftpd.service
```

或

```
# service vsftpd start
```

（2）重启命令：

```
# systemctl restart vsftpd.service
```

或

```
# service vsftpd restart
```

（3）停止命令：

```
# systemctl stop vsftpd.service
```

或

```
# service vsftpd stop
```

需要注意的是，上面的这些方法启动的 vsftpd 服务只能运行到计算机关闭之前，下次系统重新启动之后就又需要重新启动 vsftpd 服务，如果需要随系统自动启动 vsftpd 服务，可以使用如下操作命令：

```
# systemctl enable vsftpd.service
```

查看 vsftpd 服务器的运行状态：

```
# service vsftpd status
```

vsftpd 服务器安装并启动服务后，用其默认配置，就可以正常工作了。vsfpd 默认的匿名用户账户为 ftp，密码也为 ftp，默认允许匿名用户登录，登录后所在的 FTP 站点根目录为 /var/ftp 目录。下面使用 ftp 命令登录 vsftpd 服务器（假设 IP 地址为 192.168.1.201），以检测该服务器能否正常工作。

```
# ftp 192.168.1.201
```

```
Connected to 192.168.1.201 (192.168.1.201).
220 (vsFTPd 3.0.2)
Name (192.168.1.201:root): ftp
331 Please specify the password.
Password:
230 Login successful.
Remote system type is UNIX.
Using binary mode to transfer files.
ftp>
```

登录成功后，将出现 FTP 的命令行提示符 ftp>。在命令行中，输入 FTP 命令，可实现相关的操作，输入 bye 命令退出 ftp。

13.3.5 连接和访问 FTP 服务器

1. 创建 FTP 账户

对于有较高安全要求的FTP服务器一般不允许匿名访问,或给匿名用户很低的访问权限。一般应以本地用户账户来登录和访问 FTP 服务器，因此在使用和访问 FTP 服务器之前，应根据需要，创建好所需的 FTP 账户。作为 FTP 登录使用的账户，其 shell 应设置为/sbin/nologin，以使用户账户只能用来登录 FTP，而不能用来登录 Linux 系统。vsftpd 在安装时会自动创建 FTP 系统用户组 ftp 和属于该组的 FTP 系统用户 ftp，该用户的主目录为/var/ftp，默认作为 FTP 服务器的匿名账户。

在默认配置下，本地用户登录 FTP 服务器后，所在的 FTP 目录为该用户的主目录。因此在创建用户时，还应指定该用户的主目录。若未指定，系统默认将主目录放在/home 目录下，目录名与账户名相同。

利用不同账户登录 FTP 服务器后，其 FTP 站点根目录不同的特点，可将用户 Web 站点根目录与该用户的 FTP 站点根目录设置为相同，这样用户就可利用 FTP 连接远程管理 Web 站点下的目录和文件，实现对站点文件的删除、更名、上传和下载等操作，以实现对 Web 服务器的远程管理。

2. 登录和访问 FTP 服务器

FTP 服务器启动并创建好 FTP 账户后，登录和访问 FTP 服务器有 3 种方法。

（1）在 Linux 的文本模式或 Windows 平台的 MS-DOS 方式下，使用“ftp FTP 服务器 IP 地址”命令，以文本方式通过 ftp 命令来连接和访问 FTP 服务器。

（2）在浏览器中，利用 ftp 协议来访问 FTP 服务器，即在浏览器地址栏输入：

```
ftp: //用户名: 用户密码@FTP 服务器域名或 IP 地址
```

（3）使用图形化的 FTP 客户端软件来连接和访问 FTP 服务器，以简化操作。在 Windows 平台，推荐使用 CuteFTP Pro 软件；在 Linux 的图形界面，可使用 gftp 命令或 gFTP 开始菜单项，来启动 Linux 的图形化 FTP 客户端软件。另外，gftp 也可在 Linux 的文本模式下运行，此时的界面和操作方式与 ftp 类似。

13.3.6 配置 vsftpd 服务器

vsftpd 服务器的主配置文件是/etc/vsftpd/vsftpd.conf，对 vsftpd 服务器的配置其实就是对

vsftpd.conf 文件的修改。

另外，还有两个辅助配置文件：/etc/vsftpd/ ftpusers 和/etc/vsftpd/user_list。

/etc/vsftpd/ ftpusers 文件中指定了哪些用户不能访问 FTP 服务器。

/etc/vsftpd/user_list 文件中指定的用户在 userlist_enable = YES 且 userlis_deny = YES 时，不能访问 FTP 服务器。当 userlist_enable = YES 且 userlist_deny = NO 时，仅允许/etc/vsftpd/user_list 中指定的用户访问 FTP 服务器。

1．vsftpd.conf 文件

vsftpd 的配置文件是包含了若干命令的纯文本文件，其文件名为/etc/vsftpd/vsftpd.conf，在 vsftpd 启动时，会自动读取配置文件中的内容，并根据配置指令影响 vsftpd 服务器的运行。配置文件改变后，只有在下次启动或重新启动后才会生效。利用 less /etc/vsftpd/vsftpd.conf 命令可查看配置文件的内容，对于每个配置项，通常还附有一些简要的配置说明。

配置文件中的内容分为注释行和服务器配置命令行。行首有“#”的即为注释行，注释不能出现在指令的后边，除了注释行和空行外，服务器会认为其他的行都是配置命令行。

下面给出主配置文件/etc/vsftpd/vsftpd.conf 中的主要语句及其说明：

```
#是否允许匿名用户登录 ftp，如否则选择 NO（默认是 YES）
anonymous_enable=YES
#
# 是否允许本地用户登录
local_enable=YES
#
# 允许使用任何可以修改文件系统的 FTP 的指令
write_enable=YES
#
# 设置本地用户新增档案的权限，默认值是 077
local_umask=022
#
#是否允许匿名用户上传文件
#anon_upload_enable=YES
#
#是否允许匿名用户创建新的目录
#anon_mkdir_write_enable=YES
#
# 是否显示每个目录下面的 message_file 文件的内容，默认是 YES 但需要手工创建.message
文件
dirmessage_enable=YES
#
# 开启日志功能
xferlog_enable=YES
#
# 使用标准的 20 端口来连接 ftp
connect_from_port_20=YES
#
# 是否改变匿名上传文件的属主，如果 chown_uploads=YES，那么所有匿名上传的文件的所属
用户将会被更改成 chown_username
#chown_uploads=YES
#chown_username=whoever
```

```
#
# 日志文件的路径和名字默认是/var/log/vsftpd.log
#xferlog_file=/var/log/vsftpd.log
#
# 是否使用标准的 ftp xferlog 模式
xferlog_std_format=YES
#
#设置空闲连接超时时间
#idle_session_timeout=600
#
# 设置数据传输超时时间
#data_connection_timeout=120
#
#当服务器运行于最底层时使用的用户名
#nopriv_user=ftpsecure
#
#允许使用" async_abor "命令,一般不用,容易出问题
#async_abor_enable=YES
#
# 是否使用 ASCII 码方式上传文件，默认是 NO
#ascii_upload_enable=YES
# 是否使用 ASCII 码方式下载文件，默认是 NO
#ascii_download_enable=YES
#
#  login 时显示欢迎信息，如果设置了 banner_file 则此设置无效
#ftpd_banner=Welcome to blah FTP service
#
# 若匿名用户需要密码，那么使用 banned_email_file 里面的电子邮件地址的用户不能登录
#deny_email_enable=YES
#禁止使用匿名用户登录时作为密码的电子邮件地址
#banned_email_file=/etc/vsftpd.banned_emails
#
#是否将所有用户限制在主目录,YES 为启用 NO 禁用，默认是 NO
#chroot_local_user=YES
#如果启动这项功能，则所有列在 chroot_list_file 中的使用者不能更改根目录
#chroot_list_enable=YES
#定义不能更改用户主目录的文件
#chroot_list_file=/etc/vsftpd.chroot_list
#
#是否能使用 ls -R 命令以防止浪费大量的服务器资源
ls_recurse_enable=YES
#
#使 vsftpd 不处于 standalone mode
listen=NO
#
#监听 IPv6 链接
listen_ipv6=YES
#
# 设置 PAM 认证服务的配置文件名称，该文件存放在/etc/pam.d/目录下
pam_service_name=vsftpd
```

```
#由于默认情况下 userlist_deny=YES,所以/etc/vsftpd.user_list 文件中
#所列出的用户不允许访问 vsftpd 服务器
userlist_enable=YES
#使用 tcp_wrappers 作为主机的访问控制方式
tcp_wrappers=YES
#
```

示例 1：允许匿名用户上传文件，可以参考以下步骤：

（1）在 vsftpd.conf 文件中修改或增加以下选项：

```
write_enable=YES
anonymous_enable=YES
anon_world_readable_only=NO
anon_upload_enable=YES
anon_mkdir_write_enable=YES
anon_other_write_enable=YES
```

（2）然后提供匿名上传的文件目录，并设定权限：

```
# mkdir /var/ftp/upload
# chmod o+w /var/ftp/upload
```

（3）设置 SELinux：

```
# setsebool  -P  allow_ftpd_anon_write on
# chcon  -R  -t  public_connect_rw_t  /var/ftp/upload/
```

（4）重启 vsftpd 服务器：

```
# systemctl restart vsftpd.service
```

（5）测试。匿名用户（用户名 ftp，密码为空）登录访问 FTP 服务器。

```
[root@MyLinux ~]# ftp 192.168.1.201
Connected to 192.168.1.201 (192.168.1.201).
220 (vsFTPd 3.0.2)
Name (192.168.1.201:root): ftp                   //输入匿名用户名 ftp
331 Please specify the password.
Password:                                        //输入密码，匿名用户密码为空
230 Login successful.
Remote system type is UNIX.
Using binary mode to transfer files.
ftp> pwd                                         //查看登录目录
257 "/"
ftp> dir                                         //显示当前目录（/var/ftp）下的内容
227 Entering Passive Mode (192,168,1,201,138,192).
150 Here comes the directory listing.
drwxr-xr-x    2 0    0    6 Mar 07  2014 pub
drwxr-xrwx    2 0    0    6 Aug 09 13:45 upload
226 Directory send OK.
ftp> cd upload                                   //进入/ var/ftp/upload 目录
250 Directory successfully changed.
ftp> dir                                         //查看/ var/ftp/upload 目录下的内容
227 Entering Passive Mode (192,168,1,201,101,129).
150 Here comes the directory listing.
226 Directory send OK.
```

```
ftp> !pwd                              //执行客户端（本机）的 shell,显示当前目录
/root
ftp> !ls                               //执行本机的 shell，显示当前目录下的内容
anaconda-ks.cfg         Packages xx    视频  下载
dhcp-4.2.5-27.el7.x86_64.rpm  testdir公共  图片  音乐
initial-setup-ks.cfg        testfile 模板  文档  桌面
ftp> put dhcp-4.2.5-27.el7.x86_64.rpm       //将本地文件上传到 FTP 服务器
local: dhcp-4.2.5-27.el7.x86_64.rpm remote: dhcp-4.2.5-27.el7.x86_64.rpm
227 Entering Passive Mode (192,168,1,201,197,130).
150 Ok to send data.
226 Transfer complete.
518440 bytes sent in 0.00334 secs (155268.05 Kbytes/sec)
ftp> dir                                    //查看当前目录的内容，上传成功
227 Entering Passive Mode (192,168,1,201,46,118).
150 Here comes the directory listing.
-rw------- 1 14  50 518440 Aug 09 14:00 dhcp-4.2.5-27.el7.x86_64.rpm
226 Directory send OK.
ftp> mkdir mydir                            //创建目录
257 "/upload/mydir" created
ftp> dir                                    //查看当前目录的内容，目录创建成功
227 Entering Passive Mode (192,168,1,201,114,193).
150 Here comes the directory listing.
-rw-------  1 14  50  518440 Aug 09 14:00 dhcp-4.2.5-27.el7.x86_64.rpm
drwx------   2 14     50          6 Aug 09 14:01 mydir
226 Directory send OK.
ftp> bye                                    //退出 FTP
221 Goodbye.
[root@MyLinux ~]#
```

示例 2：允许本地用户 zs 访问 FTP，其他用户不可以访问，可以参考以下步骤：

（1）添加访问用户 zs：

```
# useradd zs
# passwd zs
```

（2）设置 SELinux：

```
# setsebool  -P  ftp_home_dir on
```

（3）配置基于本地用户的访问控制：

配置基于本地用户的访问控制，可以通过修改 vsftpd.conf 文件来实现。该文件中要有以下两条语句：

```
userlist_enable = YES
userlist_deny = NO
```

然后在/etc/vsftpd/user_list 文件最后添加一行，内容是：zs。

它们的功能是，使得/etc/vsftpd/user_list 文件中指定的本地用户可以访问 FTP 服务器，而其他本地用户不能访问 FTP 服务器。若将 userlist_deny 进行如此赋值：userlist_deny = YES，那么则使得/etc/vsftpd/use_list 文件中指定的本地用户不能访问 FTP 服务器，而其他没在该文件中列出的本地用户可以访问 FTP 服务器。

（4）重启 vsftpd 服务器：

```
# systemctl restart vsftpd.service
```

（5）测试。本地用户访问 FTP 服务器，用两个用户测试，一个是 zs，一个是 wl。

```
[root@MyLinux ~]# ftp 192.168.1.201
Connected to 192.168.1.201 (192.168.1.201).
220 (vsFTPd 3.0.2)
Name (192.168.1.201:root): wl                   //用 wl 登录，失败
530 Permission denied.
Login failed.
ftp> bye
221 Goodbye.
[root@MyLinux ~]# ftp 192.168.1.201
Connected to 192.168.1.201 (192.168.1.201).
220 (vsFTPd 3.0.2)
Name (192.168.1.201:root): zs                   //用 zs 成功登录 FTP 服务器
331 Please specify the password.
Password:                                       //输入 zs 的密码
230 Login successful.
Remote system type is UNIX.
Using binary mode to transfer files.
ftp> pwd                                        //查看登录后的目录
257 "/home/zs"
ftp> dir                                        //查看当前目录下的内容
227 Entering Passive Mode (192,168,1,201,51,39).
150 Here comes the directory listing.
drwxr-xr-x    2 1002     1002            6 Aug 03 14:58 下载
drwxr-xr-x    2 1002     1002            6 Aug 03 14:58 公共
…
226 Directory send OK.
ftp> !ls                                    //执行本机 shell，查看本机当前目录内容
anaconda-ks.cfg            Packages xx    视频  下载
dhcp-4.2.5-27.el7.x86_64.rpm  testdir公共  图片  音乐
initial-setup-ks.cfg          testfile 模板  文档  桌面
ftp> put dhcp-4.2.5-27.el7.x86 64.rpm          //上传文件
local: dhcp-4.2.5-27.el7.x86_64.rpm remote: dhcp-4.2.5-27.el7.x86_64.rpm
227 Entering Passive Mode (192,168,1,201,217,3).
150 Ok to send data.
226 Transfer complete.
518440 bytes sent in 0.000832 secs (623124.99 Kbytes/sec)
ftp> dir                                    //查看上传结果
227 Entering Passive Mode (192,168,1,201,42,105).
150 Here comes the directory listing.
-rw-r--r-- 1 1002 1002 518440 Aug 09 14:30 dhcp-4.2.5-27.el7.x86_64.rpm
drwxr-xr-x    2 1002     1002            6 Aug 03 14:58 下载
drwxr-xr-x    2 1002     1002            6 Aug 03 14:58 公共
…
226 Directory send OK.
ftp> bye                                    //退出 FTP 服务器
221 Goodbye.
[root@MyLinux ~]#
```

示例 3：限制传输文件的速度，要求本机的用户最高速度为 200 kbit/s，匿名用户所使用的速度为 50 kbit/s，可以参考以下步骤：

（1）编辑 vsftpd.conf 文件，修改或增加以下选项：

```
anon_max_rate = 50000
local_max_rate = 200000
```

（2）重启 vsftpd 服务器：

```
# systemctl restart vsftpd.service
```

2. vsftp 应用与配置选项

（1）允许匿名用户上传文件

① 在 vsftpd.conf 文件中修改或增加以下选项：

```
write_enable=YES
anonymous_enable=YES
anon_world_readable_only=NO
anon_upload_enable=YES
anon_mkdir_write_enable=YES
anon_other_write_enable=YES
```

② 提供匿名上传的文件目录，并设定权限：

```
# mkdir /var/ftp/incoming
# chmod o+w /var/ftp/incoming
```

（2）设置用户登录后所在目录

在 vsftpd.conf 文件中修改或增加以下选项：

```
local_root=目录名（默认是用户家目录）
anon_root=目录名（默认是/var/ftp）
```

（3）限制用户在自家目录

方法 1：在 vsftpd.conf 文件中修改或增加以下选项。

```
chroot_local_user=YES
chroot_list_enable=NO
allow_writeable_chroot=YES
```

方法 2：在 vsftpd.conf 文件中修改或增加以下选项。

```
chroot_local_user=NO
chroot_list_enable=YES
chroot_list_file=/etc/vsftpd.chroot_list
   allow_writeable_chroot=YES
```

然后在/etc/vsftpd.chroot_list 文件中加入要限制的本地用户名，一个账户一行。

（4）限制连接数，以及每个 IP 的最大的连接数

在 vsftpd.conf 文件中修改或增加以下选项：

```
max_clients=数字
max_per_ip=数字
```

注意：这里的单位是毫秒。

（5）限制下载速度

在 vsftpd.conf 文件中修改或增加以下选项：

```
anon_max_rate=数字
local_max_rate=数字
```

注意：这里的单位是字节。

（6）设置主机访问控制

在 vsftpd.conf 文件中修改或增加以下选项：

```
tcp_wrappers=YES
```

检查/etc/hosts.allow 和/etc/hosts.deny

（7）设置用户的访问控制

在 vsftpd.conf 文件中修改或增加以下选项：

```
userlist_enable=YES
userlist_deny=YES
```


在 vsftpd.user_list 文件中添加不允许访问的用户账户，一个账户一行。

（8）定制目录的欢迎信息

在 vsftpd.conf 文件中修改或增加以下选项：

```
dirmessage_enable=YES
```

在用户的登录目录下编辑一个.message 文件，写上欢迎的信息。

（9）定制登录服务器时的欢迎信息

方法 1：在 vsftpd.conf 文件中修改或增加以下选项。

```
ftpd_banner=信息
```

方法 2：在 vsftpd.conf 文件中修改或增加以下选项。

```
banner_file=/etc/vsftpd/banner
```

在/etc/vsftpd/banner 文件里写上欢迎信息。

3. **应用实例**

公司内部现有一台 FTP 和 Web 服务器，FTP 的功能主要用于维护公司的网站内容，包括上传文件、创建目录、更新网页等。公司现在有两个部门负责维护任务，分别使用 team1 和 team2 账户进行管理。现在要求仅允许 team1 和 team2 账户登录 FTP 服务器，但不能登录本地系统，并将这两个账户的根目录限制在/var/www/html，不能进入该目录以外的任何目录。

（1）分析

将 FTP 和 Web 服务器做在一起是企业经常采用的方案，这样做方便实现对网站的维护。为了增强安全性，首先需要使用仅允许本地用户访问，并禁止匿名用户登录；其次需要将用户 team1 和 team2 锁定在/var/www/html 目录下。如果需要删除文件，则应该注意本地权限。

（2）实施

步骤 1：建立维护网站内容的 FTP 账号 team1 和 team2，并禁止本地登录，为其设置密码。

```
# useradd  -s /sbin/nologin team1
# useradd  -s /sbin/nologin team2
```

```
# passwd team1
# passwd team2
```

步骤 2：编辑 vsftpd.conf 配置文件，

```
# vim  /etc/vsftpd/vsftpd.conf
```

修改或增加以下选项：

```
anonymous_enable=NO                       //禁止匿名用户登录
local_enable=YES                          //允许本地用户登录
local_root=/var/www/html                  //设置登录目录
chroot_local_user=NO                      //锁定目录
chroot_list_enable=YES                    //启用 chroot 功能
chroot_list_file = /etc/vsftpd/chroot_list //锁定用户在根目录中的列表文件
allow_writeable_chroot=YES                //锁定目录允许可写
```

保存主配置文件并退出。

步骤 3：创建/etc/vsftpd/chroot_list 文件，添加账号 team1 和 team2。

```
# vim  /etc/vsftpd/chroot_list
team1
team2
```

保存并退出，需要注意的是一个账户一行。

步骤 4：关闭防火墙和 SELinux

```
# systemctl disable firewalld.service
# setenforce 0
```

开启防火墙的命令是“systemctl enable firewalld.service”，开启 SELinux 的命令是“setenforce 1”。如果需要永久禁用 SELinux，则需编辑服务器上的 SELinux 配置文件，默认为/etc/selinux/config，将其中的“SELINUX=enforcing”改为“SELINUX=disable”，并重启系统。

步骤 5：重启 vsftpd 服务器。

```
# systemctl restart vsftpd.service
```

步骤 6：修改/var/www/html 的访问权限。

```
# chmod  -R  o+w  /var/www/html
```

步骤 7：测试。

```
[root@MyLinux ~]# ftp 192.168.1.201
Connected to 192.168.1.201 (192.168.1.201).
220 (vsFTPd 3.0.2)
Name (192.168.1.201:root): ftp          //匿名登录，失败
530 Permission denied.
Login failed.
ftp> bye
221 Goodbye.
[root@MyLinux ~]# ftp 192.168.1.201
Connected to 192.168.1.201 (192.168.1.201).
220 (vsFTPd 3.0.2)
Name (192.168.1.201:root): team1        //team1 用户登录，成功
331 Please specify the password.
Password:
```

```
230 Login successful.
Remote system type is UNIX.
Using binary mode to transfer files.
ftp> pwd                                    //查看当前目录，因为锁定，所以显示/
257 "/"
ftp> ls                                     //查看当前目录内容
227 Entering Passive Mode (192,168,1,201,105,134).
150 Here comes the directory listing.
226 Directory send OK.
ftp> !ls                                    //查看客户端本机的当前目录内容
anaconda-ks.cfg        initial-setup-ks.cfg  testfile  模板  文档  桌面
dhcp-4.2.5-27.el7.x86_64.rpm  Packages        xx       视频  下载
index.htm         testdir          公共      图片  音乐
ftp> put index.htm                          //网页文件上传
local: index.htm remote: index.htm
227 Entering Passive Mode (192,168,1,201,130,253).
150 Ok to send data.
226 Transfer complete.
ftp> ls                                     //查看上传结果
227 Entering Passive Mode (192,168,1,201,186,63).
150 Here comes the directory listing.
-rw-r--r--    1 1004     1004            0 Aug 10 14:08 index.htm
226 Directory send OK.
ftp> cd /home/team1                         更改目录，失败
550 Failed to change directory.
ftp> bye
221 Goodbye.
[root@MyLinux ~]#
```

13.4 任务实施

步骤 1：创建用户数据库。

（1）创建用户文本文件 ftpuser.txt，添加两个虚拟账户，公共账户 ftpuser，客户账户 vip，如下所示：

```
[root@MyLinux ~]# mkdir /ftpuser
[root@MyLinux ~]# vim /ftpuser/ftpuser.txt
ftpuser
12345678
vip
12345678
```

（2）使用 db_load 命令生成 db 数据库文件，操作如下：

```
[root@MyLinux ~]# db_load -T -t hash -f /ftpuser/ftpuser.txt /ftpuser/ftpuser.db
[root@MyLinux ~]#
```

（3）为保证数据库文件的安全，需修改数据库文件的访问权限，操作如下：

```
[root@MyLinux ~]# chmod 700 /ftpuser/ftpuser.db
[root@MyLinux ~]# ll /ftpuser
总用量 12
```

```
-rwx------. 1 root root 12288 8月  10 22:57 ftpuser.db
-rw-r--r--. 1 root root    30 8月  10 22:54 ftpuser.txt
```

步骤 2：修改 vsftp 对应的 PAM 配置文件/etc/pam.d/vsftpd，操作如下：

```
[root@MyLinux ~]# vi /etc/pam.d/vsftpd
…
auth      required    /lib64/security/pam_userdb.so.db=/ftpuser/ftpuser
account   required    /lib64/security/pam_userdb.so.db=/ftpuser/ftpuser
```

步骤 3：创建虚拟账户并对应系统用户。对于公共账户和客户账户，因为需要配置不同的权限，所以需将两个账户的目录隔离，控制用户的文件访问。公共账户 ftpuser 对应系统账户 ftpubuser，并指定其主目录为/vat/ftpext/share，而客户账户 vip 对应系统账户 ftpvip，指定其主目录为/vat/ftpext/vip。操作如下：

```
[root@MyLinux ~]#   mkdir /var/ftpext
[root@MyLinux ~]#   useradd -d /var/ftpext/share ftppubuser
[root@MyLinux ~]#   chown ftppubuser.ftppubuser /var/ftpext/share
[root@MyLinux ~]#   chmod o=r /var/ftpext/share
[root@MyLinux ~]#   useradd -d /var/ftpext/vip ftpvip
[root@MyLinux ~]#   chown ftpvip.ftpvip /var/ftpext/vip
[root@MyLinux ~]#   chmod o=rw /var/ftpext/vip
```

步骤 4：设置多个虚拟账户的不同权限，若使用一个配置文件则无法实现该功能，这时需要为每个虚拟账户建立独立的配置文件，并根据需要进行相应的设置。

（1）修改 vsftpd 配置文件/etc/vsftpd/vsftpd.conf，添加虚拟账号的共同设置，并添加 user_config_dir 字段，定义虚拟账号的配置文件目录，操作如下：

```
[root@MyLinux ~]# vi /etc/vsftpd/vsftpd.conf
anonymous_enable=NO                //禁止匿名用户登录
anon_upload_enable=NO              //禁止匿名用户上传
anon_mkdir_write_enable=NO         //禁止匿名创建目录
anon_other_write_enable=NO         //禁止匿名用户修改删除
local_enable=YES                   //允许本地用户登录
chroot_local_user=YES              //锁定目录
listen=YES                         //监听
pam_service_name=vsftpd            //设置 vsftp 使用的 PAM 模块为 vsftpd
user_config_dir=/ftpconfig         //设置虚拟账户的主目录为/ftpconfig
max_clients=300                    //设置 FTP 服务器最大接入客户端数量为 300
max_per_ip=10                      //设置每个 IP 地址最大连接数是 10
```

（2）设置多个虚拟账户的不同权限，如果使用一个配置文件无法实现此功能，需要为每一个虚拟账户建立独立的配置文件，并根据需要进行相应的设置。在/ftpconfig 目录下创建于虚拟账号同名的配置文件，并添加相应的配置字段。首先创建公共账户 ftpuser 的配置文件，操作如下：

```
[root@MyLinux ~]# mkdir /ftpconfig
[root@MyLinux ~]# vim /ftpconfig/ftpuser
guest_enable=YES                   //开启虚拟账户登录
guest_username=ftppubuser          //设置 ftpuser 对应的系统账户为 ftppubuser
anon_world_readable_only=YES       //设置虚拟账户全局可读，允许下载
anon_max_rate=30000                //限定传输速率为 30 KB/s
```

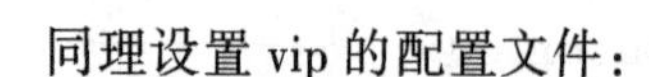

同理设置 vip 的配置文件：

```
[root@MyLinux ~]# vim /ftpconfig/vip
guest_enable=YES                //开启虚拟账户登录
guest_username=ftpvip           //设置 vip 对应的系统账户为 ftpvip
anon_world_readable_only=NO     //关闭匿名账户的只读属性
write_enable=YES                //允许在文件系统中使用 ftp 命令操作
anon_upload_enable=YES          //开启匿名上传功能
anon_max_rate=60000             //限定传输速率为 60 KB/s
```

步骤 5：关闭防火墙和 SELinux。

```
# systemctl disable firewalld.service
# setenforce 0
```

步骤 6：重启 vsftpd 服务器。

```
#systemctl restart vsftpd.service
```

步骤 7：测试。

（1）使用公共账户 ftpuser 登录服务器，可以浏览下载文件，但当尝试上传文件时，会提示错误信息。

（2）使用公共账户 vip 登录服务器，可以浏览、下载、上传文件，删除文件时会提示错误信息。

思考：对于 ftp 用户，如果要限制其服务器上空间的使用，该如何实现？

阅读与思考：M 公司的灾难恢复计划

M 公司是一家在线贸易公司，有 800 余名员工，分布在公司的财务、法律、人事、信息、公关和安全等部门。该公司利用因特网向客户销售货物和提供服务。该公司的 Web 站点允许客户通过拍卖和固定价格贸易买卖货物。在典型的一天中，该公司可以交易数百万种货物，获利可达数千美元。客户可以买卖的货物包括体育用品和计算机等。该公司的在线支付服务允许使用信用卡。

该公司在市场上的生存取决于它的 IT 基础设施的可用性和可靠性。IT 基础设施包括通信链接和操作过程，如备份。该公司使用不同的存储平台，包括 SAS（服务器附加存储器）、NAS（网络附加存储器）和 SAN（存储区域网络）以执行其各种业务操作。由于分公司遍布全国，所以它使用的是分散式系统设置。如果某个数据中心受到影响，分散式系统设置确保了其他数据中心可以在相互之间分配工作量。

该公司的主数据中心位于 G 州。在 F 州、B 州和 D 州有该公司的分公司。每个分公司的业务都依赖于关键资产，如备份系统、Web 服务器、数据服务器、通信链接和员工等。

由于下列原因，主数据中心构成了该公司的关键资产：

（1）它驻留着支持公司的应用程序和数据的大型计算机和主要服务器。该公司的所有关键操作，如付款和交易处理，都在这个主数据中心进行。

（2）它充当着付款网关，与商业银行的连接在此实现，以验证所发生的付款。在这个数据中心的客户数据库中存储着所有关键数据，如信用卡的详细情况和客户的购买模式等。

（3）它充当着在其他数据中心之间发送信息的经销商网络。

因此，主数据中心的连续性和可靠性是整个公司业务连续性的关键。此外，不能在其他数据中心之间分布主数据中心执行的操作。主数据中心的关键性以及把该数据中心的操作分散到其他数据中心的复杂性规定了主数据中心只能在一个地方。另外，系统要求一旦发生灾难，应在尽可能短的时间内恢复主数据中心的关键活动。

该公司的主数据中心位于地震区。在过去两年中，该数据中心经受住了两次地震的影响，这促使管理层创建了灾难恢复计划。基于该公司分布在全国，所以每个分公司都有自己的灾难恢复计划。因此，该公司的灾难恢复计划是不同分公司各自灾难恢复计划的汇编。

在这个灾难恢复计划中，公司进行了充分的安排，以确保公司能够从可能发生并影响公司及其业务操作的灾难中恢复。该计划关注的是每个机构容易遭受的主要灾难及其后继的影响。

根据要求，该公司选择热站点作为其恢复策略。为此，该公司与恢复供应商A公司签订了合同。根据这份合同，A公司将提供热站点设施。这个热站点设施位于内N州。

为了确保由技术熟练的人员执行所有与后勤有关的活动，A公司答应让它的恢复人员提供帮助，保障灾难恢复中心中的IT设置、后勤和其他与恢复有关的任务。也就是说，在M公司的员工转移到灾难恢复站点以前，A公司的恢复人员要确保灾难恢复中心的系统处于运行状态。

灾难恢复计划的启动

自新的一年开始以来，媒体就一直在警告有可能发生地震。2月第2个周末的晚上11点，M公司主数据中心的安全人员感觉到脚下的地面开始震动，这是气象部门一直在警告的地震。这次里氏7.2级的地震将这个主数据中心夷为瓦砾，地震还切断了电源和通信链接。

安全人员按照灾难恢复计划中规定的通知步骤，使用为紧急事件预留的特殊求救线路通知了规划小组的代表。安全人员详细说明了损害的程度、地震发生的时间等情况。夜里12点以前，规划小组的代表已经把地震及其对数据中心的影响通知了规划协调员Ruben Huxley。

第二天早些时候，M公司的安全经理Ruben Huxley到达现场，随同前来的还有评价地震损害程度的评估小组。与此同时，恢复小组与地方机构（如消防部门）开始进行配合，以抢救被损坏站点中的设备。该小组还确保了保护灾难现场资产的安全控制措施的持续性。

为了进行评估，评估小组使用了灾难恢复计划中规定的参数，并执行了下列活动：

（1）把地震对关键资产所造成损坏的数据记入文档。

（2）抢救没有被严重损坏并且能够使用的设备或者具有关键信息的设备。

（3）抢救小组将具有关键数据的设备运送到热站点；其余的设备则存放在G州的临时仓库中。

基于评估的结果，Ruben启动了灾难恢复计划。接着，Ruben将员工将要到达热站点的情况通知了A公司的联系人。供应商据此启动了热站点，并配置了工作站和WAN链接。此外，供应商指派的恢复人员执行了下列活动：

（1）提供了因特网访问。

（2）将所有打进来的电话重新路由到站外位置。

（3）在最短的时间内满足了恢复所有关键活动的要求。

（4）让员工适应了新的工作环境。

在从灾难的影响中恢复期间，公司控制和跟踪着与恢复活动有关的资金。所有针对业务活动恢复的与法律和保险有关的任务都被启动。

在热站点，员工重新开始了工作，包括客户账户处理在内的所有关键活动都可以像在正常情况下那样进行。在通知之后的几个小时内，M 公司的员工就完成了转移，业务操作得以恢复。对于 M 公司的客户和分公司来说，这意味着只中断了几分钟的业务。因此，在没有错过一项交易的情况下，数据的时效性得以保持。

在主数据中心被毁后，员工在热站点的灾难恢复中心工作了 4 个月。在此期间，为了维护公司的标准和策略，M 公司的审计小组审计了恢复规程和计划。同时，开始重建主数据中心，公司更换了被损坏的设备，并使必需的网络和通信链接开始运行。

因此，公司已经开发和定期测试的所有恢复计划和规程确保了业务在尽可能短的时间内以及发生最短时间中断的情况得到了恢复。

成功恢复的因素

主数据中心的成功恢复可以归功为几个因素。为了帮助理解，我们分灾难前阶段、规划阶段和灾难后的阶段来讨论这些因素。

（1）灾难前的阶段。M 公司决定制定灾难恢复计划是正确方向上的第一步。公司意识到可能会受到灾难的影响，然后为确保业务连续性进行规划是主数据中心得以成功恢复的主要原因。如果没有制定灾难恢复计划，公司将遭受巨大的财务损失。如果没有制定灾难恢复计划，公司还有可能面临停业的危险。

但是，停业和财务损失都没有发生在 M 公司的身上。M 公司的管理层认识到，作为一个公司，它容易遭到灾难的攻击，因此，它的业务就容易停止。基于这样一种观点，管理层创建了一个关键人员小组来领导灾难恢复规划过程。这个小组准备了任务和在规划演习结束时承诺的成绩的大纲。此外，该小组还概括描述了规划项目的过程、成本和最后期限的详细情况。

（2）规划阶段。规划阶段对恢复过程的成功起着最重要的作用。所有部门的成员都参与规划过程。规划小组遵循的步骤涉及恢复计划和规程的创建。

在风险分析期间，该小组创建了一个包括与所有资产有关的信息的清单，这个清单是公司中所有物理资产的一个详细和准确的列表。所有关键资产（如大型计算机、网桥、路由器和网关）都被列明为关键。

除了物理清单以外，该小组还对安装在公司计算机上的所有应用程序和软件创建了一个设备清单。设备清单包括下列内容：

① 按照类型和型号排列的所有设备的列表。

② 具有版本号的软件包。

③ 购买日期和设备的价格。

该小组还创建了软件清单。这个清单列出了与公司所需软件有关的信息，如软件的用途、价格、许可证号和版本号。此外，该小组还执行了下列活动：

① 识别具有专门技能的人员。

② 评估公司的房产及其周围的建筑物。

③ 识别关键活动和资产。

④ 识别关键资产的价值。

⑤ 按优先次序排列活动和资产。

⑥ 保证管理层认可关键活动和资产。

管理层确保了备份规程和其他类似的安全措施的设置到位。M公司利用了大量自动化工具，以此作为减少对人员依赖性的方法。规划小组在编制灾难恢复计划的文档时，清楚地定义了该计划的范围，也就是说，该小组识别了被归类为灾难的事件。

该小组设计了短期恢复和长期恢复的策略。在备用站点继续工作是该小组决定的短期恢复策略。长期恢复策略包括在主站点继续业务操作的方法。该小组评价了备用站点的必要性，并决定获得一个这样的站点。为此，该小组决定了供应商、备用站点的类型和在这个站点所需的资源。

为了评估和选择备用站点，该小组考虑了这样一些问题，如该站点和主站点之间的距离以及在这个站点的资源。考虑到这些事项，该小组决定了一个远离公司所有分公司的站点。这样做的目的是确保备用站点不会受到影响分公司的同种灾难的影响。在考虑供应商提供的恢复服务时，管理层进行了广泛的调查。

公司是把数据镜像作为一种满足基本要求的解决方案来实施的。为了确保数据镜像，公司在目标数据中心和源数据中心之间投资建立了高速光纤线路。镜像取消了从站外存储器检索备份磁带和重载数据的必要性。也就是说，恢复是瞬间的事情。

该小组在灾难发生之前确定了在灾难期间可能需要的所有资源。例如，公司确定了从当地的消防部门和急救服务机构获得帮助，该小组还记下了在灾难发生时联系供应商和资源所需的所有联系信息。

在该小组编制了计划的文档以后，针对灾难恢复计划中记录的恢复任务，对员工进行了培训。最后，通过模拟现实生活的场景，对计划进行了多轮测试。测试演习包括了地方灾难响应团体的参与。

测试小组为管理层准备了一个文档，详细说明了对灾难恢复计划进行的所有测试的结果，他们还记录了对计划所做的所有修改。

（3）灾难后的阶段。灾难时期经常是混乱时期，但是M公司在没有出现混乱的情况下数小时内就恢复了关键业务活动。这是因为所有参与恢复任务的人员都知道要干什么。这之所以能够实现，是由于在灾难恢复计划中存在描述所有参与恢复任务的人员的任务和责任的详尽文档。该公司预先进行的通知和广泛的演习保证了通信以及对各自任务和责任的了解。

A公司的恢复人员也参与到了M公司进行的测试中。因此，有关供应商的人员需要执行的任务的信息是非常清楚的。此外，A公司还保证了灾难恢复站点的安全和通信。

该小组决定把联系信息存储在站外位置。此外，所有与银行业务和公司注册有关的信息都被转移到一个站外位置。这证明是非常有用的，因为救援小组不必从主数据中心的碎石中搜寻联系号码。

所有电子设备都被恢复，软件被重载，电源、UPS和其他公共的建筑系统都被恢复。此外，还更换了火灾抑制系统，重新在建筑物中铺设了电线，并且恢复了LAN和WAN连接。

资料来源：根据网络资料改写。

作业

1. 以下文件中，不属于vsftpd的配置文件的是（　　）。

   A. /etc/vsftpd/vsftp.conf　　B. /etc/vsftpd/vsftpd.conf

   C. /etc/vsftpd.ftpusers　　D. /etc/vsftpd.user_list

2. 安装vsftpd FTP服务器后，若要启动该服务器，则正确的命令是（　　）。

A. server vsftpd start　　B. service vsftp restart

C. service vsftpd start　　D. /etc/rc.d/init.d/vsftpd restart

3. 若使用vsftpd的默认配置，使用匿名账户登录FTP服务器，所处的目录是（　　）.

A. /home/ftp　　B. /var/ftp

C. /home　　D. /home/vsftpd

4. 以下命令或软件中，不能用来登录FTP服务器的是（　　）。

A. ftp　　B. CuteFTP Pro

C. gftp　　D. http://FTP 服务器地址

5. 以下对vsftp的描述，不正确的是（　　）。

A. Linux系统组建FTP服务器可使用vsftpe或者ProFTP

B. 在默认配置下，匿名登录vsftpd服务器后，在服务器端的位置是/var/ftp

C. 客户端可使用ftp或gftp命令或FTP服务器

D. vsftp服务器不能对用户的上传或下载速度进行控制

6. 在vsftpd.conf配置文件中，用于设置不允许匿名用户登录FTP服务器的配置命令是（　　）。

A. anonymous_snable=NO　　B. no_anonymous_login=YES

C. local_enable=NO　　D. anoymous_enable=YES

7. 在vsftpd.conf配置文件中，用于设置普通用户登录后，其FTP站点根目录的配置项是（　　）。

A. local_root　　B. local_ftproot

C. anon_root　　D. anon_ftproot

8. 若要禁止所有ftp用户登录FTP站点根目录，则相关的配置应是（　　）。

A. chroot_local_user=NO　　B. chroot_local_user=YES

C. chroot_local_user=YES　　D. chroot_local_user=NO

9. 简述FTP工作原理。

10. Linux常见的服务器软件有哪些？

11. Vsftpd服务器的用户主要分为哪几类？

12. 架设FTP服务器。

要求：

（1）FTP服务器的IP为192.168.XX.12，服务器域名为ftp.mylinux.cn。

（2）ftp服务器采用PASV工作模式，允许ASCII模式来上传或下载数据，允许最多同时连接350用户，每个客户IP允许同时与服务器建立5个连接，每个用户的访问速度限制为512 KB。FTP的日志文件放在/var/vhlogs/vsftpd.log文件中。

（3）开设两个用户wl0607和wl0608，属于ftp组，不允许登录Linux系统，只能登录FTP服务器，对这两个用户启用磁盘限额，软限制块数130 000，硬限制块数150 000，i结点数不受限制。

（4）允许匿名用户上传文件，上传的文件目录为/var/ftp/incoming。

（5）限制用户自己的主目录，可读可写。

（6）定制欢迎信息为welcome to ftp.mylinux.com。

第14章 Mail 服务器的配置与管理

电子邮件服务也是互联网中最受欢迎、应用最广泛的一种服务，能实现电子邮件收发服务的服务器，即称为邮件服务器。

14.1 企业需求

公司已从网络服务商那申请了一个域名 szy.com，希望能够创建一个企业邮箱， 网络拓扑如图 14-1 所示。

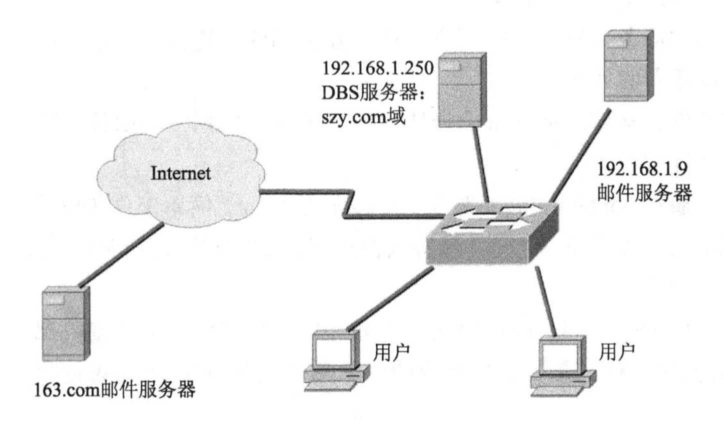

图 14-1　Mail 服务器网络拓扑

具体需求：

（1）用工可以自由收发内部邮件并且能够通过邮件服务器往外网发送邮件。

（2）设置两个邮件群组 fd（财务部）和 smd（销售部），确保发送给 fd 的邮件，财务部的成员都 可以收到，同样发给 smd 的邮件，销售部的员工都能收到。

（3）禁止主机 192.168.1.2 使用 Mail 服务器。

14.2 任务分析

根据公司的要求，企业邮箱构建在 Linux 服务器上，Mail 服务器软件选用 Sendmail，客户端和服务器能够通过网络进行通信。公司的网络里要有 DNS 服务器，能够进行域名解析。具体任务有：

（1）构建一台 Sendmail 服务器，为企业提供企业邮箱服务。

（2）为邮件服务器的域提供解析。

（3）设置员工自由收发内部邮件。

（4）设置邮件要能发送到 Internet 上，同时 Internet 上的用户也能把邮件发到企业内部用户的邮箱。

（5）构建邮件组群，通过别名实现邮件群发功能。

（6）设置拒绝 IP 地址为 192.168.1.2 的主机。

（7）可以的话提供反垃圾、网络硬盘等功能。

（8）对邮箱进行磁盘配额限制，单个邮件不超过 10 MB，用户邮箱限额为 100 MB。

14.3 知识背景

14.3.1 邮件服务系统简介

电子邮件服务系统包括邮件传输代理（Mail Transfer Agent，MTA）和邮件用户代理（Mail User Agent，MUA）两部分构成。邮件传输代理属于服务器端应用程序，用于处理邮件的发送和接收以及邮件的转发等功能，它就是通常所说的邮件服务器，其具体职责为：

（1）接收和传递（转发）由客户端发送的邮件。

（2）为需要发送的邮件进行排队。

接收从其他邮件服务器转发来的用户邮件，并将邮件放置在一个指定的存储区域，直到用户连接本邮件服务器收回邮件。

根据设定的条件，邮件服务器有选择地转发或拒绝转发用户的邮件，或有选择地拒绝接收用户的邮件（邮件过滤）。

邮件的传输是通过 SMTP（Simple Mail Transfer Protocol，简单邮件传输协议）协议来实现的，是最基本的 Internet 邮件服务协议，该协议使用 TCP 25 号端口。ESMTP 称为扩展的 SMTP，增加了发件认证功能。

POP3（Post Office Protocol，邮局协议）是允许用户从邮件服务器接收邮件的协议，常与 SMTP 协议相结合使用，POP3 是目前最常用的电子邮件服务协议。该协议使用 TCP 110 和 UDP 110 号端口。

IMAP（Internet Message Access Protocol，Internet 消息访问协议）为用户提供了有选择性地从邮件服务器接收邮件、基于服务器的信息处理和共享邮箱等功能。

MIME 协议是多用途 Internet 邮件扩展（Multipurpose Internet Mail Extensions），作为对 SMTP 协议的扩展，MIME 规定了通过 SMTP 协议传输非文本电子邮件附件的标准。

邮件用户代理是邮件系统的客户端程序，为用户提供邮件接收和发送服务。常用的客户端程序主要有 Foxmail、Outlook 和 Netscape Messenger 等。另外还有基于 Web 页面的邮件客户程序，支持利用 Web 页面来实现邮件的收发服务。

Linux/UNIX平台常用的邮件传送代理 MTA 主要有 Sendmail、Postfix 和 qmail，Sendmail 和 Postfix 是 Red Hat Linux 自带和默认安装的邮件服务器。Sendmail 在 Linux/UNIX 统中属元老级的邮件传送代理。

14.3.2 架设 Sendmail 服务器

1. Sendmail 的结构与工作过程

电子邮件使用各种程序和协议使得配置和支持更加复杂化。当 SMTP 在 TCP/IP 网络上发送电子邮件时，另一个程序可在同一个系统的不同用户之间发送邮件，同时有可能还有一个程序在 UUCP 网络上发送邮件。其中的每一个邮件系统（SMTP、UUCP 和本地邮件）都有各自的传输程序和寻址方式，所有这些都会造成邮件用户和系统管理的混乱。但是，Sendmail 可以消除多个邮件程序传输带来的混乱。

Sendmail 的工作方式是根据用户的电子邮件的地址，为用户的邮件选择一条到达目的地的适当路由。它接收一个来自 MUA 的邮件，解释其邮件地址，将该地址重新改写成合适下一个传输程序的格式，然后引导邮件到达正确的传输程序。Sendmail 将最终用户与这些细节隔离。如果邮件地址正确，Sendmail 就认为其可以正确的发送并进行传输。同样，对于一个进入的邮件，Sendmail 将先解释其地址，然后将邮件传送到用户的邮件程序或发送到另一个系统。

当 Sendmail 调用 loca1 传输程序时，Sendmail 会试图将邮件发送到接收用户的邮箱，也就是/var/spool/。只要用户合法，而且有足够的邮箱空间，一般总是可以成功的。如果用户不合法，则邮件可能被退回。此后，接收者只要启动一个 MUA 就可以从邮箱中读取这封信。

当 Sendmail 调用的是 TCP/IP 邮件传输程序，它就会向远端主机的 TCP25 端口请求建立连接，如果连接成功，将使用 SMTP 协议进行邮件传输。如果连接失败（可能有多种原因，最常见的原因是对方主机已经关机），Sendmai1 就将邮件放在邮件队列中（/var/spool/mqueue），等晚些时候再重新发送。当在邮件处理过程中出错时，Sendmail 将邮件重发。

2. **安装 Sendmail 软件包**

挂载 RHEL 7 的安装光盘，切换到软件包的目录，使用 rpm 命令安装 sendmail 服务。

```
# rpm -ivh sendmail-8.14.7-4.el7.x86_64.rpm
# rpm -ivh sendmail-cf-8.14.7-4.el7.noarch.rpm
```

安装完成后，可以通过 rpm –q 命令，检查确认安装成功。

```
# rpm -q sendmail
sendmail-8.14.7-4.el7.x86_64
```

注意：为了后续的实训顺利进行，请关闭防火墙和 SELinux。

3. **切换 MTA，让 Sendmail 随系统启动**

RHEL 7 默认已经安装了 postfix，所以需要切换 MTA，使用如下命令：

```
# alternatives  --config mta
There are 2 programs which provide 'mta'.
  Selection    Command
-----------------------------------------------
   1          /usr/sbin/sendmail.postfix
*+ 2          /usr/sbin/sendmail.sendmail
Enter to keep the current selection[+], or type selection number:2
```

关闭 postfix 服务：

```
# service postfix stop
Redirecting to /bin/systemctl stop  postfix.service
```

启动 sendmail 服务：

```
# service sendmail start
```

随系统启动 sendmail 服务：

```
# systemctl enable sendmail.sevice
```

4. Sendmail 相关配置文件

与 sendmail 相关的配置文件几乎都在/etc/mail 目录中，如表 14-1 所示。

表 14-1 sendmail 的配置文件

/etc/mail/sendmail.cf	sendmail 的主配置文件，所有跟 sendmail 有关的配置都是靠它完成。但这个文件的内容很复杂，建议不要随意手动修改
/etc/mail/sendmail.mc	sendmail 提供的 sendmail 文件模板，通过编辑该文件后再使用 m4 工具将结果导入 sendmail.cf 完成主文件的配置
/etc/mail/ local-host-names	定义收发邮件服务器的域名和主机别名
/etc/mail/access.db	用来设置 sendmail 服务器为哪些主机进行转发邮件
/etc/mail/virtusertable.db	用来设置虚拟账户
/etc/mail/aliases.db	用来配置用户邮箱别名的文件
/etc/mail/submit.cf	用于每次 sendmail 被一个用户工具调用的时候

/etc/mail/sendmail.mc 文件是/etc/mail/sendmail.cf 的宏文件，配置 sendmail 一般是通过编辑/etc/mail/sendmail.mc 文件，然后使用

```
# m4 sendmail.mc >sendmail.cf
```

来生成/etc/mail/sendmail.cf 文件，并覆盖原来的/etc/mail/sendmail.cf 文件。

一个简易的 Sendmail 服务器配置流程主要包括以下 5 个步骤：

（1）配置/etc/mail/sendmail.mc 文件。

（2）使用 m4 工具将 sendmail.mc 文件导入 sendmail.cf 文件。

（3）配置 local-host-names 文件。

（4）建立用户。

（5）重新启动服务，使配置生效。

5. POP3 和 IMAP

在确认安装了 dovecot 软件包后，启动 dovecot 服务以开启 POP3 和 IMAP：

```
# service dovecot start
```

如果希望随系统启动，则使用如下命令：

```
# systemctl enable dovecot.service
```

可以通过 netstat 命令检查是否开启 POP3 的 110 端口和 IMAP 的 143 端口：

```
[root@MyLinux mail]# netstat -an|grep 110
tcp        0      0 0.0.0.0:110            0.0.0.0:*              LISTEN
tcp6       0      0 :::110                 :::*                   LISTEN
```

如上的显示表明 POP3 和 IMAP 服务已经可以正常工作。

6. Sendmail 应用案例

公司要在 RHEL 7 服务器上建立内部使用的邮件服务器。现在内部使用的网段是 192.168.1.0/24，企业域名为 mylinux.com，并配有 DNS 服务器，DNS 服务器地址为 192.168.1.250，sendmail 服务器地址为 192.168.1.9。现在要求公司内部员工可以使用 sendmail 自由发送内部邮件。

假设：服务器软件都已经安装，且IP地址已经配置完成。

步骤1：配置DNS服务器。

（1）修改主配置文件named.conf，添加区域声明：

```
zone  "mylinux.com"  IN
{
     type master;
     file "mylinux.com.hosts";
     allow-update{none;};
};
```

（2）配置mylinux.com区域文件mylinux.com.hosts。

```
#vi  /var/named/chroot/var/named/mylinux.com.hosts
$TTL 86400
$origin mylinux.com.
@     IN     SOA   dns. mylinux.com.    admin. mylinux.com. (
                                2015081001 3H 60M    1W  1D )
          IN        NS        dns. mylinux.com.
          IN        MX 10     mail. mylinux.com.
dns          IN     A         192.168.1.250
mail         IN     A         192.168.1.9
```

（3）重启DNS服务。

```
#systemctl restart named.service
```

步骤2：编辑sendmail.mc文件，修改smtp侦听网段的范围。

```
# vi /etc/mail/sendmail.mc
DAEMON_OPTIONS('Port=smtp,Addr=0.0.0.0, Name=MTA')dnl
```

使用m4工具将sendmail.mc文件导入sendmail.cf文件：

```
# m4 /etc/mail/sendmail.mc >/etc/mail/sendmail.cf
```

步骤3：编辑/etc/mail/local-host-names文件。

```
# vi /etc/mail/local-host-names
# local-host-names - include all aliases for your machine here.
mylinux.com
mail.mylinux.com
```

步骤4：建立用户mailtest。

```
# useradd -g mail -s /sbin/nologin mailtest
```

步骤5：重启sendmail服务，并测试。

```
# service sendmail restart
```

可以通过邮箱，收发邮件进行测试。

14.3.3 Sendmail调试

1. 使用telnet登录服务器，并收发邮件

当Sendmail服务器架设完成之后，应该尽可能快地保证服务器的正常使用，一种快速有效的cesium方式是使用telnet命令直接登录服务器的25端口，并收发信件对sendmail服务

器进行测试。

在测试前要先保证 telnet 的服务器端软件已经安装：

```
# rpm -qa|grep telnet
    telnet-0.17-59.el7.x86_64
    telnet-server-0.17-59.el7.x86_64
# rpm -q xinetd
    xinetd-2.3.15-12.el7.x86_64
```

如果没有安装，RHEL 7 系统盘里有 xinetd 、telnet 软件包，需要进行安装并启动 xinetd、telnet 服务。telnet 服务所使用的端口默认是 23，至此服务器至少开启了 23、25 和 110 端口。请确定这些端口已经处在监听状态，之后使用 telnet 命令登录服务器 25 端口。

查看 23、25 和 110 端口是否处于监听状态：

```
#netstat -an
tcp        0      0 0.0.0.0:23            0.0.0.0:*            LISTEN
tcp        0      0 0.0.0.0:25            0.0.0.0:*            LISTEN
tcp        0      0 0.0.0.0:110           0.0.0.0:*            LISTEN
```


如果监听端口没有打开应对相应的服务进行调试。

使用 telnet 命令登录 Sendmail 服务器 25 端口，并进行邮件发送测试。

```
#telnet 192.168.1.9  25           //利用 telnet 命令连接邮件服务器 25 端口
Trying 192.168.1.9...
Connected to 192.168.1.9.
Escape character is '^]'.
220 mail.mylinux.com ESMTP Sendmail 8.14.7/8.14.7; Thu, 27 Aug 2015 15:43:02 +0800
helo mylinux.com                  //跟主机打招呼，注意是 helo 而不是 hello
250 mail.mylinux.com Hello mail.mylinux.com [192.168.1.9], pleased to meet you
mail from:"test"<mailtest@mylinux.com>    //设置信件标题以及发信人地址
250 2.1.0 "test"<mailtest@mylinux.com>... Sender ok
rcpt to:mailtest@mylinux.com              //设置收信人地址
250 2.1.5 mailtest@mylinux.com... Recipient ok (will queue)
Data                              // data 表示要求开始写邮件内容了
354 Enter mail, end with "." on a line by itself
This is a test                    //邮件内容
.                                 //"."表示结束邮件内容
250 2.0.0 t7R7h2bv010772 Message accepted for delivery
quit                              //quit 指令退出
221 2.0.0 mail.mylinux.com closing connection
Connection closed by foreign host.
```

每当输入指令后，服务器总会回应一个数字代码，熟知这些代码的含义对于判断服务器的错误是很重要的。表 14-2 给出了邮件回应代码及相关含义。

表 14-2　邮件回应代码及含义

回应代码	含　　义
220	表示 SMTP 服务器开始提供服务
250	表示命令指定完毕，回应正确
354	可以开始输入信件内容，并以“.”结束

续表

回应代码	含　义
500	表示 SMTP 语法错误，无法执行指令
501	表示指令参数或引述的语法错误
502	表示不支持该指令

2. **用户邮件目录**

可以在邮件服务器上进行用户邮件查看，这可以确保邮件服务器已经在正常工作了。Sendmail 在/var/spool/mail 目录中为每个用户分别建立单独的文件,用户存放每个用户的邮件，这些文件的名字和用户名是相同的。例如，邮件用户 mailtest@mylinux.com 的文件是 mailtest。

```
[root@MyLinux xinetd.d]# ls -l /var/spool/mail
总用量 4
-rw-rw----.  1 mailtest    mail     0      8 月  27 15:36 mailtest
-rw-------.  1 pcp         mail  4070      8 月  27 15:55 pcp
-rw-rw----.  1 rpc         mail     0     12 月  29 2014  rpc
-rw-rw----.  1 zhangshan1  mail     0      8 月  27 10:44 zhangshan1
-rw-rw----.  1 zs          mail     0      8 月  27 13:16 zs
```

3. **邮件队列**

邮件服务器配置成功后，就能够为用户提供 E-mail 的发送服务了，但如果接收这些邮件的服务器出现问题，或者因为其他原因导致邮件无法安全抵达目的地，而发送的 SMTP 服务器又没有保存邮件，这样这封邮件就可能丢失。不论是谁都不愿意看到这样的事发生，所以 sendmail 采用了邮件队列来保存这些发送不成功的邮件，而且服务器会每隔一段时间重新发送这些邮件，通过 mailq 命令来查看邮件队列的内容：

```
# mailq
```

其中，可以显示的各列说明如下：

（1）Q-ID：表示此封邮件队列的编号（ID）。

（2）Size：表示邮件的大小。

（3）Q-Time：邮件进入/var/spool/mqueue 目录的时间，且说明无法立即传送出去的原因。

（4）Sender/Recipient：发件人和收件的邮件地址。

如果邮件队列中有大量的邮件，那么应检查邮件服务器是否设置不当，或者被当作了转发邮件服务器。

14.3.4　配置与管理 Sendmail 服务器

1. **别名和群发设置**

用户别名是经常用到的一个功能顾名思义，别名就是给用户起的另外一个名字。例如，给用户 A 起个别名 B，则以后给 B 发的邮件实际是 A 用户来接收。为什么说这是个常用的功能呢？第一，root 用户无法收发邮件，如果有发给 root 用户的邮件，则必须为 root 建立别名；第二，群发设置需要通过别名来实现。企业内部在使用邮件服务的时候，经常会按照部门群发邮件，发给财务部的邮件只有财务部所有人才能收到，其他部门的则无法收到。

如果要使用别名设置功能，首先需要在/etc/mail/目录下建立 aliases 文件，然后编辑文件内容，其格式如下：

```
真实用户账户: 别名1,别名2
```

注意:":"冒号左边一定要使用真实账户，右边则可以自行定义，可以是用户别名，也可以使用文件或者程序。

```
# vi  /etc/mail/aliases
Mailmaster: root
Summer: user1,user2
Postmaster: include:/etc/mail/myaliases
```

include 关键字表示让 sendmail 去读取对应的文件，而/etc/mail/myaliases 文件要设置成：

```
usera
userb
userc
…
```

最后，在设置过 aliases 文件后，还要使用 newaliases 命令生成 aliases.db 数据库文件：

```
# newaliases
```


2. **利用 access 文件设置邮件中继**

access 文件用于控制邮件中继（relay）和邮件的进出管理。可以利用 access 文件来限制哪些客户端可以使用此邮件服务器来转发邮件。例如，限制某个域的客户端拒绝转发邮件，也可以限制某个网段的客户端可以转发邮件。Access 文件的内容会以列表形式体现出来。其格式如下：

```
对象  处理方式
```

对象和处理方式的表现形式并不单一，每一行都包含对象和它们的处理方式。

对象可以是主机名、域名、IP 地址、IP 地址段。

处理方式有 RELAY（允许使用）、REJECT（拒绝使用）、Ok（允许使用，即使对象已经被设置为 REJECT）、DISCARD（收下邮件后丢弃）和 550（将连线拒绝，并反馈对方消息）。

access 文件中的每一行都具有一个对象和一种处理方式，需要根据环境需要进行二者的组合。

示例：允许 192.168.1.0 网段自由发送邮件，拒绝客户端 test.mylinux.com 及除 192.168.2.100 以外的 192.168.2.0 网段的所有主机。

```
# vi  /etc/mail/access
Connect:localhost.localdomain     RELAY
Connect:localhost                 RELAY
Connect:127.0.0.1                 RELAY
192.168.1                         RELAY
192.168.2                         REJECT
test.mylinux.com                  REJECT
192.168.2.100                     OK
```

最后使用 makemap 命令生成新的 access.db 数据库。

```
# makemap  -r  hash  /etc/mail/access.db < /etc/mail/access
```

3. **邮箱容量设置**

（1）配置 sendmail.mc

设置用户单个邮件的大小限制：

```
20000000=20M define('UUCP_MAILER_MAX', '2000000')dnl
```

设置本地邮箱的域名：

```
LOCAL_DOMAIN('mylinux.com')dnl
```

设置完毕后，使用 m4 工具生成新的 sendmail.cf 文件。

```
# m4 sendmail.mc >sendmail.cf
```

（2）创建用户的磁盘限额

sendmail 将用户的邮件信息存放在/var/mail 目录中，为了便于邮件服务器的管理，建议将/var 划分至独立的磁盘分区，然后对/var 文件系统启用磁盘配额功能，为用户和用户组创建磁盘限额。

14.4 任务实施

步骤 1：架设 Mail 服务器。

（1）配置 Mail 服务器 IP 地址 192.168.1.9。

```
[root@MyLinux /]# vi /etc/sysconfig/network-scripts/ifcfg-eno16777736
    TYPE=Ethernet
    BOOTPROTO=static
    DEFROUTE=yes
    IPV4_FAILURE_FATAL=no
    NAME=eno16777736
    UUID=a2090b9a-a332-4cfb-88e6-e0fb82e0cbf5
    ONBOOT=yes
    IPADDR0=192.168.1.9
    DNS1=192.168.1.250
    PREFIX0=24
    GATEWAY0=192.168.1.1
    HWADDR=00:0C:29:18:d2:31
    …
```

重启网络接口，让刚配置的地址生效。

```
[root@MyLinux /]# service network restart
```

（2）安装 sendmail 软件包。

① 将包含 sendmail 软件包的 U 盘挂载，操作如下：

```
[root@MyLinux ~]# mkdir /mnt/usb
[root@MyLinux ~]# mount /dev/sdb1 /mnt/usb
[root@MyLinux ~]# cd //mnt/usb/Packagessend/mail
```

② 使用 rpm 安装软件包，操作命令如下：

```
[root@MyLinux ~]# rpm -ivh sendmail-8.14.7-4.el7.x86_64.rpm
[root@MyLinux ~]# rpm -ivh sendmail-cf-8.14.7-4.el7.noarch.rpm
```

③ 检查安装是否成功，操作命令如下：

```
[root@MyLinux dns]# rpm -q sendmail
sendmail-8.14.7-4.el7.x86_64
```

（3）启动 Mail 服务。

① 切换 MTA，使用如下命令：

```
[root@MyLinux ~]# alternatives  --config mta
```

② 启动 sendmail 服务：

```
[root@MyLinux ~]# service sendmail start
```

③ 随系统启动 sendmail 服务：

```
[root@MyLinux ~]# systemctl enable sendmail.sevice
```

④ 在确认安装了 dovecot 软件包后，启动 dovecot 服务以开启 POP3 和 IMAP：

```
[root@MyLinux ~]# service dovecot start
```

步骤 2：配置 DNS 服务器。

（1）修改主配置文件/etc/named.conf，添加 syz.com 区声明：

```
zone "szy.com" IN {
        type master;
        file "szy.com.hosts";
};
```

（2）配置区文件/var/named/szy.com.hosts：

```
[root@MyLinux ~]vi  /var/named/szy.com.hosts
```

添加内容如下：

```
$TTL 1D
@       IN SOA  dns.syz.com.  root.dns.szy.com. (
                              2015081001  1D  1H 1W  1D )
         IN    NS              dns.szy.com.
         IN    MX    10      mail.szy.com.
dns      IN     A               192.168.1.250
mail    IN     A             192.168.1.9
```

修改区域数据库文件 szy.com.hosts 文件的权限：

```
[root@MyLinux /]#chmod  666  /var/named/szy.com.hosts
```

（3）重启 DNS 服务器：

```
[root@MyLinux /]# service named restart
```

（4）DNS 服务器的测试与纠错：

```
[root@MyLinux /]# nslookup  mail.szy.com
```

步骤 3：配置 sendmail 服务器。

（1）修改配置文件 sendmail.mc 文件，修改 SMTP 侦听网段范围：

```
[root@MyLinux mail]# vi /etc/mail/sendmail.mc
```

在文件内找到 DAEMON_OPTIONS 和 LOCAL_DOMAIN 并按如下修改：

```
DAEMON_OPTIONS(`Port=smtp,Addr=0.0.0.0, Name=MTA')dnl
LOCAL_DOMAIN(`szy.com')dnl
```

（2）单个邮件大小的设置：

修改配置文件 sendmail.mc 文件，在文件内找到 define(`UUCP_MAILER_MAX', '2000000')dnl，将原来的 2M 改为 10M：

```
define('UCP_MAILER_MAX', '10000000')dnl
```

保存退出 vi 编辑。

```
...ail/sendmail.mc >/etc/mail/sendmail.cf
```

...加域名及主机名：

```
...mail/local-host-names
... all aliases for your machine here.
```

（5）群发...

① 设置别名：

```
[root@MyLinux mail]# vi /etc/aliases
...
fd:            zs1,ls1,ww1
smd:           zs2,ls2,ww2
```

② 使用 newaliases 命令生成 aliases.db 数据库文件：

```
[root@MyLinux mail]# newaliases
/etc/aliases: 78 aliases, longest 11 bytes, 798 bytes total
```

（6）配置访问控制的 access 文件：

① 编辑修改 access 文件：

```
[root@MyLinux mail]# vi /etc/mail/access
...
Connect:localhost.localdomain     RELAY
Connect:localhost                 RELAY
Connect:127.0.0.1                 RELAY
Connect:192.168.1             RELAY
Connect:192.168.1.9               RELAY
192.168.1.2               REJECT
```

② 生成 access 数据库文件：

```
[root@MyLinux mail]# makemap  hash  /etc/mail/access.db < /etc/mail/access
```

（7）重启 sendmail 服务：

```
[root@MyLinux ~]# service sendmail restart
```

（8）测试端口：

```
[root@MyLinux mail]# netstat -ntla
Active Internet connections (servers and established)
Proto Recv-Q Send-Q Local Address           Foreign Address         State
tcp        0      0 0.0.0.0:25              0.0.0.0:*               LISTEN
tcp        0      0 0.0.0.0:110             0.0.0.0:*               LISTEN
tcp        0      0 0.0.0.0:143             0.0.0.0:*               LISTEN
...
```

步骤 4：建立用户并配置邮箱限额。

（1）添加用户组和用户：

```
[root@MyLinux mail]# groupadd fd
[root@MyLinux mail]# groupadd smd
```

```
[root@MyLinux mail]# useradd -g fd -s /sbin/nologin zs1
[root@MyLinux mail]# passwd zs1
[root@MyLinux mail]# useradd -g fd -s /sbin/nologin ls1
[root@MyLinux mail]# passwd ls1
[root@MyLinux mail]# useradd -g fd -s /sbin/nologin ww1
[root@MyLinux mail]# passwd ww1
[root@MyLinux mail]# useradd -g smd -s /sbin/nologin zs2
[root@MyLinux mail]# passwd zs2
[root@MyLinux mail]# useradd -g smd -s /sbin/nologin ls2
[root@MyLinux mail]# passwd ls2
[root@MyLinux mail]# useradd -g smd -s /sbin/nologin ww2
[root@MyLinux mail]# passwd ww2
```

（2）配置邮箱限额：

为了方便管理，将用户的邮件信息存放在/var/mail 目录中，现将/var 划分至独立的磁盘分区/dev/sda3，然后对/var 文件系统添加磁盘配额功能。

① 修改文件/etc/fstab，/var 分区启用用户与组限额并重新挂载/var 文件系统：

```
[root@MyLinux ~]# vi  /etc/fstab
…
/dev/sda3              /var  ext4     defaults,usrquota,grpquota  1 2
[root@MyLinux ~]# mount -o remount  /var
```

② 生成 aquota.group、aquota.user 文件：

```
[root@MyLinux ~]# cd  /var
[root@MyLinux var]# touch  aquota. group
[root@MyLinux var]# touch  aquota.user
[root@MyLinux var]# quotacheck  -F vfsv0  -afcvgum
[root@MyLinux var]# ll
```

如果 aquota.group、aquota.user 文件是非 0 字节的文件，说明配额信息的数据库文件生成成功。

③ 编辑用户的空间限额。

```
[root@MyLinux var]#edquota  zs1
Disk quotas for  user zs1 (uid 1006):
 Filesystem        blocks   soft      hard      inodes        soft      hard
 /dev/sda3         0        90000     100000    0             0         0
```

相同的操作，编辑用户 ls1、ww1、zs2、ls2、ww2 的磁盘空间限额。

```
[root@MyLinux var]#edquota   ls1
[root@MyLinux var]#edquota   ww1
[root@MyLinux var]#edquota   zs2
[root@MyLinux var]#edquota   ls2
[root@MyLinux var]#edquota   ww2
```

④ 启动限额，并检查限额表。

```
[root@MyLinux var]# quotaon -aug
[root@MyLinux var]# repquota -aug
```

（3）测试：

① 在 Linux 客户端配置好网络，然后用 telnet 进行邮件的发送与接收测试（略）。

② 在服务器端利用 mail 命令检查 zs1、ls1、ww1、zs2、ls2、ww2 的收件箱（略）。

③ 在 Windows 客户端，使用 outlook 或 foxmail 进行测试（略）。

注意：为了实训顺利进行，请关闭防火墙和 SELinux。

阅读与思考：网络管理中的七大计策

在多年的网络管理软件开发和项目实施中，接触了许多的一线工程师，并专门拿出时间和这些每天出入在机房的工程师沟通，收集他们在管理工作中遇到的实际需求，专注于将令其“头痛”的问题通过 SiteView 集中解决。

针对各种难题，下文给出了网络管理七大实战兵法，希望可以给您一些启发。

第一计：重中之重——关键业务流程

需要监测的关键业务流程包括：

（1）单位内部的关键业务流程。如项目管理信息系统、生产管理信息系统等。

（2）网络吞吐量大的业务流程。主要是一些复杂和交互式的业务流程，资金集中管理系统、公文流转系统等。

（3）对系统造成大的压力，频繁使用数据库的业务流程。

（4）同其他系统集成的业务流程，这些集成会提高应用失败的风险。

这些业务系统庞大而牵涉面众多，需要一个综合业务管理平台进行整体的监测整合。好的解决方案是引进网管系统，对业务系统是否正常运行、各项具体参数指标是否超标等进行精确掌控，避免或降低业务系统故障的发生率。

第二计：用户体验同系统性能指标相关联

在制定监控策略时，应该考虑将网络中的所有网络基础架构都进行集中监测，包括对数据库服务器、应用服务器、路由器、交换机、防火墙的监控，从而判断哪里出了问题导致公司网络畅通运行。信息服务管理网的网管工程师通过使用 SiteView 网管工具收集网络运行信息，将性能数据同单位内部用户的体验相结合来分析网络的性能状况，诊断系统瓶颈。

第三计：建立网络运行基准指标并观察趋势

长期监测并建立基准指标对于保持网络和性能的正常性能水平是非常必要的。通过对网络运行的观察，运维工程师可以知道网络性能的变化和流量等指标的运行趋势；及时发现网络偏离系统基准模型时的异常状况，分析是单一故障，还是严重问题的前兆，达到预警的目的，防止更严重问题的发生。

第四计：设计报警策略，避免警报泛滥

报警是管理网络和业务系统最重要的功能之一，配置报警的依据是根据信息服务管理网的网络运维目标，报警设置的原则：

（1）对影响网络和业务的重要指标设置报警。

（2）消除误报和重复报警。

（3）报警应该以多种方式及时发送给相应的运维工程师。

第五计：创建自动化、规范化事件处理程序

信息服务管理网运维工程师人员少，日常处理事务较多，他们需要在网络、链路和系统运行出现问题时能够有自动化、规范化的处理问题程序，快速处理各种潜在故障并且分配他们到合适的管理工程师，帮助他们提高工作效率。建立规范事件处理程序的另一个好处，是将工程师长期积累的知识和工作经验系统化和固化，达到快速定位故障的目的。

第六计：网络服务质量 SLA 的量化管理

提高服务质量的第一步是设立量化指标，将其作为整个网络运维管理团队的整体目标。信息服务管理网网络性能管理的总体目标包括网络和设备、业务的可用性、网络的吞吐量、带宽使用百分比、网络延时、CPU 和 MEMORY 的负载，对于不同的网络指标还要根据网络的上下级连接关系分解到每一个子指标，作为对网络故障诊断和性能管理的依据。

第七计：制定网络的升级和改进策略

网络的升级和改进应该以对现有网络和系统性能数据的测量为前提，以对网络整体运行的现状及趋势分析为依据。通过对单一网络系统和整体网络系统性能数据的比较、单一网络组件和其他网络组件的数据比较、系统负载量最大时的性能数据和一般负载时的性能数据的比较等，判断是否需要对系统的局部或者整体进行升级，发现网络系统性能的瓶颈，提出网络系统改进的方法。

资料来源：希赛网 (http://www.csai.cn)，此处有删改。

作业

1. SMTP 是（　　）。

A. 自动调整时间的协议　　B. 把已收到的邮件进行分类的协议

C. 发送邮件的协议　　D. 接收邮件的协议

2. 下面（　　）存储了 sendmail 的配置。

A. mail.configuration　　B. sendmail.cf　　C. sendmail. Configuration　　D. CF

3. POP 是（　　）。

A. 下载文件的协议　　B. 一个远程机器的日志文件管理协议

C. 发送邮件的协议　　D. 接收邮件的协议

4. 下列 sendmail 提供的邮件服务器功能中，可以通过修改/etc/mail/aliases 文件来实现的是（　　）。

A. 配置邮件用户的别名　　B. 建立公司的邮件列表

C. 防止垃圾邮件　　D. 邮件服务器的转发

5. A公司内部的用户反映不能接收来自某新客户公司的邮件，A公司使用自己的sendmail邮件服务器，可能是（　　）的配置出现了问题。

A. /etc/mail/aliases　　B. /etc/mail/local-host-names

C. /etc/sendmail.cw　　D. /etc/mail/access.db

6. 什么事邮件服务器？它的主要功能是什么？

7. 什么是垃圾邮件？如何有效防止垃圾邮件？

8. 架设 Mail 服务器，要求：

（1）Mail 服务器的 IP 为 192.168.2.2，邮箱的域为 mylinux.com，局域网内部的 DNS 服务器为 192.168.2.250。

（2）为 163.com 域和 192.168.2.0/24 网段进行邮件中继。

（3）拒绝为邮件地址 user1@szy.com 的用户进行邮件中继，但不给出错误提示信息。

（4）拒绝为 IP 地址为 192.168.2.10 的计算机进行邮件中继，给出“sorry”的错误提示信息。